幼儿发展心理基础

主 编◎刘 梅 孙明红

电子工业出版社
Publishing House of Electronics Industry
北京·BEIJING

内 容 简 介

本书根据中等职业教育幼儿保育专业人才培养目标及要求，遵循幼儿身心发展规律，践行岗课赛证融合理念，结合保育工作实际编写而成。

本书分 12 个模块，主要内容包括幼儿发展心理概述、幼儿注意的发展与培养、幼儿感知觉的发展与培养、幼儿记忆的发展与培养、幼儿想象的发展与培养、幼儿思维的发展与培养、幼儿言语的发展与培养、幼儿情绪情感的发展与培养、幼儿意志的发展与培养、幼儿个性的发展与培养、幼儿社会性的发展与培养、幼儿的心理健康与维护。本书有助于学生掌握幼儿心理发展的相关知识，帮助学生根据幼儿心理发展规律提升保育技能，进而提升职业竞争力。

本书适合中等职业学校幼儿保育专业师生使用，也可作为幼儿园教师、保育员在职培训教材。

未经许可，不得以任何方式复制或抄袭本书之部分或全部内容。
版权所有，侵权必究。

图书在版编目（CIP）数据

幼儿发展心理基础 / 刘梅，孙明红主编. —北京：电子工业出版社，2024.5（2025.7 重印）
ISBN 978-7-121-47893-2

Ⅰ．①幼… Ⅱ．①刘… ②孙… Ⅲ．①婴幼儿心理学—中等专业学校—教材 Ⅳ．①B844.12

中国国家版本馆 CIP 数据核字（2024）第 102263 号

责任编辑：游　陆
印　　刷：河北虎彩印刷有限公司
装　　订：河北虎彩印刷有限公司
出版发行：电子工业出版社
　　　　　北京市海淀区万寿路 173 信箱　邮编：100036
开　　本：880×1 230　1/16　印张：14.75　字数：377.6 千字
版　　次：2024 年 5 月第 1 版
印　　次：2025 年 7 月第 2 次印刷
定　　价：49.80 元

凡所购买电子工业出版社图书有缺损问题，请向购买书店调换。若书店售缺，请与本社发行部联系，联系及邮购电话：（010）88254888，88258888。

质量投诉请发邮件至 zlts@phei.com.cn，盗版侵权举报请发邮件至 dbqq@phei.com.cn。
本书咨询联系方式：（010）88254489，youl@phei.com.cn。

编写人员名单

主　编：刘　梅　孙明红

副主编：丁永亮　刘　源　任莲花

编　者：张　静　曾　伟　邓　鸽
　　　　刘　莹　邹洪升　吴　宇
　　　　王晓红　陈冬严　王　静
　　　　杨　晔

PREFACE

党的二十大报告指出,"强化学前教育、特殊教育普惠发展"。办好学前教育、实现幼有所育,是党和国家做出的重大决策部署,是党和政府为老百姓办实事的重大民生工程,关系亿万儿童健康成长,关系社会和谐稳定。《中共中央 国务院关于学前教育深化改革规范发展的若干意见》明确指出,学前教育是终身学习的开端,是国民教育体系的重要组成部分,是重要的社会公益事业。

学前教育既需要大量的幼儿教师,又需要大量的幼儿保育工作者。《幼儿发展心理基础》是中等职业教育幼儿保育专业的基础课程。本书以习近平新时代中国特色社会主义思想为指导,全面落实立德树人根本任务,旨在培养学生正确的保育观、教育观和儿童观,为学生进一步深造成为"有理想信念、有道德情操、有扎实学识、有仁爱之心"的"四有"好老师奠定基础。按照幼儿保育专业人才培养的规格要求,本书既介绍了幼儿心理发展的特点与规律等理论知识,又有对知识的实践运用,并引入了一些幼儿保育过程中的鲜活案例,理论联系实际,为后续专业课程的学习、专业能力的提升奠定坚实的基础。

本书力图将抽象的基础知识简明化,内容贴近职业学校学生发展实际,融入学生生活,结合幼儿园保育工作岗位,将经典理论与职业教育理念相结合,注重学生保育技能与理论水平的提升,突出实用性与操作性。

根据中等职业教育幼儿保育专业实际,本书在内容选择和编排上,力求做到科学、系统和实用。为帮助学生更好地学习和巩固所学知识,训练保教技能,教材以幼儿心理发展为主线,在介绍相关知识的基础上,提出幼儿保育的基本措施,引领教师有针对性地开展保教实践,训练保教技能。本书以"模块—主题"为载体,包括十二个模块,模块下设有"学习目标""知识导图";每个主题设置了"问题情景""基础知识""知识拓展""同步训练"等栏目,还设置了"检测与评价""实践探究",引导学生学以致用,更好地掌握幼儿心理发展的特点、规律及相应的保教措施,提高保教能力。

本书包括十二个模块，共计 90 学时。学时分配表如下。

学时分配表

序号	模块	拟分配学时
1	模块一　幼儿发展心理概述	6
2	模块二　幼儿注意的发展与培养	6
3	模块三　幼儿感知觉的发展与培养	8
4	模块四　幼儿记忆的发展与培养	8
5	模块五　幼儿想象的发展与培养	8
6	模块六　幼儿思维的发展与培养	8
7	模块七　幼儿言语的发展与培养	8
8	模块八　幼儿情绪情感的发展与培养	8
9	模块九　幼儿意志的发展与培养	6
10	模块十　幼儿个性的发展与培养	8
11	模块十一　幼儿社会性的发展与培养	10
12	模块十二　幼儿的心理健康与维护	6

本书编写团队是由教科研人员及高校、中职学校和幼儿园一线骨干教师组成的结构化教学创新团队。团队成员学术水平高，教学经验丰富，实践能力强，教科研基本功扎实。教材编写体现了产教融合、校企合作的理念，特色鲜明，创新点突出。

本书的主要特点：

1. **教材定位准确**

本书主要供中等职业教育幼儿保育专业的学生和幼儿保教工作者学习使用，教材紧扣幼儿保育专业的人才培养目标，依据中职学生的认知水平和学习能力，精选适宜的幼儿发展心理知识作为主要教学内容，助力中职学生成长为德智体美劳全面发展的高素质幼儿保育人才。同时，为学生继续学习、发展奠定基础。

2. **理实结合，助力学生可持续发展**

本书坚持问题导向，每个主题均从实际情景开始，科学规划幼儿发展心理知识，理论与实践有机结合，引领学生在实践中理解知识、应用知识，切实训练保教技能，使学生学习热情不断提高，可持续发展能力越来越强。

3. **教材形式活泼，配套资源丰富**

本书力求将抽象的理论知识简明化，使其贴近实际、融入生活、适合学生，采用"模块—主题"的呈现形式，体例统一，栏目灵活多样，以学习目标、知识导图概括专题内容，引领教师深入挖掘课程思政元素，增强课程育人功能，每个主题都以情景案例引入，形式活泼，可读性强。在编写过程中，将更多的学习资源进行整合，引入大量的幼儿园教育案例，理论与实践紧密结合，帮助学生更加直观、生动、形象地掌握幼儿心理发展知识，为进一步掌握保育技能奠定坚实基础。

本书由潍坊职业学院刘梅和山东省教育科学研究院孙明红担任主编，负责全书的策划和统稿；由潍坊职业学院丁永亮、烟台经济学校刘源、潍坊市高密中等专业学校任莲花担任副主编，参与书稿的审阅和修改工作。具体分工如下：模块一由潍坊职业学院刘梅编写，模块二由山东省淄博市工业学校张静、杨晔编写，模块三由潍坊职业学院丁永亮编写，模块四由潍坊市高密中等专业学校曾伟编写，模块五由山东省教育科学研究院孙明红编写，模块六由潍坊市高密中等专业学校任莲花编写，模块七由潍坊市高密中等专业学校曾伟和山东省青州市特殊教育学校刘莹编写，模块八由鲁中中等专业学校邓鸽编写，模块九、模块十由烟台经济学校刘源编写，模块十一由烟台经济学校刘源和聊城幼儿师范学校邹洪升编写，模块十二由鲁中中等专业学校邓鸽和临沂市理工学校吴宇编写，各模块实训任务由潍坊市奎文区直机关幼儿园王晓红、陈冬严、王静编写。

本书引用了一些专家、学者的观点，在此表示衷心的感谢。由于编者水平有限，书中难免存在疏漏和不足之处，希望广大读者在使用中提出宝贵意见，以便再版时修改，使其更加完善。

在教材编写过程中，我们参阅了大量国内外文献资料，虽努力标明出处，但因资料繁多，难免挂一漏万，在此向所有参考文献的作者致以衷心的感谢！

编　者

CONTENTS

目 录

模块一 幼儿发展心理概述 ·· 1

　主题1.1　心理概述 ··· 2

　主题1.2　幼儿心理发展 ··· 8

　主题1.3　幼儿心理发展的主要理论 ··· 16

　检测与评价一 ·· 30

　实践探究一 ·· 30

模块二 幼儿注意的发展与培养 ·· 31

　主题2.1　注意概述 ··· 32

　主题2.2　幼儿注意的发展与培养 ··· 40

　检测与评价二 ·· 46

　实践探究二 ·· 47

模块三 幼儿感知觉的发展与培养 ··· 49

　主题3.1　感觉和知觉概述 ·· 50

　主题3.2　幼儿感觉和知觉的发展与培养 ··· 56

　检测与评价三 ·· 64

　实践探究三 ·· 64

模块四 幼儿记忆的发展与培养 ·· 65

　主题4.1　记忆概述 ··· 66

　主题4.2　幼儿记忆的发展与培养 ··· 73

　检测与评价四 ·· 78

　实践探究四 ·· 78

模块五 幼儿想象的发展与培养 ·· 80

　主题5.1　想象的概述 ·· 81

主题 5.2　幼儿想象的发展与培养 ··· 86

检测与评价五 ·· 91

实践探究五 ··· 92

模块六　幼儿思维的发展与培养 ··· 93

主题 6.1　思维概述 ·· 94

主题 6.2　幼儿思维的发展与培养 ·· 100

检测与评价六 ··· 103

实践探究六 ·· 104

模块七　幼儿言语的发展与培养 ·· 105

主题 7.1　言语概述 ··· 106

主题 7.2　幼儿言语的发展与培养 ·· 110

检测与评价七 ··· 117

实践探究七 ·· 117

模块八　幼儿情绪情感的发展与培养 ·· 119

主题 8.1　情绪与情感概述 ··· 120

主题 8.2　幼儿情绪与情感的发展与培养 ·· 126

检测与评价八 ··· 135

实践探究八 ·· 135

模块九　幼儿意志的发展与培养 ·· 137

主题 9.1　意志概述 ··· 138

主题 9.2　幼儿意志的发展与培养 ·· 141

检测与评价九 ··· 147

实践探究九 ·· 147

模块十　幼儿个性的发展与培养 ·· 149

主题 10.1　个性概述 ·· 150

主题 10.2　幼儿需要的发展与培养 ·· 152

主题 10.3　幼儿气质与性格的发展与培养 ·· 157

主题 10.4　幼儿自我意识的发展与培养 ··· 164

检测与评价十 ··· 171

目录

　　实践探究十 ·· 172

模块十一　幼儿社会性的发展与培养 ·· 174

　　主题 11.1　社会性概述 ·· 175
　　主题 11.2　幼儿的社会交往 ·· 178
　　主题 11.3　幼儿社会性行为的发展 ··· 190
　　主题 11.4　幼儿道德的发展 ·· 195
　　检测与评价十一 ··· 200
　　实践探究十一 ·· 201

模块十二　幼儿的心理健康与维护 ··· 203

　　主题 12.1　幼儿心理健康 ··· 204
　　主题 12.2　幼儿心理健康的维护 ·· 207
　　主题 12.3　幼儿常见的心理卫生问题 ·· 213
　　检测与评价十二 ··· 221
　　实践探究十二 ·· 221

参考文献 ·· 223

模块一

幼儿发展心理概述

学习目标

1. 了解幼儿心理发展的主要理论。
2. 理解心理现象的内容和实质。
3. 掌握幼儿心理发展的趋势、影响因素。
4. 能根据实际情况分析幼儿心理发展情况。
5. 能以科学的眼光看待幼儿发展过程中出现的问题。
6. 热爱幼儿教育事业，具有职业理想和敬业精神，注重自身专业发展，在学习过程中逐渐养成科学的儿童观、教育观。

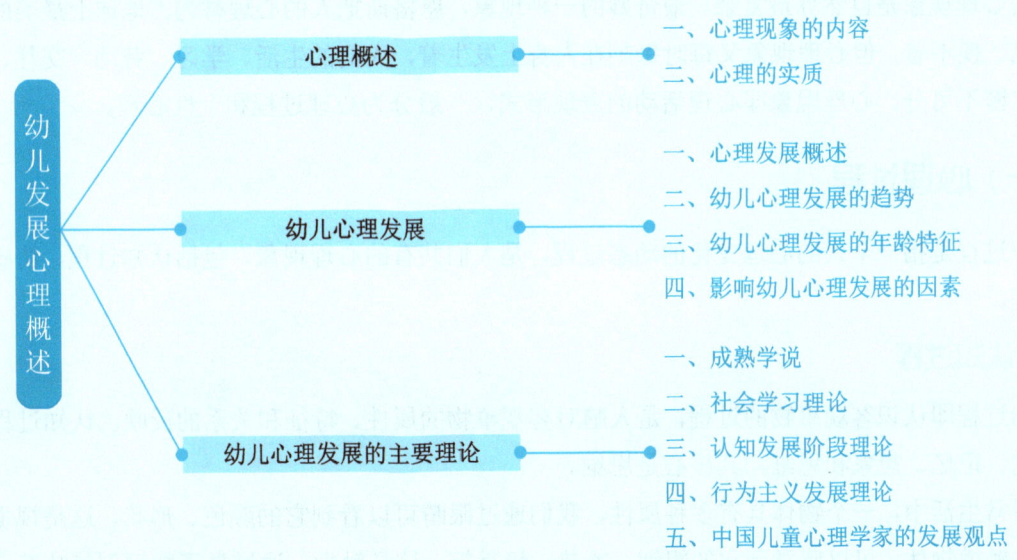

我们教小孩子必须先要了解小孩子的心理。若能依据小孩子的心理而施行教育，那教育必有良好效果的。

——陈鹤琴

主题 1.1 心理概述

幼儿园的鲁老师经常会被家长问这样的问题:"鲁老师,为什么我们家长不如您更了解孩子?是因为您懂心理学吗?学了心理学的人,是不是看一眼别人就能知道他在想什么?是不是跟孩子相处一会儿就能知道他需要什么?"鲁老师告诉家长:"适当学习幼儿心理发展的相关知识会帮助家长更好地了解、教育孩子。"

什么是心理?心理的实质是什么?让我们一起来学习心理基础知识吧。

基础知识

一、心理现象的内容

人的心理现象是自然界最复杂、最奇妙的一种现象,恩格斯把人的心理誉为"地球上最美的花朵"。它看不见、摸不着,但心理现象又每时每刻在人身上发生着,人们的生活、学习、劳动、交往、发明创造都与它密不可分。心理现象即心理活动的表现形式,一般分为心理过程和个性心理。

(一)心理过程

心理过程是指一个人的心理变化的动态过程,是人们共有的心理现象,包括认知过程、情感过程和意志过程。

1. 认知过程

认知过程即认识客观事物的过程,是人脑对客观事物的属性、特征和关系的反映。认知过程包括感觉、知觉、记忆、想象和思维,其核心是思维。

在日常生活中,一个物体具有多种属性,我们通过眼睛可以看到它的颜色、形状,这是视觉;通过手或皮肤触摸物体,可以感觉到它的粗细、冷热、轻重等,这是触觉;通过鼻子能闻到气味等,这是嗅觉。视觉、触觉、嗅觉等是对事物某方面属性的反映,属于感觉。我们通过不同的感觉,对同一事物进行认识,并产生总体的认识,这是知觉。

接触过某些事物后,会在头脑中留下一定的痕迹,必要时能想起来,这是记忆。凭借头脑中已有的事物形象,经过重新组合,形成新的形象,这是想象。人们通过发现事物之间的关系和联系,思索问题、解决问题,这是思维的作用。由此可知,感觉、知觉、记忆、想象和思维,在认知过程中发挥着不同的作用。

2. 情感过程

人在认识周围世界时，会发生喜爱、厌恶、漠然等不同的态度和体验，甚至会引起狂喜、暴怒、惧怕、焦虑等状态。如看到周围的生活环境整洁干净，会心情愉快；碰到一个语言粗俗、行为邋遢的人，会感到厌恶，这都属于情感过程。

3. 意志过程

人们为了完善自己，实现某一目标，并根据这一目标调节支配自身的行动、克服困难，从而实现预定目标的心理过程。如中国人民志愿军在朝鲜吃炒面吞雪团、忍饥挨冻，克服万般困难，取得了抗美援朝战争的胜利，这就属于意志过程。

认知过程、情感过程和意志过程共同组成一个统一的心理过程。其中，认知过程是基础，情感过程是动力，意志过程具有调控作用。

（二）个性心理

心理过程是人们共有的心理活动。但是，由于每个人的先天素质和后天环境不同，心理过程总带有个人的特征。比如，不同的人在对同一物体或人进行认识、体验时，往往会采用不同的方式，也会产生不同的结果。一群人一起听了同一个笑话，有的人可能会笑得前仰后合，有的人则微微一笑，还有的人就不笑，这就是人与人之间的个性差异。个性心理主要包括个性倾向性和个性心理特征。

1. 个性倾向性

个性倾向性是指一个人所具有的意识倾向，也就是人对客观事物的稳定态度。它是一个人从事活动的基本动力，决定着一个人的行为方向，主要包括需要、动机、兴趣、理想、信念、世界观等。

2. 个性心理特征

能力、气质和性格统称个性心理特征。个性心理特征反映了一个人在各种活动中表现出的与其他人不同的稳定差异。例如，有的人有数学才能，有的人擅长写作，有的人善于动手操作，这是能力方面的差异。在行为表现上，有的人活泼好动，有的人沉默寡言，有的人热情友善，有的人冷漠无情，这是气质和性格方面的差异。

心理过程和个性心理共同构成人的全部心理现象。心理过程是个性心理的基础，而个性形成后又会直接影响心理过程。

二、心理的实质

心理是人脑对客观现实主观能动的反映。

（一）心理是脑的机能

在古代，人们不认为脑是产生心理现象的物质本体，却误以为心脏是心理的器官，所以把许多心理现象和"心"联系起来，如把一个人思虑周密称作"心细"，把性情急躁称作"心急"等。而无数客观事实表明了心理和脑的关系。例如，脑受到损伤，心理便会受到影响。随着科学技术的发展，关于脑的实验研究科学地证明了脑是心理的器官，心理是脑的机能。

1. 脑的结构

脑是神经系统的重要组成部分，是一个结构复杂的器官，它由延脑、桥脑、中脑、间脑、小脑和大脑组成，其中最发达的是大脑。（如图1-1所示）

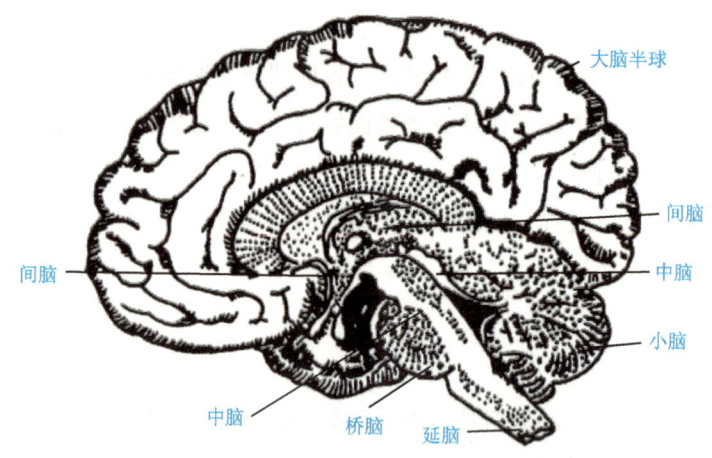

图1-1 脑的纵剖面图

人的大脑由左右两个半球构成，表面覆盖着大脑皮层。大脑皮层共有六层，展开时面积约有 2 200 平方厘米，由140亿个神经细胞构成，每个神经细胞都具有巨大的处理各种信息的能力。各个神经细胞之间构成了十分复杂的联系。皮层的每一部分既接受其他部分发出的神经冲动，也发出神经冲动到其他部分。不仅皮层的各个部分之间有广泛联系，皮层还和皮层以下的各个部位之间形成复杂联系。这种错综复杂的联系构成了人的心理现象的生理基础。

大脑半球皮层以下的其他部位是低级神经中枢，它和大脑共同构成中枢神经系统，中枢神经系统向全身发出大量的神经，与身体内外的感觉器官、效应器官相联系。

2. 脑的机能

正确认识大脑的机能比了解大脑的结构更为困难。心理学家把大脑比喻为一只"黑箱"，人们无法把它打开来直接观察，只能通过间接的方法加以研究。

（1）大脑最基本的活动方式是反射。

反射是机体的神经系统对刺激做出的规律性的应答活动。按起源分类，反射可以分为两类：无条件反射和条件反射。

无条件反射是先天固有的、不学而能、遗传而来的反射，由低级神经中枢控制。例如，新生儿生来就会吸吮；强光刺激婴儿的眼睛即引起眼睑闭合；食物放到口中即引起唾液分泌；光线刺激引起瞳孔变化等，这些都属于无条件反射。

条件反射是在后天一定生活条件下学会的反射，引起这种反射的刺激称作条件刺激。例如，铃声通常并不引起动物分泌唾液，但如果首先发出铃声刺激，1～2秒后出现食物，并使铃声和食物结合出现10～20秒，这样反复结合数次以后，动物单独听到铃声，也会引起唾液分泌。这时铃声引起唾液分泌便是条件反射，铃声便是条件刺激。

条件反射的形成是在条件刺激和反应之间建立了暂时神经联系。条件反射使有机体可以对环境做出适应。例如，同学们听到上课铃声响起，立即进教室坐好，有利于快速进入学习状态。

（2）大脑的主要机能是接收、分析、综合、储存和发布各种信息。

机体的所有感觉器官把得到的刺激信息通过神经传入大脑，经过大脑皮层的加工、整理，做出决策，然后发布信息，控制各器官和各系统的活动。各器官和系统的活动状况又会通过信息环路反馈给大脑，以便对活动做出调整。

大脑半球的表面有许多皱褶，凹陷部分称为沟或裂，隆起部分称为回。根据沟回的分布把大脑皮层（如图 1-2 所示）分区，一般分为额叶、顶叶、颞叶和枕叶。各叶的机能并不相同，位于大脑半球前部的额叶和顶部的顶叶主要和智力活动、言语机能有密切关系，位于大脑半球外侧的颞叶主要是听觉中枢，位于大脑半球后部的枕叶主要是视觉中枢。有研究表明，额叶受伤的患者智力下降，还可能出现性格上的障碍。原本很温和的人一旦额叶受伤，脾气就变得暴躁，不能自制。皮层各部位既分工又合作，在机能上相互联系、协调一致。

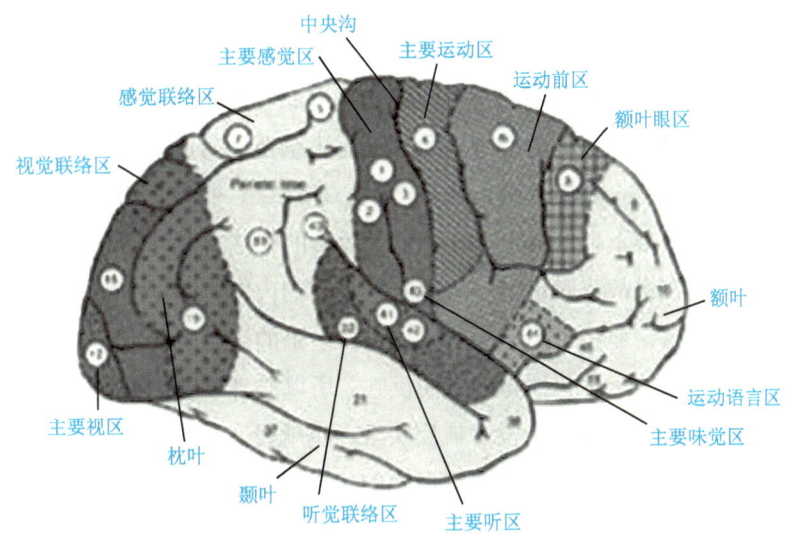

图 1-2　大脑皮层（示意图）

人类大脑左右两半球的机能各有不同的优势。通常左半球的机能是阅读和计算，保障连贯的分析性的逻辑思维。右半球运用形象信息，保障空间定向、音乐知觉，以及对情绪、态度的理解。

大脑的机能同样也受学习经验的影响。学习经验能使神经细胞变得更加有力和有效，从而增强大脑的协调模式，如更有效地选择感知信息的输入，更准确地决策，增强记忆的持续性等。

通过以上分析，我们可以归纳出：脑是心理的器官，是心理活动的物质基础，心理是脑的机能。大脑的活动产生并制约着人的心理活动。同时，大脑的结构和机能也受学习经验的影响。

知识链接

望梅止渴

三国时期，魏国的曹操带领几十万大军经过一片大原野。士兵们从早上走到下午，都没有吃过一点东西、喝过一口水。其中一个士兵实在受不了了："我们如果再没有水喝，一定会渴死的。""对呀！对呀！我也快渴死了！我们不要再走了！"士兵一个接一个抱怨起来。看到大家因为口渴都不愿意再

走,有什么办法让大家觉得不渴呢?忽然,曹操想到一个办法。曹操指着远处的一片山林,大声对士兵说:"喂,弟兄们,赶快起来走啊,前面是一片梅子林,树上结了好多好多酸溜溜的梅子,我们只要走过这一片大原野,就有梅子可以吃喽。"士兵们一听前面有酸溜溜的梅子可以吃,嘴里面不知不觉就产生了很多唾液,感觉也不那么渴了,"哇,有梅子可以吃,那我们赶快走吧!"大家一下就有了精神,曹操也就顺利带领大军走出了原野。

"望梅止渴"是一种条件反射,条件反射活动实际是一种信号活动。有的研究者认为条件反射既是生理现象,又是心理现象。因为从暂时神经联系的接通形成,它是生理现象;而从信号意义的揭露,它又是心理现象。在研究心理现象的发展时,也把条件反射的最初形成看成是心理现象第一次出现的标志。

(二)心理与客观现实的关系

1. 心理是对客观现实的反映

人的心理是人脑的机能。这仅仅说明心理现象的产生具有物质本体,产生心理现象的器官是脑,但这并不意味着有了脑就有心理现象。人的心理现象并不是人脑所固有的。人脑只是一种反映器官,还要有周围现实作用于人的感觉器官,影响人脑,才能产生心理现象。例如,幼儿看到了路旁的一棵树,才有树木的知觉;幼儿听过"拔萝卜"的故事,才有这个故事的记忆。即使幼儿在画画时会画出一些现实生活中并不存在的图像,或在讲故事时讲出一些现实中没有的内容,如一个幼儿画了一棵长满玩具的大树,或讲了树长出玩具的故事,那些也不是头脑凭空虚构出来的,而是把现实中的树和玩具在头脑中经过加工改造而成的。这种想象的东西仍然是现实的反映。所以心理现象的产生不能没有反映的器官,即脑;也不能没有被反映者,即客观现实。没有被反映者,也就没有反映。

人的心理是以映像的形式在头脑里反映客观现实的。心理现象是客观现实在头脑中的映象。幼儿关于树的知觉,是所看到的树反映于头脑时产生的映象。因此,人的心理现象并不是客观现实本身,而是客观现实在头脑中的映象。映像和被反映的客观现实相像,它是客观现实的"复写""摄影"。

2. 客观现实是心理的源泉

客观现实是十分丰富复杂的,有自然现象和社会生活。但对人的心理起决定作用的是社会生活。一个人假如和人类社会生活隔绝,即使具有人脑,他的心理也会十分贫乏落后,得不到正常发展,甚至和动物的心理相似。世界各地曾发现一些从小被野兽叼去,和野兽一起生活,在兽群中长大而幸存的"狼孩""豹孩"等,这些孩子都是人,也有人的大脑,但由于幼小时期脱离了人类社会,被野兽抚养,生活在自然当中,他们就没有正常人的心理和行为。当他们被人发现而回到人类社会时,仍然喜欢四肢爬行,习惯夜间行动,不喜欢和人接近,缺乏人的情感,心理发展明显落后于常人。印度曾有一个"狼孩",回到人类社会后,虽然经过七八年教育,言语发展也不能恢复正常,只学会三四十个单词。这些事实表明,有了健全的脑而没有客观现实,也不会有正常的心理现象。离开了社会生活,人的心理现象便不能得到正常发展。

客观现实是心理现象的源泉,而社会生活更是心理现象的主要源泉。

幼儿发展心理概述 | 模块一

> **知识拓展**

> **"印度狼孩"**
> ——从小脱离人类社会实践，不可能有健全的心理
>
> 1920年，印度的辛格曾在狼窝里发现了一个孩子，是个女孩，女孩被发现时8岁，取名卡玛拉。卡玛拉由于从小由狼哺养，生活在狼群中，具有狼的习性，她用四肢爬行，用双手和膝盖着地休息，舔食流质的东西，吃扔在地上的肉；她怕强光，夜里视觉敏锐，每天深夜嚎叫；她怕火，怕水，不让洗澡，回到人类社会时只相当于6个月婴儿的心理发展水平，后经过辛格夫人的悉心照料与教育，卡玛拉两年学会了站立，4年学会了6个单词，第7年才基本改变了狼的习性，到17岁死亡时只有4岁儿童的智力水平。
>
> 可见，卡玛拉从小离开了人的社会生活条件，失去了参加劳动和语言交流的机会，从而也就失去了获得人类知识经验的可能性，因此也就不能形成人的健全的心理。

（三）心理具有主观能动性

心理是人脑对客观现实的反映，但这种反映并不像镜子反映人的影像那么被动地呈现，而是一种积极的、主观能动的反映。

1. 人的心理是对客观现实的能动的反映

主观能动的反映，是指人脑对客观现实的反映受到个人的态度和经验的影响，从而使反映带有个人的主体特点。"仁者见仁""智者见智"就是这个道理，正如英国著名作家莎士比亚所说"一千个读者眼中就有一千个哈姆雷特"。

在对待某一事物时，不同的人会根据自己的需要、角度取向、情感形成不同的看法。同一个人也会在不同的情境中改变自己的看法。因此，心理一方面反映着现实的性质和特性，另一方面也反映着个人对现实的关系和态度。也就是说，每个人对客观现实的认识、陈述和体验带有自己特有的主观色彩。

2. 人的心理在实践活动中不断发展

人的各种心理都产生于实践活动，是人们在彼此交往过程中发生和发展起来的。人的实践领域越宽广，接触的事物越多，心理就越丰富。实践活动的不断发展和变化，促使人的心理随实践活动的发展变化而变化。人只有通过具体的实践活动加以锻炼，才能逐渐形成自己的能力和特长。

> **知识拓展**

> **教育的力量**
>
> 德国著名法学家卡尔·威特，在婴儿期像个"傻子"。他父亲曾悲伤地说："因为什么样的罪孽，上天给了我这样的傻孩子？"邻居们尽管口头上常常劝他父亲不要为此而忧愁，但心里都认为威特是个白痴。但他的父亲并没有失望，而是踏踏实实按自己的计划对他进行教育和训练。起初，连孩子的母亲也不赞成："这样的孩子，教育他也不会有出息，只是白费力气。"可是，就是这个"痴呆儿"在后来却使

邻居们大为吃惊。他八九岁就熟练地掌握了德、法、英、意大利、拉丁和希腊等6种语言，9岁考入莱比锡大学，不满14岁就发表了数学论文，被授予博士学位，16岁又被授予法学博士学位，并被任命为柏林大学法学教授。

可见，一个人被置身于什么样的环境，参与什么样的社会实践，在很大程度上决定了其产生什么样的心理。

同步训练1.1

1. 心理过程的动力是（　　）。
   A. 认知过程　　　　B. 情感过程　　　　C. 个性心理　　　　D. 意志过程
2. 人的大脑皮层控制着有目的、有意识行为的是（　　）。
   A. 额叶　　　　　　B. 颞叶　　　　　　C. 枕叶　　　　　　D. 顶叶

（答案或提示见本主题首页二维码）

主题1.2　幼儿心理发展

问题情景

3岁的涛涛最近常常表现出执拗现象或反抗行为，爸爸不让他摸的东西他偏要去摸，不让他做的事情偏要去做，如果爸爸强行制止他，他就烦躁甚至哭闹。

涛涛的这种表现是因为他正处于危机期，因此我们要了解幼儿心理发展特点，科学应对幼儿出现的问题。

基础知识

一、心理发展概述

（一）心理发展的概念

发展是指个体成长过程中生理和心理两方面有规律的量变与质变的过程。儿童的发展包括生理的发展与心理的发展两个方面，心理发展是指儿童的认知、情感、意志和个性等方面的发展。

（二）心理发展的阶段划分

对儿童心理发展年龄阶段的划分，许多学者根据不同的标准提出了各种不同的意见。根据教育工作的经验和心理学研究成果，把儿童心理发展大体划分为以下五个阶段。

婴儿期（0～3岁）；幼儿期（3～6岁）；学龄初期或小学生期（6、7～11、12岁）；学龄中期或少年期（11、12～14、15岁）；学龄晚期或青年早期（14、15～17、18岁），如图1-3所示。

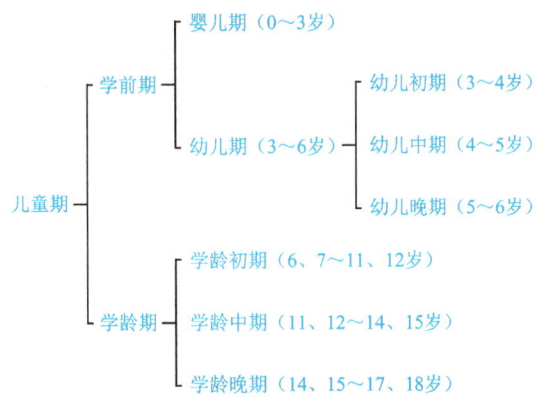

图1-3 儿童期年龄阶段划分

以上各阶段既是互相区别的，又是互相联系的。这是因为各年龄阶段有质的差别，不能混同。同时，两个相连的阶段也不是截然分开的。前一阶段往往孕育着后一阶段的一些特点，而后一阶段又往往保留着前一阶段的一些特点。两个阶段是互相联系、逐渐过渡的。教育工作者如果掌握儿童心理发展的这个规律，就能不失时机地培养一定年龄阶段儿童应有的心理特征，同时又能预见到未来的远景，从而自觉地促进儿童心理的发展。

二、幼儿心理发展的趋势

心理学家经过长期、大量的研究，揭示了幼儿心理的一般发展趋势：从简单到复杂，从具体到抽象，从被动到主动，从零乱到成体系。

（一）从简单到复杂

婴儿最初的心理活动，只是非常简单的反射活动，以后在周围环境的影响下，随着个体机能的发展，神经系统逐渐发展，脑的机能逐渐完善，个体的各种心理现象也越来越复杂化。具体表现为以下两方面。

1. 从不齐全到齐全。儿童刚出生时各种心理活动并不齐全，而是在后来的发展过程中先后形成的。各种心理过程的出现和个性特征形成的次序都是从无到有，从不齐全到齐全，符合由简单到复杂的发展规律的。例如，刚出生的婴儿不会认人；1岁半以后的儿童开始理解语言；三四岁的幼儿大脑中还没有建立起数字概念，对数字的认识要借助于实物；儿童到6岁左右个性才初步形成。

2. 从笼统到分化。婴儿最初的心理活动是笼统的、不分化的。无论是认识活动还是情感态度，其发展趋势都是从混沌或暧昧到分化和明确的，也可以说是从最初的简单、单一，发展到后来的复杂和多样。例如，新生儿只能笼统地分辨颜色的鲜明和灰暗，儿童成长到3岁左右才能辨别各种基本颜色。

儿童动作的发展是其心理发展的前提。儿童动作的发展表现为由笼统到分化、由粗到细。儿童先学会大肌肉、大幅度的粗浅动作，在此基础上逐渐学会小肌肉的精细动作。例如，四五个月的婴儿想要拿面前的玩具时，往往不是用手，而是用手臂甚至整个身体，更谈不上用手指去拿玩具了。随着神经系统和肌肉的发育，加之儿童的自发性练习，动作开始逐渐分化，才能逐渐控制身体各个部位小肌肉的动作。幼儿用手握笔自如地一笔一画写字，往往到六七岁才能做到。

（二）从具体到抽象

儿童最初的心理活动是非常具体的，在发展的过程中变得越来越抽象和概括化。幼儿思维的发展过程典型地反映了这一趋势。例如，你问小朋友"2 加 3 等于几"的时候，他答不出来，但是你问他"你有 2 个苹果，再给你 3 个苹果，你一共有几个苹果"时，他很快就会答出来"有 5 个苹果"。在儿童六七岁时，开始出现抽象思维的萌芽，具体表现为幼儿能站在他人的立场和角度考虑问题，同时幼儿开始获得可逆性思维，例如，从一盒乒乓球中拿走 3 个，再放回 3 个，乒乓球的数量不变。

（三）从被动到主动

儿童的心理活动最初是被动的，随着身体机能的不断发展、完善，心理活动的主动性才开始发展并逐渐提高，直至达到成人水平。

1. 从无意向有意发展。儿童的心理活动是由无意向有意发展的。新生儿的动作是本能的反射活动，是对外界刺激的直接反应，是无意识的。例如，新生儿会紧紧抓住放在他手心的物体，这种抓握是无意识的本能活动。随着年龄增长和机能完善，儿童开始出现有意识、有目的的心理活动。例如，处于幼儿晚期的孩子，学习一首儿歌，他们不仅知道自己要记住什么，而且知道自己应该如何记住，这就是有意记忆。

2. 从主要受生理制约发展到自己主动调节。儿童的心理活动很大程度上受生理特别是大脑和神经系统的发育制约，年龄越小，制约性就越强。例如，3 岁的幼儿正在玩一个皮球，你拿着小汽车在他面前摆弄时，他很快就会转去要小汽车了。随着生理的成熟，幼儿心理活动的主动性也逐渐增加。到幼儿晚期，幼儿已经能够在一定时间和场合控制自己的情绪，如受了委屈，在幼儿园里不表现出来，回到家了见到亲人才倾诉。

（四）从零乱到成体系

儿童的心理活动最初是零散杂乱的，心理活动之间缺乏有机联系。例如，低龄幼儿一会儿哭，一会儿笑，一会儿说东，一会儿说西，这是心理活动没成体系的表现。随着年龄的增长，幼儿逐渐形成了自己的个性，并表现出相对的稳定性。例如，当幼儿对音乐或是体育项目感兴趣时，就会在这方面持续较长时间。

三、幼儿心理发展的年龄特征

幼儿心理发展的年龄特征是指在一定的社会和教育条件下，幼儿在每个不同的年龄阶段中表现出来的一般的、本质的、典型的特征。幼儿期是心理活动系统的奠基时期，是个性形成的最初阶段，其心理的发展也较为迅速。

（一）幼儿初期（3～4 岁）心理发展的年龄特征

3～4 岁的幼儿属于幼儿初期，也是幼儿园小班的年龄。幼儿 3 岁以后，开始进入幼儿园。幼儿从只和亲人接触的小范围，扩大到有老师、更多同伴的新环境。生活范围的扩大，引起了幼儿心理上的许多变化，使幼儿的认识能力、生活能力及人际交往能力得到了迅速发展。

1. 3~4岁的幼儿行为具有强烈的情绪性

在幼儿期，情绪对幼儿的作用比较大。3~4岁的幼儿情绪作用更大，他们常常为一件微不足道的小事哭起来。这时期幼儿情绪很不稳定，很容易受外界环境的影响，他们的情绪还很容易受周围人感染。小班行为具有强烈的情绪性的特点表现在很多方面：高兴时听话，不高兴时说什么也不听；如果喜欢哪位老师，就特别听那位老师的话；看见别的孩子都哭了，自己也莫名其妙地哭起来，老师拿来新玩具，马上又破涕为笑。

2. 3~4岁的幼儿爱模仿

3~4岁的幼儿模仿性很强，对成人的依赖性也很大。幼儿还常常模仿老师，对老师说话的声调、动作、姿势等都会模仿。比如，需要集中儿童的注意力时，可以说"看朵朵小朋友学习多认真，小眼睛一个儿劲地看着老师呢。"教师要注意不要批评没有集中注意力的幼儿，如果老师说"淘淘，把你的手收起来"，可能会引起更多孩子玩手。

3. 3~4岁幼儿的思维仍带有直觉行动性

3~4岁幼儿的认知活动往往依靠动作和行动来进行。3~4岁幼儿的认知特点是先做再想，而不能想好了再做。在捏橡皮泥之前往往说不出自己要捏成什么，而常常是在捏好之后才突然有所发现。3~4岁的幼儿在听别人说话或自己说话时，也往往离不开具体动作，他们的注意也与动作联系在一起。

（二）幼儿中期（4~5岁）心理发展的年龄特征

4~5岁是幼儿中期，也是幼儿园中班的年龄，4岁前儿童还带有某些婴儿期的特点，4岁以后其心理发展实现较大的飞跃。这一时期，幼儿的心理发展突出表现在以下两方面。

1. 4~5岁的幼儿爱玩、会玩

中班幼儿处于典型的游戏年龄阶段，是角色游戏的高峰期。中班幼儿能计划游戏的内容和情节，会自己安排角色，会约定怎么玩、有什么规则、不遵守规则应怎么处理，基本都能商量解决，但游戏过程中产生的矛盾还需要教师帮助解决。

2. 4~5岁的幼儿思维的具体形象性

中班幼儿的思维过程必须依靠实物的形象作为支撑。例如，他知道3个苹果加2个苹果是5个苹果，也能算出6粒糖给了弟弟3粒还剩3粒，但还不能理解"3加2等于几？6减3是多少"等抽象问题的含义。中班幼儿常常根据自己的具体生活经验来理解成人的语言。例如，他们常常认为"儿子"一词的意思就是"小孩"。当他们听说某个大人是别人的儿子时，常常感到不可思议："这么大，还是儿子？"

（三）幼儿晚期（5~6岁）心理发展的年龄特征

5~6岁是幼儿晚期，也是幼儿园大班的年龄。这一时期幼儿心理活动的概括性和有意性的表现更为明显。

1. 5~6岁的幼儿好学、好问

大班幼儿经常向成人提问题，他们不仅问"是什么"，还要问"为什么"，问题的范围也很广，天文

地理，无所不有，希望成人给予回答。好学、好问是求知欲的表现，甚至一些淘气行为也反映儿童的求知欲。家长、教师都应该保护幼儿的求知欲，不应该因嫌麻烦而拒绝回答孩子的提问。

2. 5~6岁的幼儿抽象概括能力开始发展

大班幼儿的思维仍然是具体形象的，但已有了抽象概括性的萌芽。例如，他们已开始掌握一些比较抽象的概念，如"左、右"的概念，能对熟悉的物体进行简单的分类，如知道白菜、番茄、茄子都是蔬菜，苹果、梨、葡萄都是水果。

3. 5~6岁的幼儿个性初具雏形

大班幼儿初步形成了比较稳定的心理特征。他们开始能够控制自己，做事也不再"随波逐流"，显得比较有"主见"。对人、对己、对事开始有了相对稳定的态度和行为方式。有的热情大方，有的胆小害羞；有的活泼，有的文静；有的自尊心很强，有的有强烈的责任感；有的爱好唱歌跳舞，有的显示出绘画才能……

对于幼儿最初的个性特征，成人应当给予充分的注意。保教工作者在面向全体幼儿进行教育的同时，还应该因材施教，针对个人的特点，长善救失，促进幼儿全面健康地发展。

四、影响幼儿心理发展的因素

（一）生物因素

1. 遗传

遗传是一种生物现象，通过遗传，后代可以获得亲代的一些生物特征，这些遗传的生物特征就是遗传素质，如身体的构造、形态、感觉器官和神经系统的特征等，其中对心理发展最为重要的是神经系统的结构和机能特征。遗传素质对幼儿心理的发展具有非常重要的作用。

（1）遗传素质是幼儿心理发展的物质前提。

人类在进化过程中，各种生理机能不断发展，尤其是脑和神经系统高级部位的结构和机能高度发展，形成了其他一切生物所没有的特征。幼儿正是继承了人体的结构、形态、感官和神经系统，特别是大脑结构等生理解剖特征，在一定条件下才可能发展成为一个具有正常心理水平的人。遗传素质是幼儿心理发展必要的物质前提。

（2）遗传素质为幼儿心理发展的个别差异提供最初的可能性。

人与人之间的遗传素质存在个别差异，遗传特征的差异为心理机能的差异提供了基础。例如，儿童初生时有的活泼、好哭闹，有的安静、好睡觉，以后，好哭闹的孩子容易发展成活泼好动的外倾型性格的人，安静好睡的孩子则容易发展成沉静的内倾型性格的人。

研究表明，遗传对心理发展确有影响，不能否认。例如，遗传因素可从多方面影响一个人的智力发展：先天的神经系统或染色体病变直接引起智力落后；先天的生理缺陷，如先天性耳聋，干扰了正常生活，导致智力落后等。

然而，不能过高估计遗传对心理发展的影响。决不能把心理发展看成由遗传决定的，遗传素质只是心理发展的自然前提，遗传素质只为心理发展提供了可能性，个体心理能否得到发展，能否迅速而顺利地发展，发展到什么水平，不是遗传素质所能决定的，而是由个人的生活条件、教育条件及个人的主观努力决定的。否定遗传对心理发展的作用是不符合事实的，但夸大遗传对心理发展的作用也是片面的。

2. 生理成熟

生理成熟是指身体在结构和机能上的生长发育。儿童出生时，身体各部分及其器官还没有发育好，还要经过一个长时期的生长发育过程，才能达到结构上的完善和机能上的成熟。如果在某种生理结构和机能达到一定成熟程度时，给予适当的刺激，就会激发儿童相应的心理活动的出现和发展。如果机体尚未成熟，即使给予某种刺激，也难以取得预期的效果。格塞尔的"双生子爬楼梯实验"有力地说明了个体发展基本形式和顺序由神经系统的成熟来决定，过早的训练只能带来一时的效果，而真正的学习效果要在成熟之后才能出现。

知识拓展

格塞尔的"双生子爬楼梯实验"

美国心理学家格塞尔有一个非常著名的实验——"双生子爬楼梯实验"，研究的是双生子（即双胞胎）在不同的时间学习爬楼梯的过程和结果。格塞尔选择了一对双胞胎，他们的身高、体重、健康状况都一样。让哥哥在出生后的第48周开始学习爬楼梯，48周的小孩刚刚学会站立，或者仅会摇摇晃晃勉勉强强地走，格塞尔每天训练这个孩子15分钟，中间经历了许多的跌倒、哭闹、爬起的过程，到了孩子54周的时候，他终于能够自己独立爬楼梯了。双胞胎中的弟弟，基础情况跟哥哥完全一样，不过格塞尔让他在53周的时候才开始练习爬楼梯，这时的孩子基本走路姿势已经比较稳定了，腿部肌肉的力量也比哥哥刚开始练的时候更加有力，并且他每天看着哥哥训练，自己也一直跃跃欲试，结果，同样的训练强度和内容，他只用了两周就能独立地爬楼梯了，并且还总想跟哥哥比个高低。一个是从48周开始，到了54周学会了爬楼梯；另一个是从53周开始，练了2周，也就是在55周时学会了。后学的尽管用时短，但效果不差，而且具有更强的继续学习意愿。如图1-4所示。

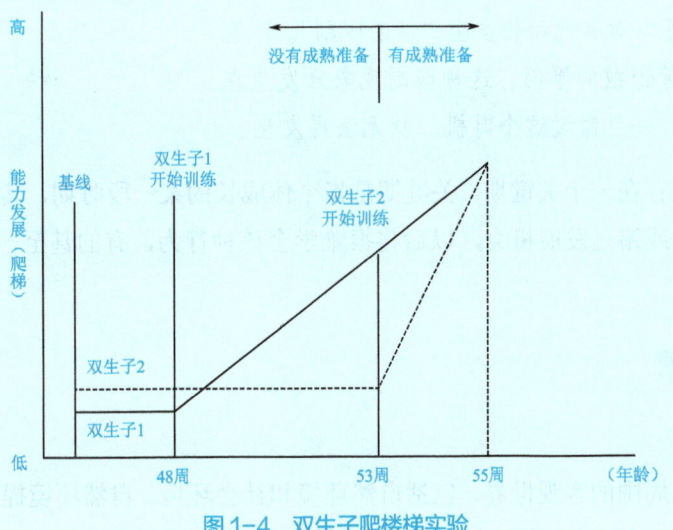

图1-4 双生子爬楼梯实验

格塞尔原来认为这只是个偶然现象,于是他就换了另一对双生子,结果类似;又换了一对,仍然如此。如此反复地做了上百个对比试验,最终得出的结果是相同的,即孩子在 52 周左右,学习爬楼梯的效果最佳,能够用最短的时间达成最佳的训练效果。

此后的几年,格塞尔又对其他年龄段的孩子在其他学习领域进行实验,比如识字、穿衣、使用刀叉,甚至将实验领域扩展到成人的学习过程,都得出了相类似的结论,即任何一项训练或教育内容针对某个特定的受训对象,都存在一个"最佳教育期"。

劳伦兹与"印刻现象"

奥地利生物学家劳伦兹(K.Z.Lorenz)曾发现,小鸭子在出生后不久所遇到的某一种刺激或对象(母鸡、人或电动玩具),会印入它的感觉之中,使它对这种最先印入的刺激产生偏好和追随反应。当它们以后再遇到这个刺激或跟这个刺激类似的对象或刺激时,就会引起它的偏好或追随。但是,如果小鸭子在孵出蛋壳后时间较久才接触到外界的活动对象,它们就不会出现上述的偏好或追随行为。这一现象被劳伦兹等称为"印刻现象"。劳伦兹在进行这项实验时,让刚刚破壳而出的小鸭子不先看到母鸭子,而首先看到劳伦兹自己,于是,有趣的事情发生了。劳伦兹在小鸭子前面走着,身后跟随着几只小鸭子。小鸭子将劳伦兹当成了自己的母亲,如图 1-5 所示。

进一步的研究发现,小鸡、小鸟等辨认自己母亲和同类,都是通过这一过程实现的,而且,这一现象在一些哺乳动物身上也有所发现。一般说来,小鸡、小鸭的"母亲印刻"的关键期发现在出生后的 10~16 个小时,而小狗的"母亲印刻"关键期发现在出生后的 3~7 周。人的印刻时间最长,一般为 1~3 年。

图 1-5 印刻现象

研究还发现,动物在关键期内,不仅可以对自己的妈妈发生"母亲印刻",而且如果自己的妈妈在小动物出生后不久就离开的话,它们也可以对其他动物发生"母亲印刻"。这就是为什么小鸭子追随劳伦兹的原因。这种印刻现象只发生在极其短暂的特定时刻,一旦错过这个时机,就无法再发生。

一个人的心理发展存在一个关键期。关键期是指个体成长的某一段时期,其成熟程度恰好适合某种行为的发展;如果失去或错过发展机会,以后将很难学会该种行为,有的甚至一生难以弥补。

(二)社会因素

1. 环境

环境因素是指幼儿周围的客观世界,包括自然环境和社会环境。自然环境提供个体生存所必需的物质条件,如阳光、空气、水、食物等。社会环境包括社会的生产发展水平、社会制度、生活水平、家庭状况等。社会环境使遗传所提供的心理发展的可能性变为现实。社会环境主要包括一个国家的社会生产方式、科学文化水平、社会政治法律、思想意识形态、社会风俗习惯和历史文化传统,以及与其他国家在经济、政治、文化、军事上的交往程度等。

2. 教育

社会因素对人的心理的影响主要是通过教育实现的，尤其是通过有组织、有计划的教育实现的。

儿童最初在家庭接受早期教育。家庭的物质生活、教养方式和社会交往，使儿童体验到自己在社会关系中所处的地位。更重要的是父母的思想行为、是非爱憎及有意识地教导，给予儿童心理发展深刻影响。

儿童进入幼儿园后，社会物质生活条件对心理发展的影响，集中地通过幼儿教育发生作用。他们在接受教育的过程中获得文化科学知识，发展智力和才能，形成健全的个性倾向。

知识拓展

不会说话的基尼

基尼是美国加利福尼亚州的一个小女孩。她母亲双目失明，丧失了哺育孩子的基本能力；父亲讨厌她，虐待她。基尼自婴儿期起就几乎没听到过说话，更不用说有人教她说话了。除哥哥匆匆地、沉默地给她送些食物外，基尼生活在一间被完全隔离的小房子里。她严重营养不良，胳臂和腿都不能伸直，不知道如何咀嚼，安静得令人害怕，没有明显的喜怒表情。基尼3岁被发现后，被送到了医院。最初几个月，基尼的智商得分只相当于1岁正常儿童。多方面的重视使她受到了特殊的精心照顾。尽管如此，直到13岁，她都没有学会人类语言的语法规则，不能进行最基本的语言交流。据调查分析，基尼的缺陷不是天生的。

基尼的事例说明：儿童心理发展是生物因素、社会因素、儿童的主观能动性等因素共同作用的结果。遗传素质正常的儿童，如果没有社会环境及教育的作用，也不可能形成正常人的心理。

3. 社会实践

人在周围世界中是积极活动的，在实践活动中反映客观事物，改造客观世界。人通过积极的实践活动，发挥主观能动性，提高了认识能力，加深了情感体验，锻炼了意志和性格。人所参加的实践活动越丰富多样，心理越能得到发展。反之，一个人不积极参加实践活动，或参加的活动极为贫乏，便会认识肤浅，情感淡漠，缺乏坚强意志，心理得不到充分发展。个体的主观能动性对幼儿身心发展起着决定性作用。

儿童的活动有别于成人的活动，婴儿最初只通过简单的动作和行为与周围世界发生关系。到幼儿期，游戏成为主要活动形式。在游戏中，幼儿身心积极活动，获得最大的满足和愉悦，个性心理也获得全面发展。

同步训练1.2

1. 影响儿童身心发展的因素有很多，其中影响儿童身心发展的物质基础是（　　）。
   A. 社会环境　　　B. 学校教育　　　C. 遗传素质　　　D. 社会实践

2. "染于苍则苍，染于黄则黄"用来说明（　　　）对人的成长和发展的影响是巨大的。

　　A．颜色　　　　　B．环境　　　　　C．遗传　　　　　D．物质

（答案或提示见本主题首页二维码）

主题 1.3　幼儿心理发展的主要理论

　　4岁的欣欣很辛苦，她妈妈给她报了舞蹈班、钢琴班、书法班还有算术班，欣欣每天忙得不可开交。欣欣妈妈虽然很心疼，但是仍然坚持，她认为孩子不能输在起跑线上。

　　家长的"望子成龙，望女成凤"，导致不顾幼儿的年龄特点，过早地灌输过多的知识与技能。了解幼儿心理发展的主要理论，有助于教师和家长科学地教育幼儿。

一、成熟学说

（一）主要观点

　　成熟学说的代表人物是美国著名的儿童心理学家、儿科医生格塞尔。成熟学说的基本观点认为，支配儿童心理发展的主要因素是"成熟"，强调基因顺序规定着儿童生理和心理的发展。他的双生子爬楼梯实验有力地支持了这一观点。

1. 成熟的重要性

　　格塞尔认为，儿童心理的发展过程是有规律、有顺序的一种发展模式。这种模式是由物种和生物进化顺序决定的，是由生物体遗传的基本单位——基因决定的。在格塞尔看来，所有儿童都毫无例外地按照成熟所规定的顺序或模式发展，按照由上而下，由中心向边缘，由粗大动作向精细动作发展，只是发展速度可在一定程度上由每个儿童自己的遗传类型或其他因素所制约。

　　成熟是一个由内部因素控制的过程，这种内部因素决定机体发展的方向和模式，但格塞尔不排除环境对儿童的发展影响。主要表现在：环境可能暂时影响儿童发展的速度。良好的环境可以提供一定的条件，从而有助于儿童发展；不良的环境，则可能阻止和压抑其自然潜能的顺利发展。但在他看来，发展的速度最终还是由生物因素决定的。

　　环境因素对儿童的发展起支持、影响及特定化作用，但并不能产生基本的发展形式和个体发展的顺序。只有当成熟结构与行为相适应的时候，学习才可能发生；在成熟结构得以发展之前，特殊的训练及

学习收效甚微。

2. 育儿观点

（1）教养婴幼儿应以儿童为中心。

格塞尔认为，婴儿带着一个天然进度表降临人世。婴儿尽管知识尚未开化，但对于其内在需要，对于要做什么或不做什么都非常清楚，父母（养育者）应追随儿童，从儿童本身得到启示，而不应强迫儿童接受自己的意愿或规定的模式。养育者要仔细观察儿童的信号和暗示，才能了解或确信婴儿具有先天的诸如吃奶、睡眠、觉醒、坐起、爬走等自我调节能力。父母只要在儿童婴儿期机敏地追随、满足儿童的需要，以后将会自然地觉察到儿童特有的兴趣与能力，并学会尊重儿童，给儿童以个性发展的机会。

（2）教养者应掌握儿童成熟的知识。

格塞尔认为，父母还应掌握一些有关儿童发展倾向和顺序（即成熟）的理论知识，特别需要意识到儿童成长具有稳定与不稳定的波动性。这些知识有助于父母了解儿童的身心特点，从而在某些特定时期具备耐心。例如，两岁半左右的幼儿往往不听大人的话，有一种执拗性。假如父母了解到这种固执是成长的一种自然状态的话，他们就不会感到迫切需要去杜绝这种行为。相反，他们会更灵活地对待孩子，甚至会因孩子试图建立自己的独立个性而感到欣慰。

（3）在成熟的力量与文化适应之间求得合理的平衡。

针对格塞尔上述的儿童观，有人说他的育儿观对儿童来说太放纵、太自由了，会惯坏孩子，使孩子为所欲为，格塞尔回答说："儿童当然必须学会控制自己的冲动并合乎文化的要求，但对儿童这一要求的提出也必然与儿童的成熟有关。只有当儿童成熟到具有克制能力时，他们才能有效地控制自己。"

（二）对幼儿心理发展的贡献

格塞尔的成熟学说强调了成熟对儿童生理和心理发展的重要作用，对教育实践具有重要的意义。

首先，生理成熟是儿童心理发展的生理学基础。它不但包含了儿童心理发展的前提条件——遗传素质，而且更突出地强调了这些内部素质随时间而产生的变化，这也是儿童心理不断发展的重要条件。

其次，格塞尔通过经典的实验（双生子爬楼梯实验），提出了儿童发展的常模，为教育工作者、儿科医生等提供了重要的参考。

但格塞尔的成熟学说也具有很大的局限性。他把成熟作为儿童心理发展的决定性因素是一种片面的观点，他过分夸大了生理成熟的作用，而忽视了环境和教育等外部条件对儿童心理发展的影响。他要求教育机构、教育者、父母应遵循儿童的身心特点对儿童进行养育或施教，要求注意培养儿童个性，反对对儿童提出整齐划一的要求，这些无疑是有价值的，但他要求教育者消极无为地追随儿童，又贬低了教育、教师的主导作用。

二、社会学习理论

班杜拉，美国当代著名心理学家，新行为主义的主要代表人物之一，社会学习理论的创始人。

（一）主要观点

班杜拉开展了波波玩偶实验。他选用儿童作为实验对象，使儿童分别受到成人榜样的攻击性行为与非攻击性行为的影响，然后将这些儿童置于没有成人榜样的新环境中，以观察他们是否模仿了成人榜样的攻击性行为与非攻击性行为。在实验基础上，班杜拉提出了社会学习理论。班杜拉的社会学习理论强调的是观察学习或模仿学习。他认为人的多数行为是通过观察别人的行为和行为的结果而习得的，依靠观察学习可以迅速掌握大量的行为模式。观察学习的全过程由四个阶段构成：注意、保持、再现、动机。

注意过程是观察学习的起始环节，在注意过程中，示范者行动本身的特征、观察者本人的认知特征，以及观察者和示范者之间的关系等诸多因素影响着学习的效果。

在观察学习的保持阶段，示范者虽然不再出现，但他的行为仍给观察者以影响。要使示范行为在记忆中保持，需要把示范行为以符号的形式表象化。通过符号这一媒介，短暂的榜样示范就能够被保持在长时记忆中。

再现过程是把记忆中的符号和表象转换成适当的行为，即再现以前所观察到的示范行为。能够再现示范行为之后，观察学习者（或模仿者）是否能够经常表现出示范行为要受到行为结果因素的影响。

动机过程则决定由哪种强化（直接强化、替代性强化、自我强化）进行表现。班杜拉把这三种强化作用看成学习者再现示范行为的动机力量。直接强化是指观察者因表现出所观察的行为而受到强化；替代性强化是指学习者通过观察他人行为所带来的奖励性或惩罚性后果而受到强化；自我强化是指观察者根据自己设立的标准来评价自己的行为，从而对榜样示范和行为发挥自我调整的作用。

班杜拉认为儿童社会行为的习得主要是通过观察、模仿现实生活中重要人物的行为来完成的。任何有机体观察学习的过程都是在个体、环境和行为三者相互作用下发生的，行为和环境是可以通过特定的组织而加以改变的，三者对于儿童行为塑造产生的影响取决于当时的环境和行为的性质。

知识拓展

班杜拉的著名实验——波波玩偶实验

儿童在电视上、电影里和游戏里看到的暴力，会不会导致他们形成攻击性行为？这是当今一个热门话题，在50年前也是热门话题。班杜拉做了"波波玩偶实验"（如图1-6所示），以确定孩子们是如何通过观看暴力影像而学会攻击的。班杜拉的社会学习理论提出，学习是在观察和与其他人交往之中形成的。

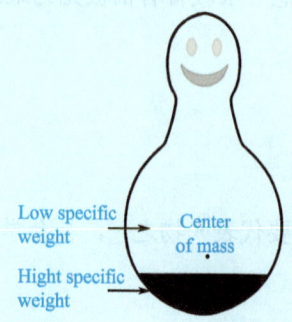

图1-6　波波玩偶实验

幼儿发展心理概述 | **模块一**

实验过程

班杜拉的实验是将儿童置于两组不同的成人模特当中，一组是具有攻击性的模特，另一组是非攻击性的模特。在观察了成人的行为之后，让他们进入一个没有模特的房间，观察他们是否会模仿先前所见到的模特的行为。

在非攻击性一组中，整个过程中只是摆弄玩具，完全忽视了波波玩偶。

在攻击性一组中，成人模特则猛烈地攻击波波玩偶。成人模特把波波玩偶放倒在地上，骑在上面，猛击它的鼻子，拿起锤子敲打它的头部，敲完之后，模特猛烈地在空中摔打玩偶，在房间内把它踢来踢去。这一攻击性行为连着重复三次，其间还夹杂着攻击性的语言。

之后每个儿童都分别被带进最后一个实验室。这间房子里有几样"攻击性"玩具，包括一把锤子，一个用链子吊起来的球，球面涂成脸庞形状，还有标枪，当然还有波波玩偶。房间里也有一些非攻击性玩具，包括蜡笔、纸张、洋娃娃、塑料动物和卡车模型。孩子们被允许在这个房间玩 20 分钟，实验的评价人从镜子里观察每个孩子的行为，并给出每个孩子攻击性行为的等级。

结果

这一实验证实了班杜拉预言中的三个。

1．成人模特不在场的时候，观察暴力行为一组的孩子们的倾向是模仿他们所看到的行为。

2．班杜拉和他的同事们也预言观察非暴力行为的一组的孩子们会比对照组的攻击行为弱一些。结果显示无论性别，这一组的孩子们都比对照组孩子的攻击级别低一点。

3．无论被观察的模特是同性还是异性，孩子们在性别上的差异是很重要的。实验中发现，在同性攻击行为组，男孩更倾向于模仿肢体的行为，而女孩更倾向于模仿言语的攻击。

研究者们还对预言做出了修改：男孩比女孩的攻击性要强。男孩的攻击行为要比女孩的攻击行为高出一倍。

（二）对幼儿心理发展的贡献

班杜拉的社会学习理论是在前人研究的基础上，特别是行为主义学习理论研究的基础上发展起来的，但他突破了旧的理论框架，把行为主义、认知心理学和人本主义加以融合，以信息加工和强化相结合的观点阐述了学习的过程和机制，并把社会因素引入研究中。他所建立的社会学习理论开创了心理学研究的新领域。

第一，班杜拉吸收了认知心理学的研究成果，把强化理论与信息加工理论有机地结合起来，以认知的术语阐述了观察学习的过程和作用，提出了替代强化、自我强化、三元交互、自我效能等概念，改变了传统行为主义重刺激反应，轻中枢过程的倾向，使解释人的行为的参照点发生了重要的转变。

第二，班杜拉在社会学习理论研究中，注重社会因素的影响，把学习心理学同社会心理学的研究有机地结合在一起，提出了观察学习、间接经验、自我调节等概念，对学习心理学的发展产生了重要影响。

第三，班杜拉的实验结果都是以人为研究对象而得出的，这就避免了行为主义以动物为实验对象，把由动物实验得出的结论推广到人当中的错误倾向，结论更加具有说服力。

当然，班杜拉的社会学习理论也有其明显的不足和局限性，这主要表现在以下几点。

第一，班杜拉的社会学习理论缺乏内在统一的理论框架。该理论的各个部分较分散，如何将彼此关联起来，构成一个有内在逻辑的体系，是一个亟待解决的问题。

第二，班杜拉的社会学习理论是以儿童为研究对象建立起来的，但他忽视了儿童自身的发展阶段会对观察学习产生影响。

第三，班杜拉的社会学习理论虽然可以解释间接经验的获得，但对于比较复杂的程序性知识，以及陈述性知识和理性思维的形成缺乏说服力。

第四，班杜拉虽然强调了人的认知能力对行为的影响，但对人的内在动机、内心冲突、建构方式等因素没做研究，这表明其理论本身仍然有较大的局限性。

三、认知发展阶段理论

瑞士心理学家皮亚杰毕生研究儿童认知的发展，创立了著名的儿童认知发展理论——认知发展阶段理论。

（一）主要观点

皮亚杰把认知发展视为认知结构的发展过程，以认知结构为依据区分心理发展阶段。他把认知发展分为以下四个阶段。

1. 感知运动阶段（0~2岁）

这一阶段儿童只能协调感知觉和动作活动，接触外界事物时通过感知觉和活动进行。出生时婴儿只有先天的遗传性条件反射。随着动作的不断泛化与分化，逐渐发展出应对外部环境刺激的能力。儿童主要用感知、动作与外界发生关系，大约9~12个月时逐渐形成客体永久性观念，即当某一物体从儿童视野中消失时，儿童知道该物体仍然存在。而在此之前，儿童往往认为不在眼前的事物就不存在了并且不再去寻找。感知运动阶段是皮亚杰提出的心理发展的第一个阶段，也是智慧的萌芽时期。

> **知识链接**
>
> **儿童客体永久性经典实验**
>
> 最初的婴儿分不清自我和客体，儿童不了解客体可以独立于自我而客观地存在，只认为自己看得见的东西才是存在的，而看不见时也就不存在了。当客体在眼前消失，儿童依然认为它是存在的，这就是皮亚杰所说的儿童建立了客体永久性。
>
> 如图1-7所示，婴儿还没有建立客体永久性。实验开始时，给婴儿呈现一个玩具小象，当他对这个玩具正感兴趣时，用纸板把玩具挡住，他就不再关心这个玩具了。

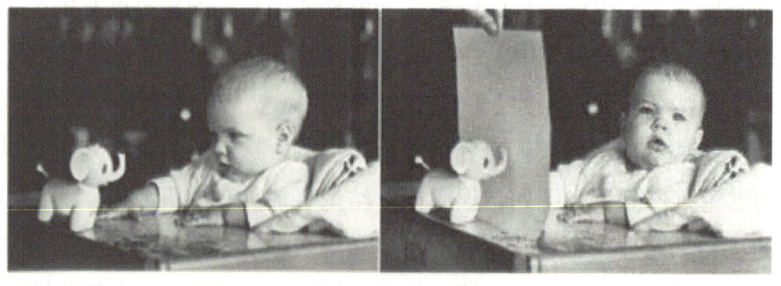

图1-7 客体永久性实验（1）

年龄稍大的儿童则不同，当处于类似的实验情景时，儿童能够爬过遮挡用的帷幕，寻找他所感兴趣的玩具，如图1-8所示。

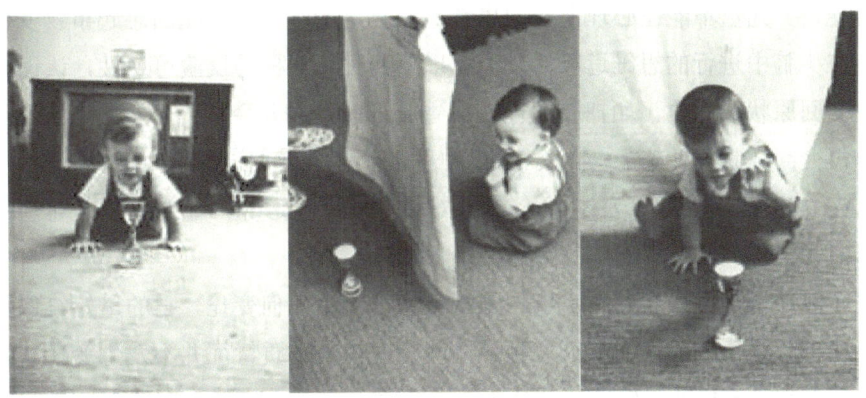

图1-8 客体永久性实验（2）

2. 前运算阶段（2~7岁）

儿童将感知动作内化为表象，建立了符号机能，可凭借心理符号（主要是表象）进行思维，从而使思维有了质的飞跃。其特点如下。

泛灵论。儿童无法区别有生命和无生命的事物，常把人的意识动机、意向推广到无生命的事物上。儿童把事物都看成和人一样是有生命、有意识、活的东西，如常把玩具当作活的伙伴。

自我中心主义。儿童缺乏观点采择能力，只从自己的观点看待世界，难以认识他人的观点，不会换位思考。儿童的谈话多半以自我为中心。例如，儿童在这一时期经常会说"我怎么怎么样"，而不会询问别人的意见"你认为怎么样"。

知识链接

儿童认知自我中心——三山实验

如图1-9所示，在一个立体沙丘模型上错落摆放了三座山丘，让幼儿坐在三山模型前，在他对面桌子上坐着一个玩偶，也面对着三山模型。皮亚杰问幼儿，对面的玩偶看到的山是什么样子的？请幼儿从一些照片中，挑选出对面玩偶看到的山是属于哪一张照片。幼儿会毫不犹豫地把自己所看到的三山模型的照片挑选出来。也就是说，在幼儿看来，别人看到的山与自己看到的是一样的。这个实验证明了前运算思维缺乏逻辑性的表现之一是不具备观点采择能力——从他人的角度来看待事物的能力。

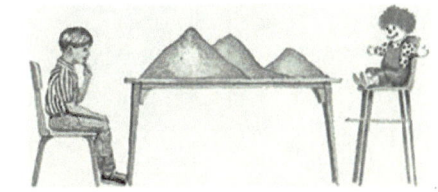

图1-9 三山实验

不能理顺整体和部分的关系。通过要求儿童考察整体和部分关系的研究发现，儿童能把握整体，也能分辨两个不同的类别。但是，当要求他们同时考虑整体和整体的两个组成部分的关系时，儿童多半会给出错误的答案。这说明他们的思维受眼前的显著知觉特征的局限，而意识不到整体和部分的关系。皮亚杰称之为缺乏层级类概念（类包含关系）。

思维的不可逆性。儿童不能在心理上反向思考他们见到的行为，不能回想起事物变化前的样子。思维的可逆性是指在头脑中进行的思维运算活动，有以下两种。一种是反演可逆性，认识到改变了的形状或方位还可以改变回原状或原位。如把胶泥球变成香肠形状，幼儿会认为，香肠变大，就会大于球状，却认识不到香肠再变回球状，两者就一样大了。另一种是互反可逆性，即两个运算互为逆运算，如 A=B，则反运算为 B=A；A>B，则反运算为 B<A。幼儿难以完成这种运算，他们尚缺乏对这种事物之间变化关系的可逆运算能力。

缺乏守恒。守恒是指儿童认识到一个事物的知觉特征无论如何变化，它的量始终保持不变。前运算阶段的儿童不能认识到在事物的表面特征发生某些改变时，其本质特征并不发生变化。如一根绳子不管折成什么形状，长度都是一样的，但幼儿却认为折叠后的绳子就会变短。不能守恒是前运算阶段儿童的重要特征。

知识链接

儿童守恒实验

儿童守恒实验是儿童心理学家让·皮亚杰（Jean Piaget）做的经典实验。如图 1-10 所示，实验开始首先给儿童呈现两杯等量的水（杯子的形状一样），然后把这两杯水倒入不同口径的杯子里，问儿童哪一个杯子的水多（或一样多）。他在实验中发现，对这个问题，六七岁以下的儿童仅根据杯子里水的高度判断水的多少而不考虑杯子口径的大小。而六七岁以上的儿童对这个问题一般都能做出正确的回答，即他们能同时考虑水面的高度和杯子口径两个维度来决定杯子里水的多少。

图 1-10 儿童守恒实验

3. 具体运算阶段（7~11 岁）

在本阶段内，儿童的认知结构由前运算阶段的表象图式演化为运算图式。具体运算是指儿童的思维运算必须有具体事物支持，问题要在具体事物的帮助下才可以顺利解决。具体运算思维的特点：具有守恒性、脱自我中心性和可逆性。皮亚杰认为，该时期的心理操作着眼于抽象概念，属于运算性（逻辑性）的，但思维活动需要具体内容的支持。例如，小 A 的头发颜色比小 B 淡些，小 A 的头发颜色比小 C 深些，问儿童"三个人中谁的头发最黑？"这个问题如果以语言的形式出现，那么具体运算阶段的儿童难以正确回答，但如果拿来三个头发颜色深浅程度不同的布娃娃，分别命名为小 A、小 B、小 C，按题目的顺序两两拿出来给儿童看，儿童看过之后，提问者将布娃娃收起来，再让儿童说谁的头发颜色最深，他们会毫无困难地指出小 B 的头发颜色最深。

4. 形式运算阶段（11 岁及以后）

这个时期，儿童思维发展到抽象逻辑推理水平。思维特点如下：

思维形式摆脱思维内容。形式运算阶段的儿童能够摆脱现实的影响，关注假设的命题，可以对假设命题做出逻辑的和富有创造性的反映。

进行假设—演绎推理。假设—演绎推理是先提出各种解决问题的可能性，再系统地评价和判断正确答案的推理方式。假设—演绎的方法分为两步，首先提出假设，提出各种可能性；然后进行演绎，寻求可能性中的现实性，寻找正确答案。

（二）对幼儿心理发展的贡献

皮亚杰认知发展理论对教育心理学具有重大的贡献。

首先，皮亚杰在他的认知发展理论中，通过一些经典的概念，描述了儿童发展的整个过程，不仅揭示了个体心理发展的某些规律，同时也证实了儿童心智发展的主动性和内发性。

其次，皮亚杰关于认知发展阶段的划分不是按照个体的实际年龄，而是按照其认知发展的差异，因此，在实际教学应用中具有了一般性。

最后，根据皮亚杰的认知发展理论，不同认知发展阶段的儿童年龄差异较大，即使处于同一认知发展阶段内的儿童年龄差异也很大，这为教育教学实践中的因材施教原则提供了理论依据。

但是皮亚杰提出的认知发展理论也有局限性。

首先，过于重视生物化倾向以及忽视社会文化的影响。皮亚杰的理论重视个体对周围事物的建构以及对发展阶段本身的探讨，没有对人类认知过程如何受到社会文化环境的影响和实践活动进行深入的探讨。

其次，缺少积极的教育意义。"发展先于学习"，皮亚杰主要研究给予儿童在自然情境中与周围环境相互作用进行的认知活动过程，不主张通过学习加速儿童的认知发展过程。

最后，低估了儿童的综合能力。

四、行为主义发展理论

（一）华生的早期行为主义

美国心理学家华生是行为主义的创始人，是美国第一个将巴甫洛夫条件反射的研究结果作为学习理论基础的人。他认为学习就是以一种刺激替代另一种刺激建立条件反射的过程。在华生看来，人类出生时只有几个反射（如打喷嚏、膝跳反射）和情绪反应（如惧、爱、怒等），所有其他行为都是通过条件反射建立新刺激-反应（S-R）联结而形成的。

知识拓展

巴甫洛夫经典条件反射

巴甫洛夫的条件反射实验程序：在喂狗食前几秒钟，发出铃声或节拍器响声，接着再将肉末送入狗的口中。开始时，狗听到铃声只加注视，并不淌口水，只是吃到食物时，才淌口水。但这种操作过程经过若干次后，只要一发出铃声或节拍器声，狗就立刻分泌唾液。很显然，狗对声音做出了反应。这种本来和唾液分泌无关的铃声和节拍器声，由于它们和食物出现的时间接近，因此可以引起唾液的分泌。这种反应是后天学习得来的，巴甫洛夫称之为条件反射（简称 Rc）。铃声和节拍器称为条件刺激（简称 Sc），它们受一定条件的制约。巴甫洛夫称食物为无条件刺激（简称 Su），称那种吃食物时流口水的反应为无条件反射（简称 Ru），因为它是生来就会的，不是后天学习得来的反射活动，如图 1-11 所示。

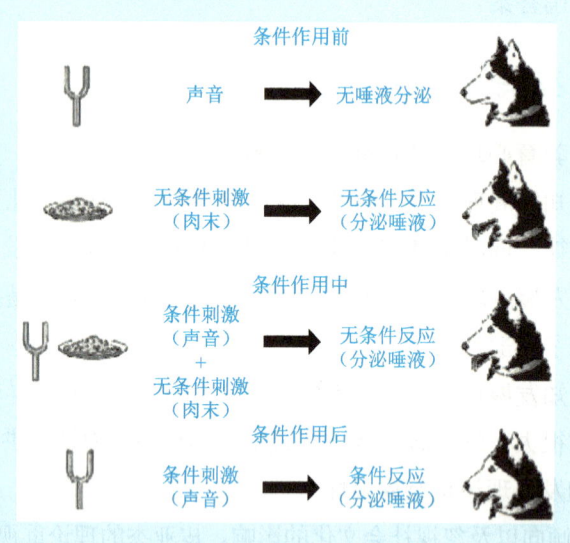

图 1-11 经典条件反射

华生的心理发展观点为环境决定论。

1. 强调环境和教育在个体心理发展中的作用

华生的一句名言充分体现了其观点，他指出："给我一批健康的婴儿，并在我自己设定的特殊环境中养育他们，那么我愿意担保，可以随便挑选其中一个婴儿，把他训练成为我所选定的任何一种专家——医生、律师、艺术家、小偷，而不管他的才能、嗜好、倾向、能力、天资和他祖先的种族。不过，请注意，当我从事这一实验时，我要亲自决定这些孩子的培养方法和环境。"他片面夸大了环境和教育在个体心理发展中的作用，忽视了个体的主动性、能动性和创造性，忽视了促进心理发展的内部动因。

2. 遗传在个体心理与行为发展中不起作用

华生认为一切行为都是刺激-反应（S-R）的联结过程。刺激是指客观环境和体内组织本身的变化，反应是指整个身体的运动，手臂、腿和躯干的活动，或所有这些运动器官的联合运动。他将思维、情绪、人格等心理活动都等同于一系列动作。由于刺激是客观存在的，不决定于遗传，而行为反应又是由刺激引起的，因此行为不可能决定于遗传。华生的心理学以控制行为作为研究的目的，而遗传是不能控制的，所以遗传的作用越小，控制行为的可能性越大。因此华生否认了遗传对个体心理与行为发展的作用。

知识链接

华生的恐惧学习实验

1920年，华生应用条件反射对一个8个月的名叫阿伯特的幼儿做了情绪实验，证明儿童害怕有毛的动物是后天习得的。实验的程序如下。

实验开始时，让阿伯特习惯于兔子及一些带毛的东西，此时他显得很高兴，毫无惧色。然后开始用重击铁轨发出高声做条件反射实验。几次之后，即使没有高声，孩子也开始表现出对兔子惧怕，如图1-12所示。他不仅怕兔子，还怕其他带毛的东西和动物，如猫、狗、刷子等。后来，由于阿伯特生病和其他原因实验没有继续进行下去。

但到1924年华生又有机会进行了和上面一样的实验。实验证明，惧怕的情绪也可用条件反射方法消除。

由这个实验华生得出以下结论：

（1）人的各种复杂的情绪是通过条件作用逐渐形成的。

（2）由条件反射形成的情绪具有扩散和迁移作用。

（3）在适应的条件下可形成分化条件情绪反应。

图1-12 恐惧学习实验

（二）斯金纳的新行为主义

斯金纳，美国行为主义心理学家，新行为主义的代表人物，操作性条件反射理论的奠基者。他创制了研究动物学习活动的仪器——斯金纳箱。斯金纳提出了有别于巴甫洛夫的条件反射的另一种条件反射行为，并将二者做了区分，在此基础上提出了自己的行为主义理论——操作性条件反射理论。他长期致力于研究鸽子和老鼠的操作性条件反射行为，提出了"及时强化"的概念及强化的时间规律，形成了自己的一套理论。

知识链接

斯金纳箱

如图1-13所示是由斯金纳设计的一个斯金纳箱（避免里面的动物受到任何干扰），在这个箱里有一个拉杆，碰到拉杆时会有食物掉下来。箱里有一只饥饿的小白鼠，刚开始时，它会挠挠箱壁，抓抓按钮，或者大声嚎叫，直到有一次偶然的机会它碰到拉杆，有食物掉下来。之后，它挠箱壁抓按钮和大声嚎叫的频率都减少了，而碰拉杆的频率增加了。某一操作使小白鼠某一动作频率增加，这就是操作性条件反射的过程。

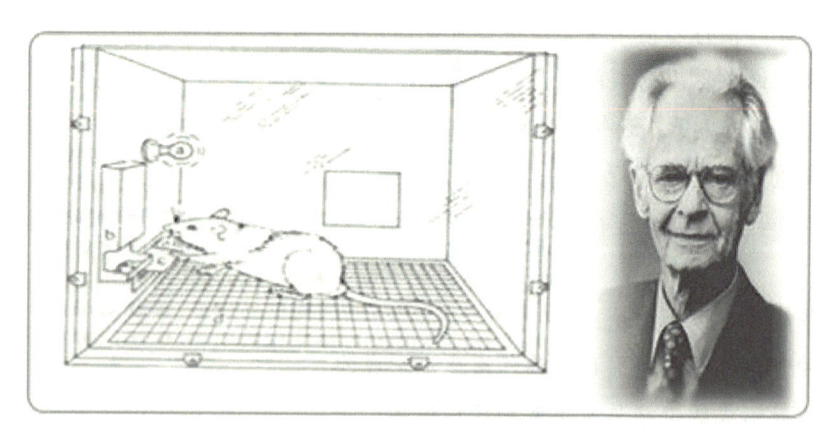

图1-13 斯金纳箱

1. 斯金纳的主要观点

（1）提出了操作性条件反射。斯金纳把行为分成两类：一类是应答性行为，这是由已知的刺激引起的反应；另一类是操作性行为，是由机体自身发出的反应，与任何已知刺激物无关。与这两类行为相应，斯金纳把条件反射也分为两类：与应答性行为相应的是应答性反射；与操作性行为相应的是操作性反射。

斯金纳通过"斯金纳箱"实验发现，动物的学习行为是随着一个起强化作用的刺激而发生的。斯金纳把动物的学习行为推而广之到人类的学习行为上，他认为虽然人类学习行为的性质比动物复杂得多，但也要通过操作性条件反射。操作性条件反射的特点是：强化刺激既不与反应同时发生，也不先于反应，而是在反应发生后产生的。有机体必须先做出所希望的反应，然后得到"报酬"，即强化刺激，使这种反应得到强化。学习的本质不是刺激的替代，而是反应的改变。

（2）强化是斯金纳操作性条件反射理论的核心。斯金纳认为人或动物为了达到某种目的，会采取一定的行为作用于环境。当这种行为的后果对他有利时，这种行为就会在以后重复出现；不利时，这种行为就减弱或消失。人们可以用这种正强化或负强化的办法来影响行为的后果，从而修正其行为，这就是强化理论，也叫作行为修正理论。

2. 对斯金纳行为主义的评价

斯金纳对学习理论的研究是有重大贡献的，表现在以下几个方面。

首先，斯金纳发现了操作性条件反射现象，并对其进行了认真的实验和理论研究。这项研究丰富了条件反射的实验研究，填补了条件反射类型上的一项空白，同时也打破了传统行为主义的"没有刺激，就没有反应"的错误观点。

其次，斯金纳所做的"强化程序"的实验研究既深入又具体，系统性很强，揭示出的强化规律客观可靠。它是驯兽师的必修课，对人类的行为管理和学生学习过程的控制和激励也有重要的参考价值。

再次，斯金纳的操作行为主义体系对心理学产生了巨大的影响。从20世纪60年代开始到70年代，斯金纳及其追随者统治了学习心理学的领域。他的行为理论被人们广泛应用于行为治疗和行为矫正中。

但斯金纳的观点也具有很大的局限性。他在心理学的学术观点上属于极端的行为主义者，其目标在于预测和控制人的行为而不去推测人的内部心理过程和状态；斯金纳以有限的动物行为研究推导出普遍的动物行为规律，并用于描述和控制人类的行为，不免有过分简单化、片面化的嫌疑；斯金纳的极端环境论忽视了影响行为的其他因素，如机体状态、脑损伤等；他以操作强化的唯一模式解释学习。

五、中国儿童心理学家的发展观点

（一）陈鹤琴的儿童观

被誉为"中国福禄培尔"的陈鹤琴先生不仅是中国现代儿童教育的奠基者，而且是中国儿童心理学的开拓者，是中华心理学会早期的创建者之一。我国儿童心理学的学科是由陈鹤琴开创的。1923年他在南京创办鼓楼幼稚园，作为儿童心理学和幼儿教育研究的基地。他的《儿童心理之研究》成为中国心理学创立的标志。

1. 儿童是活的人

陈鹤琴认为儿童是"活"的人，儿童一生下来不是一个"无能"的生物，而是一个有生命力、生长力，能够分辨与取舍外界刺激的人，是能自己做主的人。儿童是活的人，表现在多方面：儿童不是稳定的存在，他的个性气质在不断变化；儿童的活动是自由的，我们用的教材应该是活教材，大自然、大社会就是我们的活教材；幼儿教育应更多地注意于儿童本身，注意于儿童的需要及他目前的生活。

2. 儿童今天就是实实在在地生活着的人

陈鹤琴这样说："课程的目的最重要的是帮助儿童目前的生活……儿童是儿童，成人是成人，虽然今日的儿童就是将来的成人，但在教育上尽可以不做先养子而后嫁的手续。"陈鹤琴提出"用适应目前生活需要的方法，去达到将来生活中必定会出现的事情"，可见他并不反对儿童教育为将来做准备，然而那只是儿童教育的最终结果，不能作为教育的目的。如果注重儿童当下的生活，将儿童的各种习惯、兴趣一一养成，自然而然就是在预备将来，而不必先预设一个崇高、美好的未来，与儿童现在的生活没有什么关系，最终成为孩子痛苦的根源。

3. 儿童应该犯错误

陈鹤琴《家庭教育》一书中有许多这样的例子："有一个孩子在学堂里，听到他先生说人的脚骨折断可以再接的话，心里很奇怪，一回家，就把一只鸡的脚骨折断。"这便是"孩子式"的缺点和错误。他认为，我们教育小孩子前，要心平气和地考察他有无过失，倘若他真有过错，惩罚也当注意措施，"早晚别打孩子，别在众人面前打骂他，不要痛打孩子，当然如果劝诱能收到效果就不必打孩子"。儿童在不断成长发展之中，是不成熟的，经常犯错误，而且有些错误还会反复地出现。可以说失误和犯错误是

伴随孩子成长过程中不可避免的现象。孩子的一些错误和缺点，在性质上与成年人不同，有的可以称之为"可爱的缺点"。

4. 儿童是时代的人

针对时代的特征，陈鹤琴将做人的目标概括为三点："合作的精神、同情心、服务的精神"。养成儿童的"合作的精神"是教育救国的第一步，这种精神既是人类得以战胜"贫、弱"的根本，也是人生最重要的道德，儿童虽然没有较强的合作能力，但在日常的游戏中是可以训练的。幼稚教育根本在养成儿童服务的精神：儿童逐渐意识到了"我"的存在，如若不养成服务的精神，儿童就会失之自私，且"私"字的范围会越来越大。服务的精神在陈先生看来是塑造时代新人的根本，有同情心、肯合作和服务的儿童就是国家的未来。

（二）朱智贤的儿童观

朱智贤，心理学家、教育家，中国现代心理学的奠基人之一，《心理发展与教育》的主编。他是国务院公布的首批博士研究生导师，培养了新中国第一位心理学博士林崇德。他创立了有中国特色的贯彻辩证唯物主义观的儿童心理学理论体系。他的儿童发展观主要有以下几点。

1. 探讨心理发展的基本理论问题

朱智贤用辩证唯物主义的观点探讨了儿童心理发展中关于先天与后天的关系、教育与发展的关系、年龄特征与个别特点的关系等一系列重大问题。

先天与后天的关系。朱智贤一直坚持先天来自后天，后天决定先天的观点。首先，他承认先天因素在心理发展中的作用，不论是遗传因素还是生理成熟，他们都是儿童与青少年心理发展的生物前提，提供了这种发展的可能性；而环境与教育则将这种可能性变成现实性，决定着儿童心理发展的方向和内容。

内因与外因的关系。朱智贤认为，这个内部矛盾是主体在实践中，通过主客体的交互作用而形成的新需要与原有水平的矛盾。这个矛盾是心理发展的动力。他提出的内部矛盾初步解决了"需要"理论、个体意识倾向理论、心理结构（原有水平）理论等一系列的实际问题。

教育与发展的关系。心理发展如何，向哪儿发展？朱智贤认为，这不是由外因机械决定的，也不是由内因孤立决定的，而是由适合于内因的一定的外因决定的，也就是说，心理发展主要是由适合于主体心理内因的那些教育条件决定的。从学习到心理发展，人类心理要经过一系列量变到质变的过程。他还提出了一种表达方式：

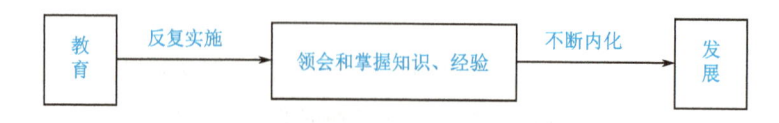

教育 —反复实施→ 领会和掌握知识、经验 —不断内化→ 发展

年龄特征与个别特点的关系。朱智贤还指出，儿童与青少年心理发展的质的变化，就表现出年龄特征。心理发展的年龄特征，不仅有稳定性，而且也有可变性。在同一年龄阶段中，既有本质的、一般的、典型的特征，又有人与人之间的差异性，即个别特点。

2. 强调用系统的观点研究心理学

早在 20 世纪 60 年代初，朱智贤在发表的《有关儿童心理年龄特征的几个问题》一文中，首次提出系统地、整体地、全面地研究儿童心理的发展。

要将心理作为一个开放的自组织系统来研究。他指出，人与人的心理都是一个开放的系统，是在主体和客体相互作用下的自动控制系统。为此，在心理学中，特别在研究心理发展时，要研究心理与环境（自然的、社会的，特别是后者）的关系；要研究心理内在的结构，即各子系统的特点；要研究心理与行为的关系；要研究心理活动的组织形式。

系统地分析各种心理发展的研究类型。在对儿童与青少年心理进行具体研究之前，常常由于研究的时间、被试、研究人员及研究装备等条件的不同，而有不同的研究类型。因此，在研究中应该系统地分析纵向研究和横向研究、个案研究与成组研究、常规研究与现代科学技术相结合的现代化研究等。

系统处理结果。心理既有质的规定性，又有量的规定性，心理的质与量是统一的。因此，对心理发展的研究结果，既要进行定性分析又要进行定量分析，把二者有机结合起来。

3. 提出坚持在教育实践中研究中国化的发展心理学

朱智贤多次提出发展心理学研究的中国化问题。早在 1978 年，他就指出："中国的儿童与青少年及其在教育中的种种心理现象有自己的特点，这些特点，表现在教育实践中，需要我们深入下去研究"。

他指出，坚持在实践中，特别是在教育实践中研究发展心理学，这是我国心理学前进道路上的主要方向。他反对脱离实际的为研究而研究的风气，主张研究中国人从出生到成熟心理发展的特点及其规律。他说："中国的儿童和青少年，与外国的儿童与青少年有共同的心理特点，既存在着普遍性，又有其不同的特点，即具有其特殊性，这是更重要的。只有我们拿出中国儿童与青少年心理发展的特点来，才能在国际心理学界有发言权。"因此，他致力于领导"中国儿童与青少年心理发展特点与教育"的课题，克服了许多困难，填补了多项空白。他主张将发展心理学的基础理论与应用结合起来研究，也就是说，他不仅提倡在教育实践中研究发展心理学，而且积极建议搞教育实验和教学实验，主张在教育实践中培养儿童与青少年的智力和人格。

同步训练 1.3

下列关于幼儿心理发展理论，表述错误的是（　　）。

A. 成熟学说认为支配儿童心理发展的主要因素是"成熟"
B. 社会学习理论认为观察学习由注意、保持、强化、动机四个阶段构成
C. 认知发展阶段理论以认知结构为依据，将儿童认知发展分为四个阶段
D. 斯金纳的新行为主义理论提出了"及时强化"的概念

（答案或提示见本主题首页二维码）

检 测 与 评 价 一

一、简答题

1. 幼儿心理发展的一般趋势有哪些？
2. 影响幼儿心理发展的因素有哪些？

二、实践应用

1. 主题1.3分5部分介绍了幼儿心理发展的主要理论，将本班同学分成5个小组，分别负责学习研究各部分所介绍的主要理论，指出优缺点或者说出学习感受。在本小组分享，并推荐代表在班级分享。要求有观点，有分析，有案例支撑。所有同学均须有明确负责的任务。

2. 以小组为单位去幼儿园见习，每人选择1名小朋友，观察其一天的活动，分析其在某一个活动环节的心理表现。

实 践 探 究 一

以小组为单位，从网站、书籍或其他学习资料中搜集有关幼儿心理学研究方法的资料，总结幼儿心理学常用的方法，写出科普小文章，与同学们进行分享。

实训任务一　案例：一群"小鱼"游呀游

实训目的

1. 理解幼儿心理发展的年龄特征。
2. 能够对幼儿行为进行心理特点分析。
3. 提高适应未来工作岗位所需要的素质和技能，能够对幼儿心理发展过程给予恰当的指导。

实训步骤

1. 整体阅读，了解案例的基本情况。
2. 结合所学心理学知识，对案例中的幼儿行为进行心理分析，弄清该行为体现了哪个年龄段的典型心理特征。
3. 针对案例中幼儿的行为，探讨保教人员应采取的应对措施。
4. 讨论不同年龄段的幼儿具有的心理发展特征。

实训资源

案例：一群"小鱼"游呀游

区域游戏时间到了，孩子们在不同的区域里开心地玩着，突然乐乐跑到老师跟前告状说："老师，轩轩在地上爬！"老师走到饲养角看到轩轩趴在鱼缸旁边不停地扭动身体，就好奇地问："轩轩，你在做什么呀？"轩轩说："我在学小鱼游泳啊！"孩子们听了后，纷纷学着轩轩的样子也跟着"游"了起来。

模块二

幼儿注意的发展与培养

学习目标

1. 了解注意的功能、外部表现及注意在幼儿发展中的意义。
2. 理解注意的含义、分类和品质。
3. 能运用所学知识分析幼儿注意的发展特点并进行正确培养。
4. 注重自身良好职业道德的养成，关爱幼儿，根据幼儿注意发展的特点，培养幼儿良好的注意品质。

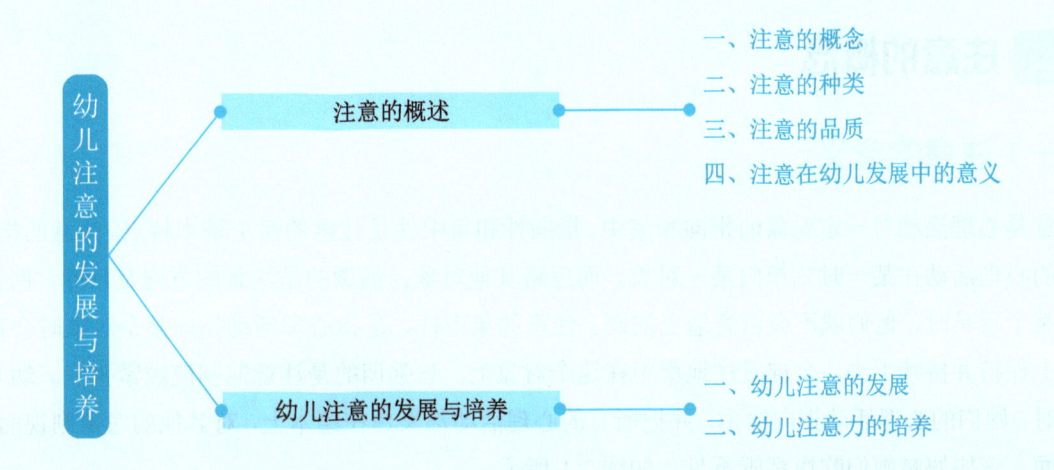

幼儿注意的发展与培养
- 注意的概述
  - 一、注意的概念
  - 二、注意的种类
  - 三、注意的品质
  - 四、注意在幼儿发展中的意义
- 幼儿注意的发展与培养
  - 一、幼儿注意的发展
  - 二、幼儿注意力的培养

注意是我们心灵的唯一门户，意识中的一切必须都要经过它才能进来。

——乌申斯基

主题 2.1 注意概述

问题情景

在"娃娃家"游戏中,佳佳扮演"妈妈",她抱着娃娃,手轻轻地拍着,并喃喃细语地哄娃娃,过了一会,她说:"宝宝饿了,要吃饭了,我去拿饭。"说着,她把娃娃放在桌上走开了。在佳佳去拿饭的途中,她看到其他小朋友在沙坑搭了一座"花园",立刻被吸引,忘了"给宝宝拿饭",加入了他们的游戏。

任何一种心理过程都离不开注意,注意总是在感知觉、记忆、想象等过程中表现出来,注意对幼儿心理发展具有重要作用,因此,我们要学习注意的基础知识,了解注意在幼儿发展中的意义,为促进幼儿健康发展奠定基础。

基础知识

一、注意的概念

(一)注意的含义

注意是心理活动对一定对象的指向和集中。指向性和集中性是注意的两个基本特点。注意的指向性,是指人的心理活动在某一时刻指向某一对象,而忽略其他对象,强调的是注意的方向及目标。例如,当幼儿玩某个玩具时,他们就不会留意墙上的画。注意的集中性,是指心理活动指向某个对象时会在指向的对象上保持并持续下去,全神贯注地集中在这个对象上,它强调的是注意的强度或紧张度。幼儿看绘本入迷时,她们的心理活动指向绘本,并把所有的心理活动都聚焦在绘本上,对其他的对象则视而不见、听而不闻,连妈妈喊她们吃饭都听不见,如图 2-1 所示。

注意的指向性和集中性是紧密相连、不可分割的。当人的心理活动指向某一对象时,同时也就集中于这一对象上,没有指向性,也就没有集中性。

注意并不是一个独立的心理过程,它是伴随着感觉、知觉、记忆、想象、思维等其他心理过程出现的一种心理状态。在日常生活中注意一词后面总要跟一个与心理活动有关的字眼,如注意看、注意听、注意记、注意想、注意思考等。可见,如果离开了心理过程,注意就失去了内容依托;相反,如果心理过程没有注意的参与,这些心理活动都无法进行。因此,注意是心理过程的共同属性,是心理过程的开端,并且贯穿于一切心理活动的始终。

图 2-1 阅读绘本的幼儿

> **知识链接**

双耳分听实验

在一项实验中，彻里（Cherry）给被试的两耳同时呈现两种材料，让被试大声追随从一个耳朵听到的材料，并检查被试从另一耳所获得的信息。前者称为追随耳，后者称为非追随耳。结果发现，被试从非追随耳得到的信息很少，能分辨是男音或是女音，并且当原来使用的英文材料改用法文或德文呈现时，或者将课文颠倒时，被试也很少能够发现。这个实验说明，从追随耳进入的信息，由于受到注意，因而得到进一步加工、处理；而从非追随耳进入的信息，由于没有受到注意，因此，没有被人们所接受。这项实验充分说明注意是心理活动正常进行的保证。

（二）注意的功能

俄国教育家乌申斯基说："注意是我们心灵的唯一门户，意识中的一切必须都要经过它才能进来。"注意在人的心理活动和行为中占据很重要的位置，对人类具有十分重要的意义。

1. 选择功能

注意的基本功能是对信息的选择，它使人们在某一时刻选择有意义的、符合当前活动需要的、与当前活动任务有关的对象；同时避开或抑制其他无意义的、干扰当前活动的无关对象。这是注意的首要功能，它确定了心理活动的方向，保证我们的生活有条不紊地进行。

2. 保持功能

注意使人在一段时间内保持紧张的状态，将选取的信息加工保持，直到顺利完成任务，达到目的为止。没有注意的保持功能，选择的对象就会转瞬即逝，使心理活动不能对其进行加工，导致无法达到预定的目标。一个人注意保持的程度，影响着注意对象的一项或几项内容保持在意识中的长短和强度，决定着完成任务或达到目的的程度。

3. 调节监督功能

注意可以调节和控制活动向着一定的目标和方向进行，在调节过程中监督自己所从事的活动，使得注意向规定方向集中，提高活动的效率。

（三）注意的外部表现

人在注意某个对象时，常常伴有特定的生理变化和外部表现。具体表现在以下几个方面。

1. 适应性运动

人在注意时，有关感觉器官通常是朝向注意对象并做出相应的动作来。当我们注意听一种声音时，耳朵会朝着声源的方向侧耳倾听；当我们注意一个物体时，视线会集中在该物体上目不转睛；当我们注意思考某一问题时，常会紧皱双眉，凝视沉思。这些现象都是注意的适应性运动。

2. 无关运动停止

当人们集中注意时，就会高度关注当前的活动对象，无关动作会暂时停止，多余的动作暂时被抑制。

例如，当幼儿在听精彩的故事时，会一动不动地看着老师，不会东张西望、交头接耳。

3. 呼吸运动的变化

人在注意时，呼吸常常轻缓而均匀，有一定的节律，一般来说，吸得更短促，呼得更长。当注意力高度集中时，常会心跳加快、牙关紧闭、双拳紧握，甚至出现"屏息"现象。

了解注意的外部表现，对教师具有重大的意义。教师可以根据注意的外部表现，判断学生是否在认真听讲，从而采取各种有效方式来吸引学生的注意力，以提高教育教学的质量。一般情况下，注意的外部表现和内部状态是一致的。有时候注意的外部表现与内部状态并不一致，如有的学生眼睛盯着老师一动不动，看上去是在认真听老师讲课，实际上他却在想与课堂无关的事情。所以教师不能只看学生的外部表现，而要根据其活动情况综合分析，才能做出正确的判断。

二、注意的种类

根据注意过程中有无目的和是否需要意志努力的参与，可以把注意分为无意注意、有意注意和有意后注意。

（一）无意注意

无意注意也称不随意注意，是没有预定目的，也不需要意志努力的注意。无意注意一般是在外部刺激物直接刺激下，不由自主地对一定事物给予的关注。无意注意是注意的初级形式，是被动地对外界环境做出的应答性反应。例如，绘画课上，突然有人推门而入，小朋友们就不约而同地看向门口，这种不自觉的注意便是无意注意。引起无意注意的原因有两类。

一类是客观原因，即刺激物本身的特点。引起无意注意的客观原因主要有以下几个方面。

1. 刺激物的新异性。刺激物越新异，越容易引起无意注意。例如，大街上穿卡通玩偶服装发传单的人更容易引起人们的注意。

2. 刺激物的强度。刺激物的强度越大，越容易引起无意注意。如巨大的雷声、强烈的闪电、浓烈的气味，都会不由自主地引起人们的注意。

3. 刺激物的运动变化。运动变化着的刺激物较没有运动变化的刺激物更容易引起人们的无意注意。如夜空中突然划过的流星、闪烁的霓虹灯，更容易引起人们的注意。

4. 刺激物的对比关系。刺激物与背景的差异越大越容易引起无意注意。如万绿丛中一点红、鹤立鸡群、黑板上的白色粉笔字，都容易引起人们的无意注意。

另一类是主观原因，即人自身的状态。引起无意注意的主观原因主要有以下3个方面。

1. 对事物的需要和兴趣。需要和兴趣是引起无意注意的重要条件，一般来说，符合幼儿兴趣和需要的事物更容易引起他们的无意注意。例如，逛玩具超市时，小女孩会关注布娃娃，小男孩则会关注玩具汽车。

2. 知识与经验。那些与人们已有的知识经验相联系又能增进新知识的事物更容易引起人们的注意。

3. 情绪和精神状态。个体的情绪和精神状态直接影响其对事物的注意。人在情绪愉悦、精神状态好的时候更容易产生无意注意；反之，身体不适、心情烦闷、过度疲劳的时候，无意注意的范围就会变窄，周围的事物难以引起他们的注意。

（二）有意注意

有意注意也称随意注意，是有预定目的，并需要一定意志努力的注意。例如，幼儿想画一幅画，就要集中注意，不受其他事物的干扰，这就需要一定的意志努力克服困难才能完成画作，幼儿这时的注意就是有意注意，如图2-2所示。有意注意是注意的一种积极、主动的表现形式，是人类特有的高级注意形式。引起和保持有意注意的条件主要有以下几个方面。

图2-2　排除干扰绘画的幼儿

1．有明确的活动目的和任务。由于有意注意是有预定目的的注意，因此，活动的目的和任务对个体有意注意的保持有着重要作用。对活动的目的和任务理解得越清晰、越深刻，完成任务的愿望就越强烈，有意注意保持的时间也就越长。

2．用坚强的意志排除干扰。当人们注意某一事物时，往往会受到许多无关因素的干扰，这些干扰可能是来自外界的无关刺激，也可能是个体本身的某些状态，影响注意的坚持。因此，保持有意注意需要用顽强的意志努力排除一切干扰因素。

3．培养间接兴趣。兴趣是引起注意的客观条件，兴趣分为直接兴趣和间接兴趣。对事物本身或活动过程的兴趣是直接兴趣；对活动目的和结果的兴趣是间接兴趣。在无意注意中起作用的是直接兴趣；在有意注意中起作用的是间接兴趣。因此，对活动稳定而强烈的间接兴趣，对引起和保持有意注意起很大作用。

4．科学合理地组织活动。活动组织得科学合理，直接影响有意注意的产生和维持。如果一日活动组织得不合理，就会使幼儿一整天处于无聊或疲倦状态，无法有效调动和运用有意注意。因此，教师要科学合理地组织各种活动，把智力活动和实际操作结合起来，有助于引起和保持有意注意。

（三）有意后注意

有意后注意也称随意后注意，它是有自觉目的但无须意志努力的注意。有意后注意是在有意注意的基础上产生的，是一种更为高级的注意，它既有预定的目的，又不需要意志努力，在活动中不容易感到疲倦，这对完成长期性和连续性的工作有重要意义。在有意后注意的状态下，活动能取得更大的成效。培养有意后注意的关键在于培养对活动的直接兴趣，即对事物或者活动本身感兴趣，其次是训练基本技能达到熟练程度。例如，对开车本身就非常感兴趣的老司机，开车的动作和流程也很熟练，不像新手司

机更关注开车的步骤。

无意注意、有意注意和有意后注意在实践活动中是紧密联系的。有意注意可以发展为有意后注意，而无意注意在一定条件下也可以转化为有意注意。任何活动都不可能单纯依赖某一种注意形式。

三、注意的品质

注意的品质是衡量一个人注意力发展好坏的标志，主要包括注意的广度、注意的稳定性、注意的分配、注意的转移四个方面。

（一）注意的广度

注意的广度是指在一瞬间把握的对象的数量。它反映的是注意品质的空间特征，"一目十行"说的都是注意的广度。

研究表明，在 0.1 秒的时间内，成人可以注意到 4~6 个相互间没有联系的对象，而幼儿最多只能把握 2~3 个对象，可见幼儿的注意广度要比成人小。随着年龄的增长和有意识地训练，幼儿注意的广度会不断提高。

知识链接

注意广度的大小与注意对象的特点有关

心理学家很早就开始研究注意广度的问题。1830 年，心理学家汉密尔顿（Hamilton）最先做了这方面的实验，他在地上撒了一把石子儿，发现人们很难在一瞬间同时看到六颗以上的石子儿。如果把石子儿两个、三个或五个组成堆，人们能同时看到的堆数和单个的数目一样多。研究表明，注意广度的大小与注意对象的特点有关。如果注意的对象排列有规律、颜色相同、大小一致、各对象之间有一定的联系且能形成整体，这时注意的范围就大些，反之就小些。例如，相比图 2-3 所示的无序分布，人们更容易看清楚图 2-4 所示的有序排列的数量。

图 2-3 无序分布 　　　　图 2-4 有序排列

（二）注意的稳定性

注意的稳定性也称为注意的持久性，是指注意在某一对象或某一活动中保持时间的长短，这是注意的时间特征。注意的稳定性是幼儿学习、游戏等活动获得良好效果的基本保证。幼儿注意的稳定性还比

较差，很难在一项活动中保持较长时间的注意。但是随着年龄的增长，幼儿注意的稳定性会不断提高。

注意的稳定性与幼儿的兴趣和精神状态有关，比如当幼儿在玩喜欢的表演游戏时（如图 2-5 所示），不受外界刺激的干扰，可以连续玩很长时间。但衡量注意的稳定性，不能只看时间的长短，还要看单位时间内的活动效率。在良好的教育条件下，小班幼儿能集中注意 3～5 分钟，中班幼儿能集中注意 10 分钟左右，大班幼儿可集中注意 15 分钟左右。

图 2-5　幼儿玩表演游戏

（三）注意的分配

注意的分配是指在同一时间内进行两项以上活动时，可以将自己的注意力合理分配给各种活动，即同一时间内注意两个或两个以上事物，或从事两种或两种以上的活动。比如大班幼儿能一边唱歌一边弹琴（如图 2-6 所示）。

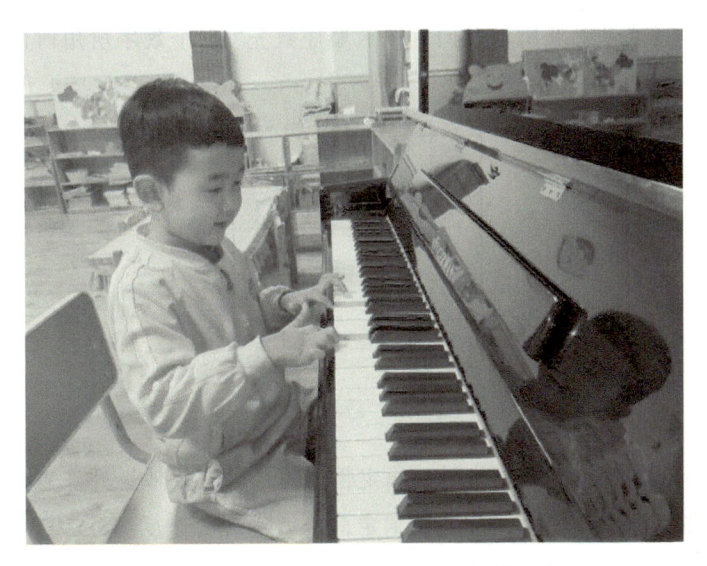

图 2-6　弹唱的幼儿

注意分配的基本条件，就是在同时进行的活动中至少有一种非常熟练，甚至达到了自动化的程度。

当注意的目标简单时，人能够同时注意几个目标。但如果目标较为复杂时就不能很好地进行注意的分配。幼儿掌握的熟练技巧少，幼儿的注意分配能力较差，常常顾此失彼。幼儿注意的分配能力随着年龄的增长可逐步提高。

（四）注意的转移

注意的转移是根据新的任务要求，主动地把注意从一个对象转移到另一个对象。注意的转移与分散不同，转移是主动的，自觉地将注意指向新的对象和新的活动；分散则是被动的，主要是受无关刺激的干扰使注意离开了活动任务。注意的分散，是指一个人的心理活动在必要的时间内不能充分地指向和集中，也就是我们日常生活中说的"分心"。

注意转移的速度依赖于前后活动的性质、关系以及人们对它们的态度，是思维灵活性的体现，也是快速加工信息形成判断的基本保证。幼儿易分心，不善于根据需要和要求灵活地转移注意力。

幼儿的注意转移能力差，教师在组织活动时应注意：活动开始时，运用视频、儿歌、猜谜语等形式激发幼儿的兴趣，让幼儿的注意迅速地转移到当前活动中来；运用简明的语言指导幼儿，让他们明确活动的目的、任务，主动转移注意；平时培养幼儿良好的注意习惯，发展其注意转移能力。

知识链接

注意力训练法——舒尔特方格

舒尔特方格是美国神经心理医生舒尔特发明的，最开始主要用于训练飞行员的注意力，而后普及到普通人中，是目前世界上最专业、最普及、最简单、应用最广泛的注意力训练方法之一。

舒尔特方格的制作很简单，其实就是在一张纸上画出数量不等的 $n×n$ 个正方形方格，格子内任意填写 $1~n$ 个数字。以 $5×5$ 个的正方形方格为例，在一张方形卡片上画上 $1cm×1cm$ 的 25 个方格，格子内填写 1~25 的数字，如图 2-7 所示。训练时，要求孩子用手指按 1~25 的顺序依次指出数字的位置，并大声读出数字，测试者记录所用时间。按照顺序数完 25 个数字所用时间越短，表示孩子的注意力水平越高。

12	25	5	14	10
13	7	17	8	1
22	19	20	15	11
3	16	24	2	21
18	23	9	4	6

图 2-7 舒尔特方格

舒尔特方格不仅可以训练注意的集中性、稳定性，还可以有效地提升注意的转移和分配能力，同时训练视觉广度，增强视觉感知能力，加快视觉定向搜索运动的速度。

舒尔特方格训练法通过手、眼、口的协调训练，达到以下 3 个训练目的。

对注意广度的训练。舒尔特方格训练法要求训练者在短时间内快速辨识各个方格内数字的顺序、方位，用时越短，说明注意的广度越好。

对注意的稳定性的训练。舒尔特方格训练法要求训练者在训练期间保持全神贯注的状态，通过多次、长期训练，注意的稳定性也会逐步提升。

对注意的分配的训练。舒尔特方格训练法要求手、眼、口三者协同完成任务，这就需要训练者的大脑将注意力合理分配到三个不同的区域。因此，长期训练有利于提升注意的分配。

评分标准

5~6岁：30秒以内优秀，30~40秒良好，41~48秒中等，55秒内及格。

四、注意在幼儿发展中的意义

注意可以帮助幼儿随时觉察外界变化，集中自己的心理活动，正确反映客观事物，更好地适应客观世界、改造客观世界。

（一）注意是幼儿心理发展的重要保证

注意贯穿于一切心理活动的始终，没有注意的参与，感觉、知觉、记忆、想象、思维等心理过程就无法进行。感知觉是人类认识过程的基础，而注意就相当于认识过程的第一道大门，在幼儿周围的环境中，形形色色的事物构成了源源不断、错综复杂的信息流，注意能使幼儿有选择地指向那些重要的或符合需要的对象，保证幼儿获取更清晰、更有价值的信息。

（二）注意是幼儿活动成功的必要条件

任何活动都需要一些基本条件，如知识经验、技能技巧、智力发展等，此外，还需要坚持性、意志力等品质，注意就是提供这些条件的原动力。活动前，注意可以"激发"幼儿的精神和意识状态，使其尽快进入活动的准备环节；活动中，注意可以帮助幼儿有效地辨别和选择，注意力一直指向其任务，帮助幼儿提升坚持性和意志力。大量研究表明，学前阶段乃至小学阶段，在各类活动中取得成功的孩子，智商不是关键因素，注意力发展水平反而是关键条件。

同步训练2.1

1. 幼儿一进商场就被漂亮的玩具吸引，幼儿这一刻出现的心理现象是（　　）。
   A. 注意　　　　　　B. 想象　　　　　　C. 需要　　　　　　D. 思维
2. 天空中轰鸣而过的飞机引起了正在户外活动的幼儿的注意，这是（　　）。
   A. 有意注意　　　　B. 无意注意　　　　C. 有意后注意　　　D. 选择性注意
3. "一目十行"所体现的注意品质是（　　）。
   A. 注意的转移　　　B. 注意的广度　　　C. 注意的稳定性　　D. 注意的分配

（答案或提示见本主题首页二维码）

主题 2.2 幼儿注意的发展与培养

问题情境

中班的王老师正在给幼儿讲"小猫钓鱼"的故事，小朋友们听得津津有味。突然从窗外飞进一只花蝴蝶，小朋友们的注意力瞬间转移到了花蝴蝶身上，王老师只好与小朋友一起抓住了这只花蝴蝶，并将花蝴蝶放进了一个盒子里。王老师继续讲故事，可是小朋友的注意力还是一直在花蝴蝶身上，再也无心听老师讲故事。

在幼儿园活动中，经常出现幼儿注意分散的现象，作为幼教工作者，应该掌握幼儿注意发展的特点，分析幼儿注意分散的原因，采取正确的教育方法，加强幼儿注意力的培养。

基础知识

一、幼儿注意的发展

当新生儿在觉醒状态时，可因周围环境中的巨响、强光等刺激引起一种原始状态的注意，如有声源或光源，婴儿会将脸转向声音或光源。这在性质上属于无条件定向反射，是与生俱来的生理反应，是无意注意发生的标志，也是人最早出现的注意。随着婴儿的成长和神经系统的发育，婴儿的注意也迅速发展起来。婴儿期的注意主要是无意注意，注意的持久性较低，时间较短。

整个幼儿期，无意注意占优势，有意注意初步发展。

（一）幼儿期无意注意占优势

幼儿的无意注意占明显优势，强烈的声音、鲜明的色彩、生动的形象、新异的刺激物，或符合幼儿需要、兴趣，以及与他们的生活经验相关的事物，都容易引起幼儿的无意注意。由于各年龄阶段幼儿生理心理发展及所受教育等方面的差异，幼儿无意注意的发展呈现出阶段性的特点。

小班幼儿的无意注意占明显优势，但很不稳定。他们的注意很容易受新异、强烈及活动多变的刺激物的吸引，而转移到新的对象或活动中去。例如，小班的明明和亮亮正在玩"水果店"的游戏，玩得很投入，可看到周围的小朋友兴高采烈、大呼小叫玩"开火车"的游戏时，明明和亮亮马上就放弃了"水果店"的游戏，加入"开火车"的游戏中。

中班幼儿的无意注意得到进一步发展，注意的范围更广，而且比较稳定。中班幼儿对自己感兴趣的活动能够较长时间地保持注意，对外界的干扰具备一定的抵抗能力（如图 2-8 所示为玩蒙氏教具的幼儿）。

大班幼儿的无意注意已经高度发展，注意保持时间继续延长，注意的范围不断扩大，并且相当稳定。尤其是对自己感兴趣的活动能更长时间的集中注意。而且大班幼儿关注的不仅仅是事物的表面特征，他们的注意开始指向事物的内在联系和因果关系。他们可以长时间地玩一项游戏，如果干扰他们正在进行的游戏，会引起他们的不满和反抗。

图 2-8　玩蒙氏教具的幼儿

（二）幼儿期有意注意初步发展

幼儿期有意注意逐渐形成和发展。有意注意由大脑皮层的额叶控制，儿童到 7 岁左右额叶才能达到成熟水平，所以在整个幼儿期，有意注意水平低，稳定性不强，需要依靠成人的组织和引导。例如，中班的朵朵正在玩结构游戏，一会垒城墙，一会又推倒……张老师说："朵朵，你帮老师搭建一座房子，好吗？注意，是一座房子哦！"朵朵很有兴趣地按照老师的要求完成了房子的搭建。如图 2-9 所示。

图 2-9　幼儿搭建的房子

幼儿期有意注意的发展和无意注意的发展一样，也呈现出阶段性特点。

小班幼儿的无意注意占优势，有意注意只是初步发展。小班幼儿在成人的帮助下，逐渐能够按照成人的要求，主动地将注意力指向并集中在应该注意的事物上。但有意注意的稳定性还比较差，一般只能集中注意 3～5 分钟，而且注意的范围也比较小。

中班幼儿的有意注意得到一定发展，注意的稳定性有所增强，集中注意的时间可达到 10 分钟左右，而且注意的范围扩大，能够同时注意感兴趣的几种对象。例如，中班的幼儿在玩"开医院"的角色游戏时，扮演医生的壮壮不仅演好了自己的角色，而且还指导角色意识不强的小朋友扮演好患者。

大班幼儿的有意注意迅速发展，有了一定的稳定性和自觉性。他们不仅能根据成人提出的要求去组织自己的注意，而且运用一些注意的方法，及时调节自己的心理活动和行为。在适宜条件下，注意集中的时间可延长至15分钟左右。如图2-10所示。

图2-10 剪纸的幼儿

二、幼儿注意力的培养

在幼儿心理发展的过程中，会出现注意分散的现象，为提高幼儿的注意发展水平，教师应该了解幼儿注意分散的原因，对症下药，培养幼儿的注意力。

（一）幼儿注意分散的原因

由于受身心发展的限制及经验不足的影响，幼儿还不善于控制自己的注意，在学习活动中很容易出现注意分散现象。引起幼儿注意分散的原因主要包括以下5个方面。

1. 无关刺激的干扰

幼儿的注意是无意注意占优势。他们很容易被强烈的、新奇的或多变的事物所吸引，从而影响他们正在进行的活动。如活动室的布置过于繁杂，装饰物更换的次数过于频繁，环境过于喧闹，玩教具过于繁多，教师的衣着打扮过于新奇，这些都会分散幼儿的注意力，使他们不能把注意集中到应该注意的对象上。

2. 疲劳

幼儿正处于生长发育的重要时期，其神经系统的机能还不完善。如果幼儿长时间从事单调、枯燥的活动或处于紧张状态，便会引起大脑疲劳，出现"保护性抑制"而使注意分散。另外，缺乏科学合理的生活作息制度，导致幼儿休息时间不足，也是幼儿疲劳、注意力分散的一个重要原因。有些家长不重视孩子的作息时间，晚上放任他们长时间看电视、玩耍，不督促孩子早睡，致使孩子第二天无精打采，不能集中精力进行学习活动。

3. 缺乏兴趣

兴趣是最好的老师，幼儿的注意力在很大程度上受兴趣和情绪的影响，兴趣、情绪及他人的关注等因素会直接影响幼儿活动时的注意状况。如果活动内容是幼儿不感兴趣的，幼儿就会注意力分散、东张西望、做小动作。

4. 活动目的和要求不明确

教师在组织活动时，对幼儿提出的目标要求不明确，或者幼儿不理解活动的目的，都会使幼儿在活动中左顾右盼，从而不能积极的参与活动。

5. 注意不善于转移

幼儿注意转移的能力比较差、不够灵活，他们还不能依据要求及时将注意转移到当前应该注意的事物或活动上。例如，中班的幼儿刚结束"白雪公主和七个小矮人"的表演游戏，"认识序数"的活动就已经开始了，幼儿受感人故事情节的影响，还在"惦记"着表演游戏中的角色，注意力很难迅速转移到数学活动中去，而出现注意分散。

（二）幼儿注意分散的防止

1. 排除无关刺激的干扰

排除无关刺激的干扰在组织幼儿活动中十分重要。教师应为幼儿提供简单、整洁、优美的环境，以减少外界无关刺激对幼儿的干扰。活动室周围应保持安静；活动室内的布置应整洁、美观、主题突出（如图 2-11 所示），避免过于繁杂、艳丽、拥挤；物品的摆放要整齐有序，玩具和书籍要放到指定的区域；上课时玩教具不宜过多，不要过早呈现，用过之后应及时收起；教师的衣着要整洁、大方、得体，不要有过多的装饰，以免分散幼儿的注意力。

图 2-11 整洁的活动室

2. 制订合理的作息制度

制订并执行合理的作息制度是幼儿充分休息、睡眠和有规律生活的保证，有了这样的保证，他们才有充沛的精力从事游戏、学习等活动。因此，幼儿园应严格遵守合理的作息制度，而且教师要经常与家长联系，让家长也要严格执行幼儿的作息时间，建立必要的常规，保证幼儿无论是在幼儿园还是在家都要有固定的起居饮食和睡眠时间。这就保证了幼儿参加活动时精力充沛，有效地防止注意分散。

3. 根据幼儿的兴趣和需要合理地组织活动

教师的教学质量是防止幼儿注意分散，提高注意力的重要保证。教师要根据幼儿的兴趣和发展需要，尽量选择贴近幼儿生活、幼儿关注和感兴趣的主题作为活动内容。并根据幼儿注意的特点科学合理地设计、组织活动，用灵活多样的教学方法，亲切自然的教态，生动、形象、有趣、富有感染力的语言激发幼儿的兴趣，使幼儿积极主动地参与活动，提高注意的稳定性。如图 2-12 所示。

图 2-12　师生一起表演

4. 培养幼儿良好的注意习惯

首先，在教育活动之前，应当帮助幼儿明确活动的目的和要求；在活动过程中，还要及时提醒幼儿，使其注意力始终指向某个方向。其次，在日常生活中，可以训练幼儿自觉地集中和转移注意力，成人不能强迫他们做事，要让幼儿知道为什么要这样做，这样做有什么好处，从而激发他们做好这件事的愿望。再次，不要反复向幼儿提要求，不要随意打扰正在学习、游戏等活动中的幼儿，以利于幼儿在实践活动中养成集中注意的习惯。

5. 灵活地交互运用无意注意和有意注意

幼儿的注意以无意注意为主，缺乏目的性、计划性，且不能持久，要完成有目的的活动就需要有意注意配合，但有意注意需要紧张的意志努力，容易引起疲劳。所以，教师要充分认识到两种注意交替运用的重要性。在组织活动时，教师一方面可以运用有趣的活动、直观形象的教具、生动的语言、新颖的刺激，激发幼儿的无意注意；另一方面随着活动的进行，教师要善于用语言提出活动要求，让幼儿明确活动的目的和意义，以发展其有意注意。引导幼儿实现两种注意的交替使用，从而维持注意的持久性。

知识链接

审慎处理幼儿多动现象

平时教学中，教师会发现有一些幼儿特别好动，注意力容易分散，不仅影响自己的学习，甚至影响全班的秩序。

多动的幼儿常常因为周围细小的动静而使注意动摇，他们在玩积木、绘画、听故事时，即使感到有兴趣，也只能在短时间内集中注意。他们参加规则游戏时，往往不注意听教师讲解游戏规则，所以游戏开始后，便不知道怎样玩，有时甚至妨碍游戏的进行。

在语言活动中，注意分散的现象就更加明显，他们往往不能按照要求专心参加各种活动，专心听讲的时间很短暂，难以维持自己的注意。他们有时两眼盯着教师，貌似注意，实际上思想在开小差，根本没有听。当大家举手回答问题时，他们也会举起手来，但教师让他回答时，一脸茫然地回答不出来。只有教师严格要求和不断督促，这些幼儿才能把注意力集中得稍久一点。

研究表明，这些多动的幼儿智力水平往往并不低下，只是由于注意力分散，集中困难，以致影响了学习成绩和以后的发展。有的父母和教师对这种"多动"的幼儿十分担心，甚至轻率地断定他们是多动症患者，这是非常不恰当的。

"多动"与"多动症"是两个不同的概念。多动症，又称"轻微脑机能失调"，是儿童期常见的一类心理障碍，表现为与年龄和发育水平不相称的注意力不集中和注意时间短暂、活动过度和冲动，常伴有学习困难、品行障碍和适应不良。国内外调查发现患病率为 3%~7%，男女比为（4~9）：1。部分患儿成年后仍有症状，明显影响患者学业、身心健康及成年后的家庭生活和社交能力。主动注意保持时间达不到患儿年龄和智商相应的水平，是多动障碍的核心症状之一。

近几年的研究表明，多动症既有病理上的原因，又有心理上的原因，一个"多动"的幼儿是否患多动症，仅凭经验是难以正确断定的，它需要医疗机构根据生活史、临床观察、神经系统检查、心理测验等综合诊断确定。

因此，教师要审慎地对待幼儿的多动现象，既不能轻率地把幼儿的多动现象归为多动症，又不能忽视幼儿注意不稳定的现象。教师要善于分析幼儿注意不稳定的原因，积极改善自己的教育教学工作。同时要积极培养幼儿良好的注意习惯，在活动中逐渐提高他们的注意水平。

专门研究多动儿童的美国医生杜博为父母提供了 14 条建议。

1．坚持执行始终如一的规章和纪律。

2．保持自己的声音平静缓慢。孩子做了错事，生气是正常的，但也是可以控制的。

3．预料到孩子可能会出麻烦，并做好准备；在麻烦到来时，努力使自己的情绪保持冷静。

4．对任何积极的行为给予肯定，做出反应，哪怕是很小的行为；如果你不带成见，有意寻找孩子身上好的东西，你会找到一些的。

5．避免经常使用表示否定态度的语言，如"不许""停止""不"。

6．把孩子的坏毛病同孩子本身区分开来。比如，可以和孩子说："我喜欢你，但我不喜欢你不听话。"

7．给孩子制定一个非常清楚的作息表。规定好起床、就餐、玩耍、看电视和就寝的时间表。要遵守时间安排，但当孩子出现不遵守时间的现象时，也要灵活处理。过一段时间后，你的作息安排将成为孩子自己的习惯。

8．当你教他新东西时，要有耐心，解释要简短、清楚，要常常重复你的要求。

9．争取在房间内为孩子留出一块自己的空间，避免用鲜艳强烈的色调装饰，保持房间简朴整洁。把书桌摆放在空空的墙下，使它远离干扰，这有利于孩子的注意力集中。

10．一次只做一件事。把玩具存放在带盖的盒子里，一次只给他一件玩具。如果孩子在画画或在读书，你要关上收音机或电视，多种刺激会使他不能精神专注。

11．给孩子一定的责任，这在成长过程中是至关重要的。交给他的任务应该是他力所能及的。他一旦完成了任务，即使完成得不理想，也要给予承认和表扬。

12．每次只允许一个小朋友来家玩。你应该负责监管他们的活动。

13．切忌可怜、嘲讽或过分地放纵孩子，也不要被孩子吓倒，他最终是会学乖的。

14．同孩子的老师一起交流对孩子有益的教育方式。

同步训练2.2

1. 在良好的教育环境下，小班幼儿能集中注意的时间大约是（　　）。
   A. 3~5分钟　　　B. 6~8分钟　　　C. 10分钟　　　D. 10~15分钟
2. 3~6岁幼儿占优势地位的注意是（　　）。
   A. 无意注意　　　B. 有意注意　　　C. 有意后注意　　　D. 内部注意
3. 在良好的教育环境下，大班幼儿能集中注意的时间大约是（　　）。
   A. 5分钟　　　B. 8分钟　　　C. 10分钟　　　D. 15分钟

（答案或提示见本主题首页二维码）

检测与评价二

一、选择题

1. 在良好的教育环境下，中班幼儿的注意能保持（　　）。
   A. 5分钟　　　B. 6分钟　　　C. 10分钟　　　D. 15分钟
2. 幼儿正在听孙老师讲故事，这时候教室外电闪雷鸣、狂风大作，孩子们不由自主地扭头去看。这种注意是（　　）。
   A. 无意注意　　　B. 有意注意　　　C. 有意后注意　　　D. 选择性注意
3. 大班的玲玲跳舞时，既能使自己的动作与音乐合拍，又能与同伴保持一致，还能配上适当的表情。这属于（　　）。
   A. 注意的分配　　　B. 注意的广度　　　C. 注意的范围　　　D. 注意的稳定性
4. 在小班的美术活动中，张老师给孩子们穿上了印有大头儿子的围裙，围裙瞬间吸引了孩子们的注意力，张老师多次提醒孩子们完成老师布置的任务都没效果。这是因为围裙引起了幼儿（　　）。

A．注意的分配　　　　B．注意的转移　　　C．注意的选择　　　D．注意的分散

5．3~6岁幼儿注意发展的主要特征是（　　）。

A．无意注意占优势　　　　　　　　B．有意注意占优势

C．注意的发展不受语言支配　　　　D．有意注意和无意注意均衡发展

二、简答题

1．简述引起和保持有意注意的条件。

2．简述幼儿注意分散的原因。

3．如何防止幼儿注意分散？

实践探究二

1．选择讲述活动或谈话活动中的幼儿作为观察对象，记录幼儿的注意情况，并对幼儿注意的个别差异做出评价和分析。

序号	姓名	性别	认真听讲	发言	插话	东张西望	交头接耳	呆坐	走动	其他
1										
2										
3										
4										
5										

2．以小组为单位，从网站、书籍或其他学习资料中搜集有关幼儿注意分散和防止的资料，自拟题目，写出科普小文章，进行交流。

实训任务二　　注意力游戏：看谁眼睛亮

实训目的

1．巩固幼儿注意发展的相关知识。

2．能够分析游戏对发展幼儿注意力的意义。

3．提升自己遵循注意发展规律、改善幼儿注意品质的能力。

实训步骤

1．熟悉"看谁眼睛亮"游戏的玩法和规则。

2．模拟游戏"看谁眼睛亮"，分享游戏感受。

3．分析该游戏活动对发展幼儿注意力的意义。

4．讨论如果你是保教人员，将如何指导幼儿玩游戏。

5．探索其他发展幼儿注意力的游戏并模拟。

实训资源

注意力游戏：看谁眼睛亮

游戏玩法：请幼儿观察图片，按要求标记指定物品。

（1）将图中所有草莓用√标出来。

（2）将图中所有桃子用〇标出来。

（3）将图中所有香蕉用×标出来。

（4）图中有（　　）根胡萝卜。

（5）图中有（　　）根玉米。

（6）图中有（　　）棵白菜。

模块三

幼儿感知觉的发展与培养

学习目标

1. 了解感知觉的基本概念与分类。
2. 理解幼儿感知觉发展的特点。
3. 掌握幼儿观察力培养的方法。
4. 掌握感知觉规律在幼儿园活动中运用的方法。
5. 能根据实际情况分析幼儿感知觉发展的状况。
6. 关爱幼儿，能根据不同年龄幼儿感知觉特点，采取恰当措施丰富幼儿多方面的直接经验，培养幼儿的自信心和观察力。

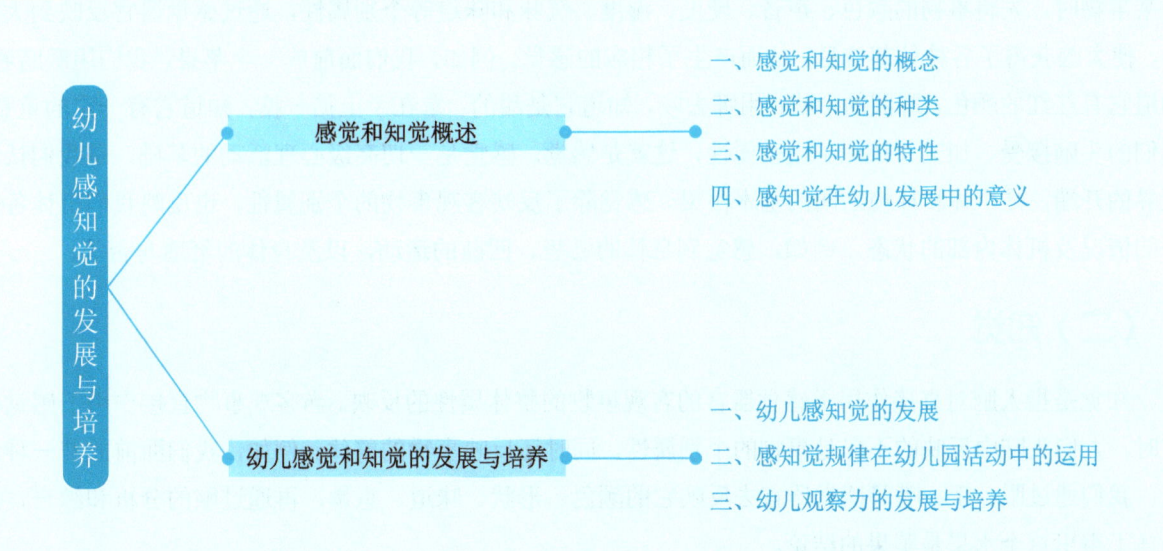

幼儿感知觉的发展与培养
- 感觉和知觉概述
  - 一、感觉和知觉的概念
  - 二、感觉和知觉的种类
  - 三、感觉和知觉的特性
  - 四、感知觉在幼儿发展中的意义
- 幼儿感觉和知觉的发展与培养
  - 一、幼儿感知觉的发展
  - 二、感知觉规律在幼儿园活动中的运用
  - 三、幼儿观察力的发展与培养

对所有的人来说，思想和行为都源于一个出处，这个出处就是感觉。

——爱比克泰德

主题 3.1 感觉和知觉概述

问题情景

5岁的乐乐非常喜欢玩沙子，每次遇到沙堆就不想走。他喜欢在沙堆上踩来踩去，大把大把地抓着沙子玩。如果有小铲子，他还会使用小铲子在沙堆上掏洞，堆建城堡等。

幼儿为什么喜欢玩沙子，玩沙子如何促进幼儿感知觉的发展呢？

基础知识

一、感觉和知觉的概念

（一）感觉

感觉是指人脑对直接作用于感觉器官的客观事物的个别属性的反映。当我们认识丰富多彩的世界中的某事物时，先将事物的颜色、声音、硬度、湿度、气味和味道等个别属性，通过感觉器官反映到大脑中，使大脑获得了各种外部信息，从而产生了相应的感觉。例如，我们面前放一个苹果，我们用眼睛看，知道它有红红的颜色，圆圆的形状；用嘴去咬，知道它是甜的；拿在手上掂一掂，知道它有一定的重量。我们的头脑接受、加工并认识了这些属性，这就是感觉。感觉是一切高级心理活动的基础，是我们认识世界的开端，是个体和环境之间的基本桥梁。感觉除了反映客观事物的个别属性，也反映我们机体各部分的情况及机体内部的状态。例如，感觉到身体的姿势、四肢的运动，以及身体的舒适与否等。

（二）知觉

知觉是指人脑对直接作用于感觉器官的客观事物的整体属性的反映。当客观事物直接作用于感觉器官时，人们头脑中反映的不仅是事物的个别属性，同时还反映事物的整体。例如，我们面前放着一种水果，我们通过眼、手、嘴等感觉器官去反映它的颜色、形状、味道、重量，再通过脑的分析和综合，从整体上得出这个水果是苹果的结论。

感觉和知觉是两个既有区别又相互联系的概念。二者都是人脑对当前直接作用于感觉器官的客观事物的反映。离开了客观事物对人的作用，就不会产生相应的感觉与知觉。事物的整体是事物个别属性的有机结合，对事物的知觉，也是反映事物个别属性的感觉在人脑中的有机结合。由此看来，感觉是知觉的基础，没有感觉就没有知觉，感觉越精细、越丰富，知觉就越正确、越完整。感觉和知觉关系非常密切，基本上同时发生，因此统称为感知觉。

感觉与知觉是认知的两个不同阶段。感觉是最简单的心理现象，通过感觉只能认识事物的个别属性，还不能把握事物的整体；知觉是一种较为复杂的心理现象，通过知觉可以对事物各种不同属性，各个不同部分及相互关系进行反映，能使人们认识事物的整体，揭示事物的意义。

二、感觉和知觉的种类

（一）感觉的种类

比较常见的感觉分类，是从感觉器官的角度来划分，即外部感觉和内部感觉。外部感觉是指感受外部刺激，反映外部事物个别属性的感觉，主要分为视觉、听觉、嗅觉、味觉和肤觉；内部感觉是指感受内部刺激，反映机体内部变化的感觉，主要分为机体觉、平衡觉和运动觉。

1. 外部感觉

（1）视觉。视觉是由外界物体所发出的或反射出的光波作用于视分析器而引起的感觉。眼睛是视觉的感觉器官。

（2）听觉。听觉是声波作用于听分析器所产生的感觉，耳朵是听觉的感觉器官。

（3）嗅觉。嗅觉是对物质固有的气味的感觉。

（4）味觉。味觉是对物质的某些特征，如酸、甜、苦、咸等味道的感觉，这些是基本的味觉，其他味觉都是由这四种味觉混合而来。舌尖对甜味最敏感，舌中对咸味最敏感，舌的两侧对酸味最敏感，舌后对苦味最敏感。

知识链接

"辣"不是味觉

俗话说人生有五味，"酸、甜、苦、辣、咸"。"辣"，是许多美味佳肴的特色之一。如果"辣"得恰到好处，食客们在吃得畅快淋漓的同时，常会赞美技艺高超的厨师烹饪的美食充分满足了他们的味觉享受。如果这时候有人冒出一句："其实，'辣'不是一种味道……"恐怕没人会相信，但这确实是现代科学的普遍看法。

味觉是检测物质化学成分的感觉，起始于分布在舌表面等处的基本机能单位——味蕾。科学家们证实，"味道"虽然千姿百态，但归根到底，可按所代表的化学刺激不同，分为最基本的 4 种：甜、咸、酸、苦。

食物如果富含碳水化合物，尝起来就是甜的。一般来讲，甜味总是让人愉快的，诱使人大量食用来补充能量。咸味代表的则是钠、钾等离子的存在，提醒我们适量摄取可以满足身体对矿物质的需要。轻度的酸味也常受到欢迎，因为蔬果往往具有这种味道，而且酸味一定程度上也和咸味一样与金属离子相关。然而，食物过酸通常是腐坏的征兆，因而受到多数人的排斥。苦味毫无疑问很难让人接受，从起源上讲，它意味着某些植物的茎、叶、果实看起来光鲜可人，却有可能暗藏有毒有害的生物碱，即使进入口中也常常应该马上唾弃。

所谓"辣"，其实是一种轻微的"痛"，或者说，是由分布在舌头上的、感受伤害性刺激的神经末梢，对辣椒素、乙醇等物质做出反应的结果，并不能指示我们嘴里的东西是否适合食用。辣的感觉甚至不需要味蕾的参与，在向大脑传递信号时，走的也不是和4种基本味道一样的味觉途径，而是更依赖于伤害性感觉传递的通路——在伤口或者黏膜处涂上辣椒末，也能产生类似"辣"的灼烧甚至疼痛感，便是明证。所以说，"辣"不是一种味道。然而，适量的辣能使食物更加美味却是不争的事实。

（5）肤觉。肤觉又叫皮肤觉，是对物质接触皮肤的情况及温度的感觉。当外界有足够强度的机械、化学、温度或电的刺激作用于皮肤时，就会产生不同的皮肤觉。皮肤觉主要包括触觉、压觉、温度觉和痛觉等。

2. 内部感觉

（1）机体觉。机体觉又叫内脏觉，是内脏器官的异常变化作用于内脏分析器时所产生的感觉，如饥渴、饱胀、窒息、疲劳、便意、恶心、疼痛等感觉。

（2）平衡觉。平衡觉是对身体的感觉，也称姿势感觉或静觉，是指反映头部位置和身体平衡状态的感觉。引起平衡觉的适宜刺激是身体运动和姿势的变化，接受运动觉刺激的感受器位于肌肉、韧带、关节等处的神经末梢。

（3）运动觉。运动觉就是关节肌肉的感觉。它是传递人们对四肢位置、运动状态及肌肉收缩程度的信号。例如，它传递了手臂与肩部或其他关节扭曲程度的感觉。这种感觉器官散布在关节、肌肉和肌腱等神经纤维的深处。运动觉的发展对人的活动具有重大的意义。

（二）知觉的种类

根据不同的分类标准，知觉可以分为不同的种类。

1. 根据知觉过程起主要作用的分析器不同，可以把知觉分为视知觉、听知觉、嗅知觉、触知觉等。
2. 根据人脑反映的对象的不同，可以把知觉分为物体知觉和社会知觉。物体知觉是个体对物或事及外部关系的知觉，可分为空间知觉、时间知觉、运动知觉等。其中，空间知觉是事物的空间特性在人脑中的反映，主要包括方位知觉、形状知觉、大小知觉、深度知觉。社会知觉是个体在生活实践中，对他人、对群体以及对自己的知觉，包括对他人的知觉、自我知觉、人际知觉三部分。

三、感觉和知觉的特性

（一）感觉的特性

1. 感觉的适应

感觉的适应是在刺激物持续作用下引起感受性的变化。这种变化可以是感受性提高，也可以是感受性降低。通常，强刺激可以引起感受性降低，弱刺激可以引起感受性提高。此外，一个持续的刺激可引起感受性的下降。例如，当你从光亮处走进电影院时，起初感到伸手不见五指，要过一段时间才能慢慢看清周围的东西，这是视觉感受性提高的暗适应。反之，从暗处到光亮的地方，最初强光使人目眩，什么也看不见。但过一会儿视力就恢复正常，这是视觉感受性降低的明适应。除了视觉适应，还有嗅觉、味觉等其他感觉的适应。古语说"入芝兰之室，久而不闻其香；入鲍鱼之肆，久而不闻其臭"，就是嗅觉的适应。适应现象具有很重要的生物学意义，使人能在变化万千的环境中，做出精确的反应。

2. 感觉的对比

感觉的对比是指当同一感官受到不同刺激的作用时，其感觉会发生变化。例如，鹤立鸡群、黑人的牙特别白。感觉的对比可以分为同时对比和继时对比。

同时对比，是指几个刺激物同时作用于同一感受器产生的对比现象。这在视觉中表现得很明显。例如，同样两个灰色小方块，一个放在白色背景上，一个放在黑色背景上，结果在白色背景上的小方块看起来比黑色背景上的小方块要暗得多，同时在相互连接的边界附近，对比特别明显，如图 3-1 所示。

继时对比，是指两个刺激先后作用于同一感受器时引起不同的感觉经验的现象。例如，吃了糖以后紧接着吃橘子，会觉得橘子很酸；吃了苦药后紧接着喝白水，会觉得白水有点甜；短时间注视灰色背景上的一块有色纸片，随后撤走有色纸片，会在背景上看到原来颜色的补色。

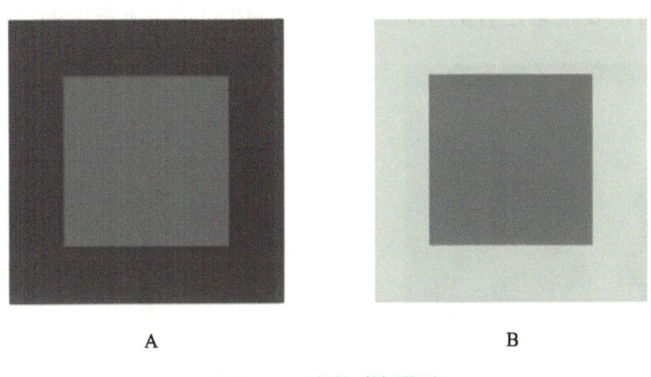

图 3-1 感觉对比图形

3. 感觉的相互作用

感觉的相互作用一般是指一种感觉的感受性，因其他感觉的影响而发生变化的现象，可分为绝对感受性与差别感受性。感受性的变化既可以在几种感觉同时产生时发生，也可以在先后几种感觉中产生影响。一般的变化规律：微弱的刺激能提高对同时起作用的其他刺激的感受性，而强烈的刺激则降低这种感受性。例如，轻微的音乐声可提高视觉的感受性，强烈的噪声可以降低对光的感受性。感觉的相互作用也可以发生在同一种感觉之间，最明显的就是对比现象。例如，"月明星稀、月暗星多"，天空上的星星在明月下看起来比较稀少，而在黑夜里看起来就明显地增多；灰色的长方形放在黑色背景上看起来要比放在白色背景上更亮些。教师教学时，应充分考虑感觉的相互作用和对比规律。例如，浅色的教具可放在黑板前演示，深色的教具可放在白墙前演示；要使学生区分出地图上的不同部位，可以分别用红绿或黄蓝等对比色。感觉阈限是指人感到某个刺激的存在，或刺激变化的强度，又或强度变化所需的量的临界值，可分为绝对感觉阈限和差别感觉阈限两类。

（二）知觉的特性

人对于客观事物能够迅速获得清晰的感知，这与知觉所具有的基本特性是分不开的。知觉具有选择性、理解性、整体性和恒常性等特性。

1. 知觉的选择性

知觉的选择性在于把一些对象（或对象的一些特性、标志、性质）优先区分出来。客观事物是多种多样的，人总是有选择地以少数事物作为知觉的对象，对它们的知觉格外清晰，被知觉的对象好像从其他事物中突出出来，出现在"前面"，而其他的事物就退到后面去了，如图 3-2 所示。知觉的选择性依赖于个人的兴趣、态度、需要以及个体的知识经验和当时的心理状态；还依赖于刺激物本身的特点（强度、活动性、对比）和被感知对象的外界环境条件的特点（照明度、距离）。

2. 知觉的理解性

知觉的理解性表现为人在感知事物时，总是根据过去的知识经验来解释它、判断它，把它归入一定的事物系统之中，从而能够更深刻地感知它，如图 3-3 所示。从事不同职业和有不同经验的人，在知觉上是有差异的。例如，工程师检查机器时能比一般人看到、听到更多的细节；成人与儿童相比，能更深刻地了解图画的内容和意义，知觉到儿童所看不到的细节。知觉的理解性对人的知觉既有积极的影响，又有消极的影响。教师在从事教学活动时，一方面要联系学生已有的知识经验，增进知觉的理解性，提高教学的效果；另一方面也要注意已有的知识经验对当前知觉活动所产生的消极定势作用。

图 3-2　感觉双关图形　　　　图 3-3　斑点狗图形

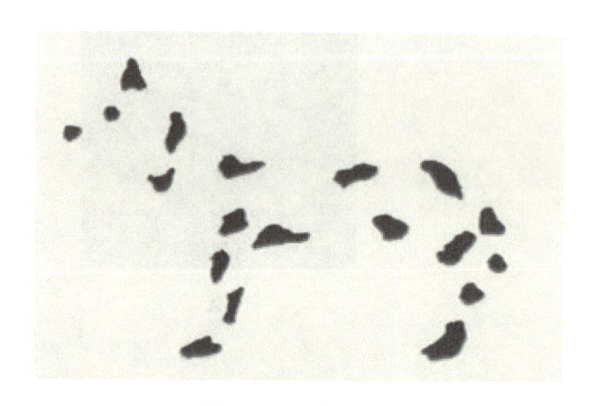

3. 知觉的整体性

人在知觉客观对象时，总是把它作为一个整体来反映，这就是知觉的整体性。知觉对象是由许多部分组成的，各部分具有不同的特征，但是人们并不把对象感知为许多个别的、孤立的部分，而总是把它感知为一个统一的整体，如图 3-4 所示。例如，走进教室，人们不是先感知桌椅，后感知黑板、窗户……而是完整地同时反映它们。知觉的整体性是多种感知器官相互作用的结果。知觉的整体性与感知的快慢，同过去经验和知识的参与有关，阅读速度就是随着人的阅读经验的积累及把较小的单元（词）组成较大的单元（句子）而逐渐加快的。

图 3-4　整体知觉图形

4. 知觉的恒常性

当知觉的条件在一定范围内发生改变时，知觉的映像仍然保持相对不变，这就是知觉的恒常性。例如，对于一首熟悉的歌曲，你不会因它高八度或低八度而感到生疏，也不会因跑调，就认为是别的歌曲；无论是清晨、中午、傍晚，人们都会把中国国旗看作是鲜红色的。如图 3-5 所示为门的恒常性知觉图形，无论我们从哪个角度来看，我们都知道门是长方形的。知觉的恒常性对生活有很大的作用，正确地认识物体的性质比单纯地感知局部的物理刺激物有较大的实际意义，它可以使人们在不同情况下，按照事物的实际面貌反映事物，从而能够根据对象的实际意义去适应环境。如果知觉不具有恒常性，那么个体适应环境的活动就会更加复杂，在不同情况下，每一个认知活动，每一个反应动作，都要来一番新的学习和适应过程，实际上也就是使适应变为不可能的了。

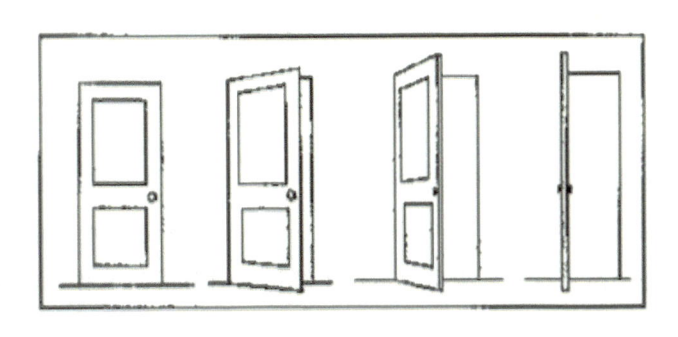

图 3-5　门的恒常性知觉图形

四、感知觉在幼儿发展中的意义

1. 感知觉是人生最早出现的认识过程，是其他认识过程的基础。人类出生后具有比较完备的感觉器官和成熟程度相对较高的神经系统，从而使他们的感觉和知觉能力出现得最早，发展得最快。这打通了联系外界环境的通道，也直接或间接地为其他认识过程的产生和发展奠定了基础，因此说，感知觉是认识的来源，是高级心理活动得以发展的基础。

2. 感知觉是婴儿认识世界和自己的基本手段。感知觉是婴儿认知结构中最主要的组成成分，婴儿期由于思维、言语、表象等心理现象发展还不完善，控制系统的力量较为微弱，这就决定了婴儿的认知结构只能以感知系统为主，其认知方式只能是"感知—动作"方式，依靠感知到的信息对客观刺激做出反应。

3. 感知觉在幼儿的活动中仍占主导地位。在整个幼儿期，感知觉在其认识活动中都占主导地位，即使是思维活动也摆脱不了它的制约和影响。

感知觉在婴幼儿的心理发展中具有非常重要的意义。没有感知觉提供的信息，就谈不上记忆、思维、想象；感知能力发展得越充分，记忆储存的知识经验就越丰富，思维、想象发展的潜力就越大，因此应重视"感知教育"。

同步训练 3.1

1. (　　) 是人脑对直接作用于感官的客观事物的个别属性的反映，是反映现实世界最基础、最简单的心理现象。

　　A. 感觉　　　　B. 直觉　　　　C. 知觉　　　　D. 意识

2. 丽丽一闻到百合花的香味，马上就说出了花的名称，这种心理现象是 (　　)。

　　A. 感觉　　　　B. 直觉　　　　C. 知觉　　　　D. 意识

(答案或提示见本主题首页二维码)

主题 3.2 幼儿感觉和知觉的发展与培养

问题情景

在幼儿园小班科学教育活动课《蔬菜奶奶过生日》中,教师为每个幼儿准备了一个布袋,里面分别装着番茄、黄瓜、茄子、萝卜等不同的蔬菜,让幼儿去摸一摸,并且猜一猜是什么蔬菜,它有什么特点。全体幼儿玩得兴高采烈,在活动中不仅了解了不同蔬菜的名称与特点,而且促进了感知觉的发展。

用手去触摸周围的世界,是幼儿了解世界的重要手段。通过触觉,可以让幼儿避开物体表象带来的错觉,感受到它们真正的存在,获取更多的信息和经验。在幼儿园保教活动中,教师还可以采取哪些方法促进幼儿感知觉的发展呢?

基础知识

一、幼儿感知觉的发展

(一)感觉的发展

1. 幼儿视觉的发展

新生儿的视觉系统(包括眼睛和视神经系统)还没有完全发育成熟,他们所看到的东西比较模糊,视神经和其他皮层细胞等传送信息的通路需要几年才能发育到成人水平。不过,婴儿有一些视力机能的发展是很快的,如视觉敏锐度、颜色辨别,这些机能在很多方面已接近成人。幼儿视觉的发展,主要表现在视觉敏锐度和颜色视觉两个方面。

(1)视觉敏锐度的发展

视觉敏锐度是指眼睛精确地分辨细小物体或远距离物体的细微部分的能力,也就是人们通常所说的视力。

人们通常认为幼儿年龄越小视力越好,可事实上并非如此。在整个幼儿期,儿童的视觉敏锐度在不断地提高。研究者对 4~7 岁的儿童进行了调查。调查时应用一种视力测试图,图上有许多带有小缺口的圆圈,测量幼儿最远站在什么距离可以看出圆圈上缺口,距离越远,视觉敏锐度越好。调查的结果显示,4~5 岁的幼儿平均距离为 207.5 厘米才能看出缺口;5~6 岁的幼儿平均距离为 270 厘米;而 6~7 岁的幼儿则为 303 厘米。如果把 6~7 岁儿童的视觉敏锐度的发展程度作为 100%,则 5~6 岁为 90%,4~5 岁为 70%。可见,随着年龄的增长,视觉敏锐度在不断提高。不过,发展速度不是均衡的,5~6 岁和 6~7 岁的儿童视觉敏锐度的水平比较接近,而 4~5 岁和 5~6 岁幼儿的视觉敏锐度的水平相差较大。

> **知识链接**

视动眼球震颤测验

视动眼球震颤测验是测查新生儿视觉敏锐度而采用的一种方法。具体做法是：用一个有条纹的图案在婴儿头上转动，如果婴儿能够辨别条纹的模式，他就会做出一定的反应，所采用的各图案，条纹间隔的宽度是不一样的。

通过测验表明，新生儿相当于具有 20/150 的视力，也就是说，新生儿在 609 厘米处才能看到视力正常的成人在 4500 厘米处看见的东西。4 周的婴儿，其视力为 20/100，8 周的婴儿，视力已达 20/60，出生后 5～6 个月的婴儿，视力可达 20/20，相当于常用视力表的 1.0，即成人的正常视力。另外，该测验表明，6 个月以内是儿童视力发展的敏感期，这个时期如果出现发育异常，会引起视力丧失。

根据幼儿视力发展的特点，4 岁以前，不宜让幼儿在光线不足或光线很强的环境中做较精细的活动，不要让幼儿看画面或字体很小的图书；为幼儿准备教具时，应注意年龄越小，字、画应该越大；上课时，不要让幼儿坐在离图片或实物太远的地方，以免影响幼儿的视力及课堂效果。

（2）颜色视觉的发展

颜色视觉是指区别颜色细致差别的能力，又称辨色力。婴儿对颜色的辨别能力的发展是十分迅速的，有人认为颜色视觉是儿童早期心理装置中的重要成分。新生儿即能够区分红色与白色，出生 2 个月后，婴儿能够区分大部分颜色。4 个月时，哪怕在光照条件差异很大的情况下，婴儿仍能保持颜色识别的正确。所以 4～5 个月以后，婴儿的颜色视觉的基本机能已接近成人水平。

在幼儿期，颜色视觉的发展主要表现在区别颜色细微差别能力的继续发展。而且，幼儿还能把对颜色的辨别和掌握颜色名称结合起来。幼儿的辨色能力有如下发展趋势。

幼儿初期，儿童已经能够初步辨认红、黄、绿、蓝等基本色。但在辨认混合色与近似色，如红与粉红、橙与黄、蓝与天蓝等，往往出现困难。同时，也难以完全正确地说出颜色的名称。

幼儿中期，大多数幼儿已能区分基本色与近似的一些颜色，如黄色与淡绿色。能够准确地说出基本色的名称。

幼儿晚期，儿童不仅认识颜色，画图时还能运用各色颜料调出需要的颜色，而且能正确地说出黑、白、红、蓝、绿、黄、棕、灰、粉红、紫、橙等颜色名称。

保教工作者与家长要注意指导幼儿掌握明确的颜色名称；通过近似色的对比指导幼儿辨认；使幼儿多接触各种颜色，并经常引导幼儿做精确的辨认。在教学和游戏中，应指导幼儿认识和辨别各种色彩并调配各种颜色；同时，把颜色名称教给幼儿。这样对幼儿辨色能力的发展将有直接促进作用。

2. 听觉的发展

听觉是在特定范围内的声波刺激鼓膜后产生的反应。幼儿通过听觉辨别周围事物发出的各种声音，辨认周围人们所发出的语音，进而促进言语的发展。听觉的发展对幼儿的智力发展具有重要意义。

（1）胎儿的听觉

许多孕妇反映，自己的胎儿（6 个月以上）常对诸如汽车喇叭之类的大声响做出某种动作反应，如翻身、踢腿等。有研究发现，胎儿可以听到传入子宫内的音乐声波，而且对传入子宫内的舒缓轻柔的音乐与强节奏舞曲音乐有完全不同的反应。舒缓的音乐对胎儿有安抚作用，能使其安静入睡；而强节奏的突发中、低频打击乐的声音，对胎儿有引发惊吓反射的作用。

（2）新生儿的听觉

国内外的研究证明，出生第一天的婴儿已经有了听觉反应。新生儿对不同声调，包括纯度、强度、持续时间等不同的声调，都有不同的反应。新生儿不仅能够听见声音，还能区分声音的高低、强弱、品质和持续时间，新生儿喜欢听柔和的声音。有研究者报告，出生两天的新生儿已能听到左侧"嗡嗡"声向左转头，听到右侧"咔嚓"声向右转头。另外，根据对新生儿听觉的相关研究，把人声和物体的声响比较，新生儿爱听人的声音，最爱听母亲的声音。

（3）婴幼儿的听觉

婴儿出生3个月内，听觉的发展主要是大脑皮层下脑干各级听觉中枢的反射性听觉反应。3个月后，由于外围和中枢各级听觉系统迅速发育，有意义的听觉活动逐渐发展。6个月的婴儿能够敏感地识别母亲的声音。7个月以后，婴儿听觉的发展主要与语言的发展相联系。随着年龄的增长，特别是在学习语言、接触音乐环境和接受听觉训练的过程中，婴幼儿的听觉迅速发展起来。

婴幼儿的听觉感受性是有巨大差异的。有的婴幼儿感受性高一些，有的感受性低一些，但是，总体上是随年龄的增长而不断提高，个体差异则随年龄增长而减小。研究表明，在十二三岁以前，儿童的听觉敏感性是一直在增长的。成年以后，听力逐渐有所降低。

保护婴幼儿的听力是很重要的。首先，要尽量减少噪声，保护婴幼儿的健康。环境的噪声对听觉是有害的。幼儿园是孩子集中的地方，许多孩子在一起玩儿的时候，容易出现大声喧哗的现象。教师应该加强对幼儿的教育和组织工作，使幼儿都有适当的活动，防止乱叫乱嚷。有条件的话，幼儿的自由活动应该多在户外进行。其次，教师要注意幼儿听觉方面的缺陷，如"重听"现象。"重听"现象就是有些幼儿对别人的话听得不清楚、不完全，但他们常常能根据说话者的面部表情、嘴唇动作，以及当时说话的情境，猜到说话的内容。对于"重听"现象，人们往往容易疏忽，但"重听"对幼儿言语听觉、言语及智力的发展都有危害，因此应当加以重视。幼儿应经常进行听力检查。发现有听力缺陷的幼儿，一方面要加强听力训练，另一方面要注意防治。

3. 触觉的发展

触觉是皮肤受到机械刺激时产生的感觉，是婴幼儿认知世界的重要手段。它可以使人在触摸中感知物体的大小、形状、软硬、轻重、粗细、光滑和粗糙等属性。儿童触觉的绝对感受性在很小的时候就开始发展起来了，如对软硬、轻重、粗细等方面的辨别。新生儿和1岁前的婴儿，口腔是主要的触觉器官，之后，手成为主要的触觉器官。

（1）口腔的触觉

婴儿从出生时就有触觉反应，许多种无条件反射都有触觉参加，如吸吮反射、防御反射、抓握反射等。孩子出生后，不但有口腔触觉，而且通过口腔触觉认识物体。对物体的触觉探索最早是通过口腔的活动进行的。口腔触觉作为探索手段早于手的触觉探索。在3岁以前，婴儿是以口腔的触觉探索作为手的触觉探索的补充。例如，在这一时期，我们经常发现孩子拿到什么东西都要抓住送进嘴里。因此，教师或家长要注意婴幼儿周围环境和玩具的安全与卫生，避免孩子接触小的、坚硬的或有毒的物体。

（2）手的触觉

当婴儿的手的触觉探索活动发展起来以后，口腔的触觉探索逐渐退居次要地位。手的触觉是通过触觉认识外界的主要渠道。婴儿出生后就有了手的本能反应，这是一种先天的无条件反射，抓握反射随着婴儿的生长发育会自然消失。婴儿的手无意地碰到东西，如被子的边缘时，他会沿着边缘抚摸被子。这是一种无意的触觉活动,也是一种早期的触觉探索。用手探索的阶段,是婴幼儿学习、认知这个世界的重要时期。婴幼儿往往看见什么东西,都想去摸一摸、碰一碰,有时越不想让他动的东西,他越想动,家长和教师应尊重并引导儿童的这种学习方式,不应该限制,而应该保护、允许和鼓励幼儿通过自己的方式认识世界。

(二)幼儿知觉的发展

1. 形状知觉的发展

形状知觉是对物体几何形状的知觉,形状知觉是靠视觉、触觉、运动觉来实现的。我们可以通过物体在视网膜上的投影、视线沿物体轮廓移动时的眼球运动、手指触摸物体边沿等,产生形状知觉。研究证明,出生不久的婴儿已能知觉形状。他们对不同图形的注视时间不同说明他们已能辨别这些图形。试验者将图片分别呈现给婴儿看,结果发现:最复杂的靶心图仍是婴儿注视时间最长的图片,对棋盘图的注视时间又超过正方形。由此可以猜想,婴儿似乎更偏好复杂的图形。

幼儿的形状知觉发展很快,在小班时能掌握圆形、正方形、三角形、长方形;中班时能掌握半圆形、梯形;大班时能掌握椭圆形、菱形、五边形、六边形和圆柱形等,并能把长方形折成正方形,把正方形折成三角形。幼儿掌握形状的次序,由易到难依次为圆形、正方形、三角形、长方形、半圆形、梯形、菱形、平行四边形。

为了更好地促进幼儿形状知觉的发展,教师在教学中,一方面要使幼儿掌握关于几何图形的词语,另一方面要让幼儿在看与摸的结合中了解物体的几何形状。

2. 方位知觉的发展

方位知觉即对自身或物体所处方向的知觉。婴幼儿方位知觉的发展,主要表现在对上、下、前、后、左、右、东、西、南、北方位的辨别。

婴儿出生后已有对方向的定位能力,会对来自左边的声音向左侧看或转头,对来自右边的声音则有向右侧转的表现。研究发现,6个月以前的婴儿在黑暗中能够依靠听觉指导去抓物体。例如,让一个婴儿坐在黑暗的房间里,在他面前放一个发出响声的东西,婴儿能准确地抓住它。一般来说,3岁幼儿仅能辨别上下方位,4岁幼儿开始能辨别前后方位,5岁幼儿开始能以自身为中心来辨别左右方位,6岁幼儿虽能完全正确地辨别上、下、前、后四个方位,但以自身为中心来判断左、右时仍有困难。许多研究认为,左右方位的相对性要到七八岁后方能掌握。

幼儿方位知觉发展的顺序是:上、下、前、后、左、右。而左右方位的辨别,是从以自身为中心逐渐过渡到以其他客体为中心的。因此,教师要求幼儿使用左右手或脚做动作时,或者要求幼儿向左右转时,要考虑发展特点,正确做出示范。例如,让面对自己站立的幼儿举起右手,教师示范时要举起左手,即其动作要以幼儿的左右为基准,俗称"照镜子式"的示范(镜面示范);或者举具体的事实说明,如说"伸出右手,就是伸出拿勺子的那只手",不要抽象地说"左右"。

3. 大小知觉的发展

大小知觉是大脑对物体的长度、面积、体积在量方面变化的反映。它是靠视觉、触摸觉和动觉的协同活动实现的,其中视觉起主导作用。6个月前的婴儿已经能辨别物体大小。婴儿已经具有物体形状和大小知觉的恒常性。所谓视觉恒常性,是指客体的映像在视网膜上的大小变化,并不导致对客体本身知觉的变化。例如，一块积木离观察者的距离越远，在视网膜上的映像也越小，但观察者知觉到积木大小并未变化。2.5~3 岁的婴幼儿已经能够按语言指示拿出大皮球或小皮球，3 岁以后幼儿判断大小的精确度有所提高。据研究，2.5~3 岁是婴幼儿判别平面图形大小能力急剧发展的阶段。

幼儿判断大小的能力还表现在判断的策略上。4~5 岁幼儿在判断积木大小时，要用手去逐块地触摸积木的边缘，或把积木叠在一起去比较。而 6~7 岁的幼儿，由于经验的作用，已经可以单凭视觉判断积木的大小。

4. 深度知觉的发展

深度知觉即距离知觉，也是对物体空间位置的知觉。它是对同一物体的凹凸程度或对不同物体的近远距离的知觉。婴儿已经能在一定程度上区分物体和自己的距离，并能区别物体是靠近自己还是明显不会碰到自己。

知识链接

"视觉悬崖"实验

视觉悬崖实验是沃克和吉布森曾进行的一项旨在研究婴儿深度知觉的实验，后来被称为发展心理学的经典实验之一。

研究者制作了平坦的棋盘式的图案，用不同的图案构造出"视觉悬崖"的错觉，并在图案的上方覆盖玻璃板，如图 3-6 所示。将 2~3 个月大的婴儿腹部向下放在"视觉悬崖"的一边，发现婴儿的心跳速度会减慢，这说明他们体验到了物体深度；当把 6 个月大的婴儿放在玻璃板上，让其母亲在另一边招呼婴儿时，发现婴儿会毫不犹豫地爬过没有深度错觉的一边，但却不愿意爬过看起来具有悬崖特点的一边，纵使母亲在对面怎么叫也一样。这说明婴儿的深度知觉可能不是天生的，它与后天的爬行过程和摔落经验有关，是随着经验的丰富而逐步发展的。

婴幼儿在尝试知觉的发展过程中因受个体经验的局限，在户外活动时，往往会由于深度知觉发展的不足而出现安全问题，家长和老师应予以重视。

图 3-6 "视觉悬崖"实验

深度知觉的发展受经验的影响比较大，婴幼儿的深度知觉随着经验的丰富逐步发展。游戏和体育活动能够促进幼儿深度知觉的发展。幼儿的深度知觉有明显发展，但不精确。

5. 时间知觉的发展

时间知觉是对客观现象的延续性、顺序性和速度的反映。实际上，人们是通过某种衡量时间的媒介来反映时间的。这些媒介有现代人发明的计时工具，也有宇宙环境的周期性变化，如太阳的东升西落，四季更替等；也有机体内部一些有节奏的生理活动，如心跳的节律等。

时间知觉的精确性与年龄呈正相关，即年龄越大，精确性越高。7~8 岁可能是时间知觉迅速发展的时间。婴儿最早的时间知觉，主要以人体内部的生理状态来反映时间，如婴儿到了吃奶的时间，会自己醒来或开始哭喊。

幼儿初期，已经有一些初步的时间概念，但是往往与他们具体的生活活动联系在一起，常以作息制度定位时间。例如，早晨就是起床时间，上午是幼儿园上课时间，下午是爸爸妈妈接自己回家的时间，晚上就是睡觉时间。有时，也会用一些相对性的时间概念，如昨天、明天，但经常会用错，如"我明天已经去过公园了"。一般来说，他们懂得现在，不理解过去和将来。

幼儿中期，可以理解昨天、今天和明天，也会运用早晨、中午和晚上等词语，但对前天和后天不是很理解。他们对于时间单元的知觉和理解有一个"从中间向两端""由近及远"的发展趋势。幼儿先理解的是"今天"，即现在，才会理解"昨天"和"明天"；先理解了"天"和"小时"，才会理解"周""月"和"分钟""秒"。

幼儿晚期，可以辨别昨天、今天和明天等一些时间概念，也开始能辨别大前天、前天、后天和大后天，也能分清上午和下午，知道星期几，知道四季，但对于更短的或更远的时间观念，就很难分清，如从前、马上等。

幼儿的时间知觉在教育过程中得到发展。有规律的幼儿园生活能帮助幼儿建立时间概念，音乐和体育活动使幼儿掌握有节奏和有节律的动作，观察有时间联系的图片，如蝌蚪变青蛙等，有助于幼儿时间观念的形成，通过讲故事，可以使幼儿掌握从前、古时候、后来及很久很久等有关时间的词汇。

二、感知觉规律在幼儿园活动中的运用

（一）感觉规律在幼儿园活动中的运用

根据感受性变化的规律，教师在组织教育和生活活动时，要有效利用幼儿的各种适应现象。由光线较强的户外进入光线较暗的室内时，要让幼儿有适应的过程，以免幼儿发生摔跤、踩踏等安全事故；当让幼儿闻某种气味时，不要闻得太久，以免因适应而分辨不出；播放音乐给幼儿听时，不应过响，以免幼儿的听觉感受性下降，甚至损伤听力。在教育活动中，应避免单一的刺激持久作用于幼儿，否则，会使幼儿对其变得不敏感，影响其参与活动的兴趣。

掌握对比规律，对幼儿教师在制作和使用直观教具、提高幼儿感受性方面具有重要意义。例如，用颜色的对比，可以使活动室的美术装饰互相衬托；制作多媒体课件，可以利用视觉对比，突出要演示的对象，使幼儿看得清楚，印象深刻。

（二）知觉规律在幼儿园活动中的运用

教师在教学活动中，应尽可能地利用知觉的特性。

教师要运用背景与对象关系的规律，板书、挂图和实验演示应当突出重点，加强对象与背景的差别。在视觉刺激中，凡距离上接近或形态上相似的各部分容易组成知觉的对象；在听觉上，刺激物各部分在时间上的组合，即"时距"的接近也是分离知觉对象的重要条件。例如，为了让幼儿观察红花，就以绿树为背景；教师应尽量多地利用活动模型、活动玩具及幻灯、录像等，使幼儿获得清晰的知觉。

教师要注意言语与直观材料结合。人的知觉是在两种信号系统的协同中实现的，词的作用可以使幼儿知觉的效果大大提高，直观材料加教师讲解，幼儿才能很好地理解。要使幼儿正确而迅速地理解当前

的知觉对象，平时就必须从各方面丰富幼儿的知识经验，并注意通过讲解，联系幼儿已有的知识经验，这样可收到较好的效果。

三、幼儿观察力的发展与培养

观察是一种有计划、有目的、有组织且比较持久的高级知觉过程，是人类对客观世界主动认识的过程。观察的全过程与注意、思维等密切联系。观察力的高低，决定着个体观察水平的高低，是智力结构的重要组成部分。感知觉的发展集中体现在儿童观察力的成长中。3岁前，婴儿缺乏观察力。他们的知觉主要是被动的，是由外界刺激物引起的。而且，他们对物体的知觉往往是和摆弄物体的动作结合在一起的。

（一）幼儿观察力发展的特点

1. 目的性不强

幼儿初期还不能进行有目的、有组织的观察，观察常受无关事物或细节的吸引或干扰。如原本想让小班幼儿观察一只兔子的形象，幼儿却被兔子的红眼睛或吃草的动作所吸引，再也顾不上注意观察兔子的短尾巴、长耳朵等。到了幼儿园中、大班，幼儿开始能按教师的要求进行较系统的观察。

2. 持续时间不长

幼儿的观察常常不能持久，容易转移注意对象，这除了与幼儿当时的情绪、兴趣有关，也与幼儿的观察目的性不强有关。研究表明，3~4岁的幼儿观察一次图片的持续时间平均只有6分8秒，5岁可增加到7分6秒，6岁可达12分3秒。总的来说，幼儿持续的观察时间都比较短。

3. 系统性不够

幼儿观察事物，往往有两种偏向：注意轮廓，忽视细节；或者注意某些细节，而忽视整个轮廓。如幼儿画人像，往往画了一个大体上完整的人，却忽视了画人的脖子，把头和躯干直接连在一起。这是因为脖子夹在头和躯干之间，是个不太能让幼儿注意的细节。

4. 概括性很差

幼儿园小班儿童观察事物只注意事物表面的、明显的、有趣的部分，到了中、大班，在教师的引导下，开始注意事物比较隐蔽的、细微的特征。例如，幼儿看到大人给花浇水，看到花一天天长大，于是他也天天给花浇水，盼望花儿一天天长大。但是，由于浇水过多，花被淹死了。这就可以看出，幼儿只观察到大人浇水，花儿长大这些孤立的现象，观察过于肤浅。

（二）幼儿良好观察力的培养

1. 培养幼儿观察的兴趣

"兴趣是最好的老师。"教师在向幼儿提出观察的目的和任务时，要以生动的语言和饱满的情绪来感染幼儿，激发幼儿观察的兴趣、愿望；在观察过程中，教师也要以良好的情绪和精神状态影响幼儿。平时，教师也要引导幼儿注意观察周围的事物，使幼儿对自然界、对社会生活产生浓厚的兴趣。例如，在一次户外活动中，一名幼儿发现了一只蜗牛，这立刻引起了孩子们的极大兴趣，他们争着看，七嘴八舌地议论，根据幼儿的这一兴趣点，可以利用问题引导幼儿有目的地观察、认识蜗牛，从寻找五官到观察爬行，再到认识蜗牛的食物，整个活动幼儿始终积极主动、兴趣浓厚。

2. 帮助幼儿确定观察的目的任务

幼儿观察的效果好坏，取决于目的任务是否明确，观察的目的任务越明确，观察时的积极性就越高，对某一事物的感知就越完整、清晰。观察柳树和杨树，教师要帮助幼儿提出观察任务，杨树的叶子、树枝、树干是什么样子的，柳树的叶子、树枝、树干是什么样子的，比较一下二者有什么不同，这样幼儿有目的地观察，效果明显提高。

3. 教给幼儿正确的观察方法

幼儿并不是天生善于观察的，幼儿的观察条理性差，所以，教会幼儿观察的方法，让幼儿获得有目的的、自主全面的、细致的观察事物的能力，是很有必要的。

（1）顺序法。

顺序法即按一定的顺序进行观察，从远到近，从整体到局部，从上到下等，这种顺序适合于观察一件事物或同一事物在不同时间的变化。

（2）比较法。

比较法即对两个或两个以上的事物或现象，比较它们的相同点和不同点，适合于观察多种事物间的异同。

（3）追踪法。

追踪法即让幼儿在对某一事物或现象的发展变化进行间断性的、有系统的观察，适用于同一事物不同时间的变化。例如，观察植物、动物的生长过程。

4. 创造机会，引导幼儿勤于观察

在一日活动中要以幼儿自主观察和发现为目标，教师为幼儿随时提供观察的机会，培养幼儿勤于观察的习惯。

同步训练 3.2

1. 下列关于幼儿颜色视觉的发展，说法正确的是（　　）。
    A. 幼儿初期，已能初步辨认红、橙、黄、绿等基本色，但在辨认紫色等混合色或者近似色时，往往比较困难
    B. 幼儿中期，大多数能认识基本色、近似色，并能说出基本色的名称
    C. 幼儿晚期，能够辨认更多混合色，并能正确说出颜色的名称，还能注意到颜色的饱和度
    D. 幼儿期，颜色视觉的发展主要表现在区别颜色细微差别能力的继续发展
2. （　　）是儿童最早掌握的几何形状。
    A. 圆形与三角形　　B. 圆形与正方形　　C. 正方形与长方形　D. 三角形与正方形
3. 大小知觉是人脑对物体的长度、面积、体积在量方面变化的反映，（　　）岁的幼儿在比较积木大小时，要用手逐块地摸边缘，或把积木叠在一起比较。
    A. 2～3　　　　　　B. 3～4　　　　　　C. 4～5　　　　　　D. 5～6

（答案或提示见本主题首页二维码）

检测与评价三

一、简答题

1. 感知觉的规律有哪些？
2. 幼儿形状知觉的发展顺序是什么？
3. 如何培养幼儿的观察力？

二、实践应用题

设计一个培养幼儿时间知觉的活动方案。

实践探究三

以小组为单位，从网络上查询有关儿童感知觉研究的相关实验资料，写出科普小文章，进行交流。

实训任务三　游戏：听口令做动作

实训目的

1．巩固对幼儿感知觉能力发展特点的认知。
2．能够对幼儿感知觉发展提出指导建议。
3．通过游戏设计增强对幼儿感知觉发展的指导素养。

实训步骤

1．熟悉游戏，了解"听口令做动作"的玩法、规则及注意事项。
2．分角色模拟游戏。
3．结合心理学相关知识，说明这个游戏能促进幼儿感知觉哪些方面的发展。
4．探讨在本游戏中，保教人员可以怎样指导幼儿提升感知觉能力。
5．讨论还有哪些类似的游戏活动，也可以促进幼儿感知觉的发展，举例并模拟。
6．小组设计更多游戏活动，促进幼儿感知觉能力的发展。

实训材料

游戏：听口令做动作

游戏玩法：引导幼儿听到口令后能快速做出正确的动作：伸出你的左手，伸出你的右手；伸出你的左脚，伸出你的右脚；拍拍你的左肩，拍拍你的右肩；左手摸摸左耳朵，右手摸摸右耳朵；左手摸摸右耳朵，右手摸摸左耳朵；左手指指左眼睛，右手指指右眼睛；左手指指右眼睛，右手指指左眼睛。

建议：根据幼儿游戏水平可以调整游戏口令，适度变换游戏玩法，调动幼儿游戏的积极性，也可以让幼儿当发令者进行游戏。此游戏适合在大班玩。在中小班玩时应适当降低难度，如围绕着上、下设计游戏。

模块四

幼儿记忆的发展与培养

学习目标

1. 了解记忆对幼儿发展的意义。
2. 理解记忆的概念、种类、过程。
3. 能运用所学知识分析幼儿记忆发展特点并进行正确培养。
4. 能以科学的眼光看待幼儿记忆发展过程中出现的问题。
5. 关爱幼儿，重视幼儿身心健康，掌握不同年龄幼儿记忆发展的特点，科学组织保教活动，提升幼儿的记忆品质和能力。

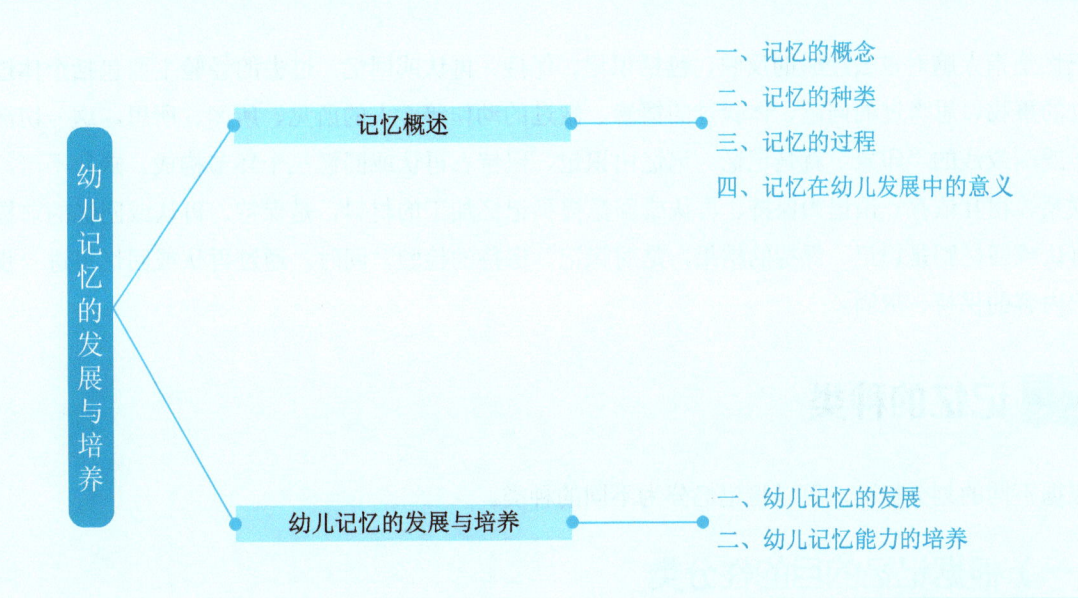

幼儿记忆的发展与培养
- 记忆概述
  - 一、记忆的概念
  - 二、记忆的种类
  - 三、记忆的过程
  - 四、记忆在幼儿发展中的意义
- 幼儿记忆的发展与培养
  - 一、幼儿记忆的发展
  - 二、幼儿记忆能力的培养

记忆是知识的唯一管库人。

——锡德尼

主题 4.1 记忆概述

问题情景

妈妈认为3岁半的贝贝都上幼儿园了，该学习一些新本领了，就每天教她背诵唐诗宋词，但是贝贝的兴趣不大，记忆效果也不好。妈妈耐心教她，第二天她就忘了。妈妈心生疑问，是不是贝贝记忆力不好？最近的一件事打消了妈妈的疑虑，妈妈发现贝贝对偶尔看到的某电视广告的广告词记得非常牢固，隔了一段时间不仅没忘记，而且说得更加准确生动。

记忆是幼儿认知发展中的重要内容，对幼儿的成长有着重要的意义。学习记忆的基础知识，为促进幼儿记忆的发展奠定基础。

基础知识

一、记忆的概念

记忆是指人脑对过去经验的反映，包括识记、保持、再认或回忆。过去的经验主要包括个体过去所感知过的事物、思考过的问题、体验过的情感、做过的动作等。人的所见、所闻、所思，这一切活动给人留下或深或浅的"印象"就是记忆。记忆由识记、保持、再认或回忆三个环节构成，缺一不可，它们相互联系、相互依存。识记为保持、再认或回忆提供记忆加工的材料，是保持、再认或回忆的前提和基础；再认或回忆则是识记、保持的结果，是对识记、保持的检验，同时，通过再认或回忆可进一步加强对识记内容的保持、巩固。

二、记忆的种类

根据不同的划分标准，可以将记忆分为不同的种类。

（一）根据记忆的目的性分类

根据记忆的目的性可以将记忆分无意记忆和有意记忆。

1. 无意记忆

无意记忆是指没有预定目的和任务，不需要意志努力就能完成的记忆。例如，教室中经常播放某一首儿歌，儿童听得时间长了，不自觉地就能哼唱出来。

2. 有意记忆

有意记忆是指事先有预定的目的和任务,需要一定的意志努力才能完成的记忆。例如,学生根据老师的要求背诵唐诗《悯农》。有意记忆是个体掌握科学知识、获得自身经验的主要记忆形式。

(二)根据记忆的内容分类

根据记忆的内容可以将记忆分为形象记忆、语词记忆、情绪记忆和动作记忆。

1. 形象记忆

形象记忆是以事物的具体形象为主要内容的记忆。例如,提到"天安门",头脑中出现天安门的形象。婴儿能够认知母亲和其他熟悉的亲人,就表明他已经有了形象记忆。

2. 语词记忆

语词记忆即语词逻辑记忆,是以语词所概括的逻辑思维结果为内容的记忆,如记忆概念、定理、公式等。这种记忆是我们学习过程中最常见的一种记忆。由于语词本身的抽象性、概括性等特征,个体能够通过语词了解事物的意义。在获得知识的过程中,语词记忆显然起着主导作用。它是我们获得系统的科学知识体系、主动解决现实问题的主要手段。

3. 情绪记忆

情绪记忆是以体验过的情绪或情感为内容的记忆。引起情绪、情感的事件虽然已经过去,但是深刻的体验和感受却保留在记忆中,在一定条件下,这种情绪、情感又会重新被体验到,这就是情绪记忆。例如,与老朋友重逢,会沉浸在幸福的回忆中,昔日愉快、欢乐的情绪和情感油然而生。情绪记忆对人具有动机作用:积极情绪记忆可以激励人的行动;消极情绪记忆可以降低人的活动能力。

4. 动作记忆

动作记忆是以个体过去经历过的身体运动状态或动作为内容的记忆。一个人小时候学会游泳,长大后多年不游,也能很快适应,并找到游泳的感觉。这是过去习得的运动技能得以保持的结果。动作一旦掌握并达到一定的熟练程度,会保持相当长的时间,这是动作记忆显著的特征之一。

(三)根据信息保存时间的长短分类

根据信息保存时间的长短,可以将记忆分为瞬时记忆、短时记忆和长时记忆。

1. 瞬时记忆

当客观刺激停止作用后,感觉信息在极短的时间内被保存下来,这种保存时间约 0.25~2 秒的记忆,我们称之为瞬时记忆,又称感觉记忆。例如,在观看电影时虽然呈现在银幕上的是一幅幅静止的图像,但是我们却可以将这些图像看成是连续运动的,这就是瞬时记忆。

2. 短时记忆

1 分钟以内的记忆,我们称之为短时记忆。短时记忆是瞬时记忆和长时记忆的中间阶段,短时记忆保存信息的容量是 7±2 个组块。例如,查阅电话号码,根据记忆拨号,拨完就忘记。

3. 长时记忆

长时记忆是指信息经过充分的加工后，在头脑中长时间保留下来的记忆，保留时间 1 分钟以上甚至终身。长时记忆的内容大部分来自对短时记忆的加工和重复。例如，反复识记某首诗歌，直至多年后依然能够背诵。

瞬时记忆、短时记忆和长时记忆之间有密切的关系。瞬时记忆若不加注意，则很快就会被遗忘；若得到注意，则转入短时记忆。短时记忆的信息得到复述后就进入长时记忆。也有一些长时记忆是因为印象深刻而由瞬时记忆一次形成。（如图 4-1 所示）

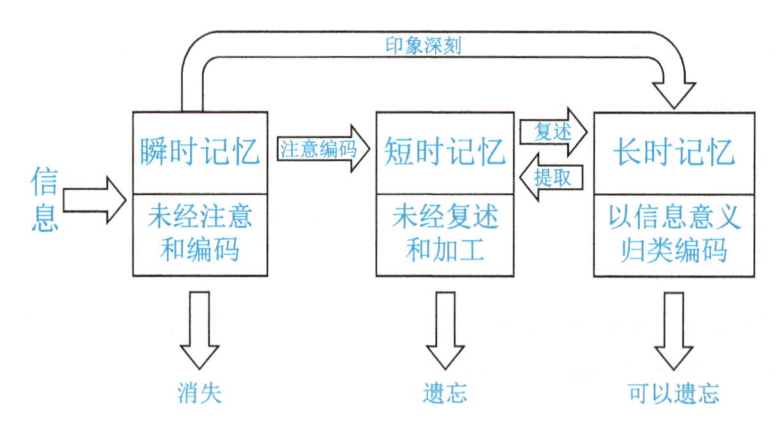

图 4-1 瞬时记忆、短时记忆和长时记忆模式图

三、记忆的过程

记忆是大脑系统活动的过程，包括识记、保持和遗忘、再认或回忆三个环节。识记是记忆的开端，保持是进行储存巩固的过程，再认或回忆是记忆环节的最后一步，也是记忆的最终目的。

（一）识记

识记是人脑将感知和体验过的事物记录下来的过程，是记忆的开端。比如，幼儿想要学习一首儿歌，需要听这首儿歌，加深对歌词和旋律的印象，这个过程就是识记。

识记可以从不同角度划分成不同种类。

1. 无意识记和有意识记

依据在识记中的目的性和自觉性，把识记分为无意识记和有意识记。

无意识记，指没有自觉识记目的或任务，也不需要意志努力的识记。例如，看电影《长津湖》时，虽然我们没有给自己提出明确的识记目的和任务，也没有付出特殊的努力和采取特殊的措施，但是志愿军浴血奋战的情景却被自然而然地识记下来。人们有许多知识是由无意识记积累起来的，乃至所接受的许多教育内容，也是通过无意识记获得的。在人们的生活中具有重要意义的，和人们的兴趣、需要、情感相联系的事物就容易被记住。教师在教育活动中若能充分利用无意识记，可以使幼儿轻松自然地获得一些知识。

有意识记是按照一定的目的和任务，需要采取积极思维活动，付出意志努力的一种识记。人们的知识并不都是从无意识记中得来的，要获得系统的科学知识，必须依靠有意识记。例如，教师告诉小朋友："今天要把学习的歌曲记住，'六一儿童节'要表演的。"根据教师的要求，幼儿便以积极的态度，集中精力，努力识记。这种识记目的明确，任务具体，在一般情况下往往比无意识记的效果好。但如果学习者积极参与活动，思维活跃，把新旧经验联系起来，即使没有识记意图，识记效果也较高。

2. 机械识记和意义识记

依据识记时对材料是否理解，可以把识记分为机械识记和意义识记。

机械识记是在对识记的材料没有理解的情况下，依据材料的外部联系，机械重复地进行的识记。比如，记人名地名、电话号码、外文生字基本都用机械识记。幼儿背诵古诗词时，也往往对其中的内涵、意境都不了解，只是机械地诵读和记忆。意义识记是在对材料进行理解的情况下，运用有关经验而进行的识记。意义识记时思维活动积极，识记效果比机械识记好，记得快，保持得久。例如，在德国心理学家艾宾浩斯（H.Ebbinghaus，1850—1909）的实验中，他识记12个无意义音节，需要16.6次才能成诵；识记36个无意义音节，需要55次才能成诵；而识记六节诗，其中有480个音节，只要8次就能成诵。因此，对于有意义的材料应尽量理解其意义，在它们之间建立较多的联系，以提高识记效果。对于无意义或意义较少的材料，如历史年代、外语单词等，可以找一些人为的联系帮助识记。

3. 整体识记、部分识记和综合识记

依据一次识记时的材料数量的多少，可以把识记分为整体识记、部分识记和综合识记。

整体识记是在一次识记活动中，识记材料的全部内容，即从头到尾地反复识记。部分识记是将材料人为地分成几个部分进行识记，即一段一段地识记。在识记进程中，采用整体识记还是部分识记，要视材料的长短和难度而定。一般短小容易的材料宜用整体识记。量大、难以理解的材料，可以用部分识记。在实践中，常常是先阅读整个材料，然后按材料的联系分成各自相对独立的部分进行识记，而后再重新阅读全部材料。这种识记便是将整体识记和部分识记结合起来的综合识记。

（二）保持和遗忘

1. 保持

保持是将识记的材料或已经获得的经验在头脑中进一步加工处理，进行储存巩固的过程。它是由识记通向再认或回忆所必经的环节。

识记的材料会随着时间的推移而发生量或质的变化。量的变化是指内容的减少或增加。量的减少是一种普遍现象，大家都有体会，所记忆的东西总会忘掉一些；量的增加比较常见的是"记忆恢复现象"。质的变化是指内容的加工改造。例如，巴特莱特曾用图画复绘方法测验保持情形，结果发现，经过十几位被试者轮流复绘，小鸟竟变成了猫的形状。（如图4-2所示）

图4-2 记忆内容的质变

知识链接

记忆恢复现象

记忆恢复现象就是在识记后的某段时间,对材料的回忆量比刚学习完的回忆量有所提高的现象。心理学家巴拉德在伦敦小学以 12 岁学生做实验,让他们用 15 分钟记一首诗,学习后经过几天测得的保持量比学习后立即测得的保持量要高,这就是记忆恢复现象。这种现象在儿童中比成人中普遍;学习较难的材料比学习容易的材料更易出现;学习得不够熟练比学习得纯熟更易发生。

记忆恢复现象是幼儿心理的一种正常现象。幼儿由于神经系统发育很不成熟,活动时间稍长就易引起疲劳,导致记忆的抑制,使得当时的记忆效果并不是最好的,过后抑制解除,记忆效果反而好一些。这就提醒成人,当发现幼儿在回忆时出现记忆恢复现象时,就应意识到这是幼儿的一种正常的心理现象。

2. 遗忘

对于识记过的东西不能再认或回忆,或者是错误地再认或回忆称为遗忘。遗忘是一种正常的心理现象。因为感知过的事物没有必要全部记忆,任何识记的材料都有时效性,同时适度的遗忘也是人心理健康和正常生活所必需的。

(1) 遗忘的分类。

根据不同的标准可把遗忘分为不同的种类。

①根据遗忘时间的长短,可把遗忘分为暂时性遗忘和永久性遗忘。暂时性遗忘指遗忘的发生是暂时的,在适当的条件下还能重新再认或回忆起来,如提笔忘字,一时想不起熟人的名字等;永久性遗忘指不经过重新学习,识记的内容就不能恢复的遗忘现象。

②根据遗忘的内容,可把遗忘分为部分遗忘和整体遗忘。部分遗忘是指对识记材料部分内容的遗忘,如对材料细节的遗忘;整体遗忘是指对识记材料整个内容的全部遗忘。

(2) 遗忘的规律。

遗忘是有规律的,主要表现在以下几方面。

①先快后慢的遗忘进程。艾宾浩斯最早对遗忘现象进行了研究。他用无意义音节做实验材料,自己做被试。在识记材料后,每隔一段时间重新学习,以重学时所节省的时间和次数为指标,测量遗忘的进程。他将实验结果绘制成一条曲线,这就是心理学上著名的艾宾浩斯遗忘曲线。该曲线反映了遗忘变量和时间变量的关系,揭示了遗忘的规律:遗忘的进程是不均衡的,在识记后的最初阶段遗忘速度很快,以后逐渐缓慢,即遗忘的进程是先快后慢。

②识记材料的特点对遗忘有显著影响。熟练的技能遗忘得最慢,形象材料比抽象材料更容易长久地保持;有意义材料比无意义材料遗忘慢些;理解的内容遗忘慢,不理解的内容遗忘快;识记材料很多时遗忘快,较少时遗忘慢。对于系列材料,首尾容易记住,中间部分容易遗忘。这是因为开头部分只受倒摄抑制的影响,结尾部分也只受前摄抑制的影响,所以首尾容易记住。中间部分同时受前摄抑制和倒摄抑制的影响,所以保持的效果最差。

③学习程度对遗忘的影响。学习程度越高,遗忘得越慢。对材料记得越牢固,遗忘得自然就慢。研究证明,过度学习能提高保持的效果,减少遗忘。所谓过度学习是指在学习进行到刚刚能回忆起来的基

础上进一步地学习。一般来说，过度学习所用时间以 150% 为效果最佳。这样既不浪费学习时间，也能取得好的保持效果。

（3）遗忘的原因。

遗忘既有生理方面的原因，如因疾病、疲劳等因素造成的遗忘；也有心理方面的原因。对于遗忘的原因，各个心理学家有不同的看法，归纳起来主要有以下四种。

①记忆痕迹衰退说。

记忆痕迹衰退说的代表人物是巴甫洛夫。其主要观点为，遗忘是记忆痕迹得不到强化而逐渐减弱，以致最后消退的结果。

②干扰抑制说。

干扰抑制说的代表人物是詹金斯和达伦巴希。其主要观点是，遗忘是由在学习和回忆之间受到其他刺激的干扰所致。一旦干扰被排除，记忆就能恢复，而记忆痕迹并未发生任何变化。

③动机说。

动机说的代表人物是弗洛伊德。其主要观点为，遗忘是由情绪或动机的压抑作用引起的，如果这种压抑被解除了，记忆就能恢复。在日常生活中，由于情绪紧张而引起遗忘的情况，也是常有的。例如，考试场上由于情绪过分紧张，致使个别学过的内容，怎么也想不起来了。

④提取失败说。

提取失败说的代表人物是图尔文。其主要观点为，存储在长时记忆中的信息是永远不会丢失的，我们之所以对一些事情想不起来，是因为我们在提取有关信息的时候没有找到适当的提取线索。例如，我们常常有这样的经历，突然碰到多年未见的同学，明明知道对方的名字，但就是想不起来。

知识拓展

遗忘的规律

德国心理学家艾宾浩斯首先对遗忘现象做了比较系统的实验研究，为避免经验对学习和记忆的影响，他在实验中用无意义音节做学习材料，以重学时所节省的时间或次数为指标测量了遗忘的进程。实验表明，在学习材料记熟后，间隔 20 分钟重新学习，可节省诵读时间 58.2%；一天后再学可节省时间 33.7%；六天以后再学节省时间缓慢下降到 25.4%。依据这些数据绘制的曲线就是著名的"艾宾浩斯遗忘曲线"（如图 4-3 所示）。艾宾浩斯因此也成为发现遗忘规律，初步揭开遗忘秘密的第一人。

从遗忘曲线中可以看出，遗忘的进程是不均衡的，不是随着时间的增加而线性下降，而是在记忆的最初阶段遗忘的速度很快，后来逐渐减慢，到了相当长的时间，几乎就不再遗忘了，这就是遗忘的规律。因此在学习后及时复习是很重要的，对在学习过程中需要记忆的材料，及时复习巩固，遗忘就会越来越慢。

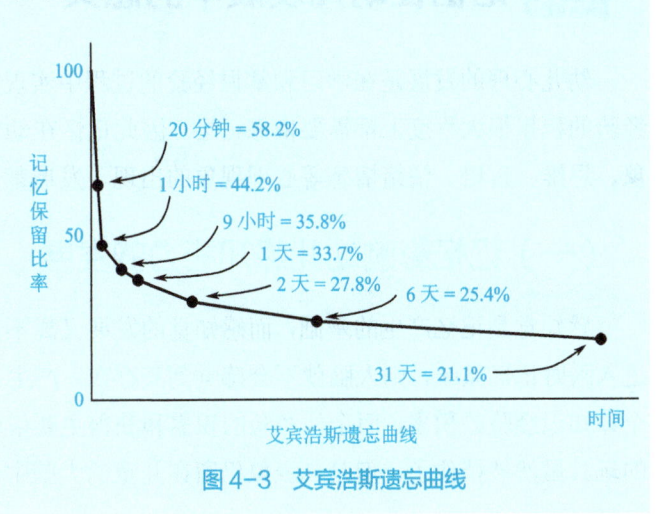

图 4-3 艾宾浩斯遗忘曲线

（三）再认或回忆

再认或回忆是记忆的最后一个过程，是和识记、保持相互联系、相互统一的记忆过程，也是识记和保持过程的表现和结果。

1. 再认

再认是过去感知过的事物重新呈现在面前时感到熟悉，确认是以前识记过的。例如，幼儿曾经听过一首儿歌，当他再次听到这首儿歌时，他会告诉别人这首儿歌自己听过。

再认是一种比较简单的心理过程，不同的人对不同材料的再认速度和再认的正确程度有一定的差异，这与影响再认的因素有关。一般认为影响再认的因素有以下三个方面：一是对事物识记和保持的程度。识记得越清楚，保持得就越牢固，再认也就越容易。识记模糊，当然保持也不稳定，再认时必然会发生困难。二是当前出现的事物和经历过的事物之间的相似程度。如果当前出现的事物和过去的印象完全相同，便可以立即再认出来；如果当前的事物和过去的印象不完全相同，就不易把它再认出来。三是当前呈现事物的环境与过去被识记时环境的相似程度。一般来说，当前出现的事物与过去感知它时的环境差别越小，越容易再认，否则，就会给再认带来一定的困难。时过境迁，对往事难以识别就是这个道理。

2. 回忆

回忆是过去反映过的事物不在面前时，把它重新呈现出来。根据回忆是否有预定的目的，可分为无意回忆和有意回忆。

无意回忆是指事先没有预定的目的也不需要意志努力的回忆。例如，"睹物思人""触景生情"等，都是无意回忆。

有意回忆是指有明确的目的并需要一定意志努力的回忆。例如，学生在课堂上对教师所提问题的回答就是有意回忆。

3. 再认和回忆的关系

再认和回忆都是过去经验的恢复，它们之间没有本质区别，只有保持程度上的不同。能回忆的一般都能再认，能再认的不一定能够回忆。所以仅靠再认还不足以说明记忆已达到牢固保持的程度。

四、记忆在幼儿发展中的意义

幼儿心理的发展是在学习和掌握经验的过程中实现的，幼儿心理的发展离不开经验的支持，而个人经验的积累很大程度上都需要依靠记忆。因此记忆在幼儿心理发展过程中发挥着重要作用，对知觉、想象、思维、言语、情绪情感等心理现象的出现、发展都产生重要影响。

（一）记忆影响幼儿感知能力的发展

感知觉是记忆产生的基础，而感知觉的发展又离不开记忆的作用。实验证明，如果感觉信息不能够进入瞬时记忆系统，则人脑就不会感觉到其存在，产生不了相应的知觉。另外，感知能力的发展离不开个体知识经验的积累，而个体经验的积累和获得主要依赖于记忆。当儿童获得客体永久性后，自己喜爱的玩具虽然被挡住了，但是其表象仍留在儿童的大脑中，他们会继续寻找。

（二）记忆影响幼儿思维、想象的发展

亚里士多德曾说："记忆力是智力的拐杖，记忆力是智慧之母。"记忆对幼儿思维、想象等心理活动有着重要影响，这种影响主要表现在两个方面。

第一，记忆为想象、思维提供加工的对象。想象、思维的发展都是在记忆表象为原型的基础上进行的，失去了记忆，想象、思维就没有了工作的对象。

第二，记忆与想象、思维密切联系。小班幼儿的想象与思维基本上是对已记忆内容的简单加工，是记忆在新的情境下的一种再现活动。例如，幼儿在看到妈妈做饭的画面后，过了几天在幼儿园的角色游戏中也会出现做饭的内容。幼儿的这一行为是对过去观察到的行为的再现，这种延迟模仿体现了记忆与想象之间的密切联系。

（三）记忆影响幼儿言语的发展

幼儿依靠记忆学习语言并进行言语交流。首先，幼儿语言的学习必须先要熟悉语音，这就需要幼儿记住每个语词的正确发音及其对应的语义，然后加以模仿练习。其次，在语言交际过程中，幼儿要记住并准确理解他人的话语，自己才会有相应的回答。例如，教师对小班幼儿一次性提问多个问题，幼儿在回答时往往回答不全。最后，幼儿想很好地表达自己的想法，必须先将自己准备表述的词语记下来，这样才能保持前后连贯。

（四）记忆影响幼儿情绪、情感的发展

幼儿通过记忆对经历过的事物产生一定的情绪、情感体验。例如，幼儿在打针以后害怕再次打针、被开水烫伤以后害怕开水等，这些情绪的形成都离不开记忆的作用。因而，记忆会影响幼儿情绪、情感的发展，进而影响儿童个性特征的形成和发展。

同步训练 4.1

1. 保持一分钟以上的记忆是（　　）。
   A. 感觉记忆　　　　B. 短时记忆　　　　C. 长时记忆　　　　D. 形象记忆
2. 幼儿参观动物园后会记住老虎、狮子、猴子等动物的样子，这种记忆属于（　　）。
   A. 情绪记忆　　　　B. 形象记忆　　　　C. 动作记忆　　　　D. 语词记忆

（答案或提示见本主题首页二维码）

主题 4.2　幼儿记忆的发展与培养

问题情景

甜甜是个聪明活泼的孩子，很喜欢背诵唐诗。她虽然不懂唐诗的意思，但是多念几遍就记住了。

可是不到半天，她就想不起来了。让她再记一遍，过了一天又忘记了。就这样反复记忆了几天，甜甜终于能够很好地背诵，并且在很长一段时间都没有忘记。

大多数儿童都是"记得快，忘得也快"。幼儿期机械识记占主导地位，意义识记尚未发展起来。根据幼儿记忆发展的特点，科学训练幼儿的记忆力是十分有必要的。

一、幼儿记忆的发展

（一）幼儿记忆发展的特点

1. 无意记忆占优势，有意记忆逐步发展

（1）无意记忆占优势。

3~6岁幼儿还不能根据一定的任务和要求有效地调节自己的心理活动，因此识记的有意性也处于较低水平。幼儿在3岁前很少进行有意记忆。3岁以后，虽然幼儿的有意记忆逐渐开始发展，但是他们的知识经验大多是在平时日常生活和游戏活动中通过无意记忆获得的。幼儿对事物的识记主要取决于事物本身是否具有直观、形象鲜明的特点，是否能够激发他们的兴趣和情感。例如，幼儿往往对动画片中的故事情节印象深刻，经常会讲给其他幼儿听。幼儿无意记忆的效果随着年龄增长而逐渐提高。例如，研究者给小、中、大三个年龄班的幼儿讲同一个故事，事先不要求记忆，过了一段时间以后进行检查，结果发现，年龄越大的幼儿无意记忆的效果越好。

无意记忆在3~6岁幼儿的记忆发展中占据优势地位，突出表现为无意记忆的效果要优于有意记忆。在一项实验中，研究者在实验桌上画一些假设的地点，如厨房、花园、卧室等，并为幼儿提供15张图片，图片上都是水壶、苹果等儿童熟悉的事物，研究者要求幼儿把图片上画的东西放到实验桌上相应的位置。游戏结束后，要求幼儿回忆玩过的所有东西，即对其无意记忆的效果进行检查。另外，在同样的实验条件下，要求幼儿进行有意记忆，记住15张图片的内容，对其有意记忆的效果进行检查。实验结果表明，在幼儿期，无意记忆的效果都要优于有意记忆。

（2）有意记忆逐步发展。

有意记忆的发展，是幼儿记忆发展中最重要的质的飞跃。幼儿有意记忆的发展有以下特点。

①幼儿的有意记忆是在成人的教育下逐渐产生的。

成人在日常生活和组织幼儿进行各种活动时，经常向他们提出记忆的任务。例如，在讲故事前，预先向幼儿提出复述故事的要求；在背诵儿歌时，要求他们尽快记住。这都是促进幼儿有意记忆发展的手段。

②有意记忆的效果依赖于对记忆任务的意识和活动动机。

幼儿意识到识记的具体任务，影响幼儿有意记忆的效果。比如，幼儿在玩"开商店"游戏时，担任"顾客"角色的幼儿必须记住应购物品的名称。角色本身使幼儿意识到这种识记任务，因而也就努力去识记，记忆效果也有所提高。

活动的动机对幼儿有意记忆的积极性和效果都有很大影响。相关实验研究证明，幼儿在游戏中进行有意记忆比单纯地进行有意记忆的效果要好。但在生活中，如果成人提出的要求恰当，使幼儿明确识记的目的任务，那么，在完成任务中，有意记忆的效果甚至超过游戏的效果。这种情况发生的原因在于：在完成任务时，幼儿的记忆结果能得到成人或小朋友的赞许或奖励。

2. 机械识记占优势，意义识记效果好

（1）机械识记占优势。

与成人相比，幼儿更多地使用机械识记。例如，幼儿在背诵古诗、成语故事时，往往逐字逐句地死记硬背，可能根本不理解古诗或成语故事的含义。出现这种现象最主要的原因是幼儿自身的知识经验不够丰富，对许多识记材料不能理解，也缺少可以利用的旧经验。因此，幼儿往往只能死记硬背，进行机械识记。

（2）意义识记比机械识记效果好。

意义识记效果要优于机械识记。幼儿使用机械识记较为频繁，这并不意味着他们不使用意义识记。相反，幼儿期意义识记迅速发展，幼儿在识记过程中越来越依赖于理解，而且意义识记的效果要比机械识记的效果好得多。例如，幼儿学习儿歌要比古诗词记得快，且保持时间更长。

3. 形象记忆占优势，语词记忆逐步发展

（1）形象记忆的效果优于语词记忆。

形象记忆是根据具体的形象来记忆各种材料。在儿童语言发展之前，其记忆内容只有事物的形象，即只有形象记忆。在儿童语言发生后，直到整个幼儿期，形象记忆仍然占主要地位。据相关研究表明，幼儿对熟悉的物体记忆效果优于熟悉的词，而对生疏的词，记忆效果显著低于熟悉的物体和熟悉的词。对熟悉物体的记忆依靠的是形象记忆。形象记忆所借助的形象，带有直观性、鲜明性，所以效果最好。熟悉的词在幼儿头脑中与具体的形象相结合，因而效果也比较好。至于生疏的词，在幼儿头脑中完全没有形象，因此效果最差。

（2）形象记忆和语词记忆都随着年龄的增长而发展。

幼儿期形象记忆和语词记忆都在发展。3~4岁幼儿无论是形象记忆还是语词记忆，其水平都相对较低。其后，两种记忆的结果都随年龄的增长而增长。

（3）形象记忆和语词记忆的差别逐渐缩小。

随着年龄的增长，形象和词都不是单独在幼儿的大脑中起作用，相互联系越来越密切，两种记忆效果逐渐缩小。一方面，幼儿对熟悉的物体能够叫出其名称，那么物体的形象和相应的词就会紧密联系在一起；另一方面，幼儿所熟悉的词，也必然建立在具体形象的基础上，词和物体的形象是不可分割的。

形象记忆和语词记忆的区别只是相对的。在形象记忆中，形象起主要作用，语词在其中也起着标志和组织记忆形象的作用。在语词记忆中，主要记忆内容是语言材料，但是记忆过程要求语词所代表的事物的形象作支柱。随着儿童语言的发展，形象和词的相互联系越来越密切，两种记忆的差异也相对减少。

（二）幼儿记忆策略的发展

记忆策略是指人们为了有效完成记忆任务而采取的手段和方法。记忆策略的获得与运用能有效地提高幼儿的记忆水平。幼儿使用记忆策略要经历一个从无到有的过程。一般说来，幼儿在5岁左右开始出现记忆策略。幼儿常用的记忆策略有视觉复述策略、特征定位策略、复述策略、组织性策略、提取策略五种。

1. 视觉复述策略

视觉复述是指幼儿将自己的视觉注意力主要集中在记忆对象上，以增强记忆效果的方法。这是幼

在记忆过程中最常用,也是最简单的一种记忆策略。例如,在日常生活中,为了使幼儿记住一个动物,我们会给他们提供画有该动物的图片,让他们通过观察图片记住动物。幼儿很早就表现出使用视觉复述策略的倾向。在一项研究中,研究者向18~24个月的儿童出示一只玩具大鸟,接着把大鸟藏在枕头下,并要求幼儿记住大鸟的位置,以便以后找到大鸟。随后研究者宣布自由活动3分钟,并在活动中用其他玩具设法使他们分心。但是,研究者发现幼儿在自由活动中经常会中断活动谈论大鸟的位置,注视着这一位置,并用手指着它,或者在这个位置周围徘徊,或者企图掀开枕头。幼儿显然是在记忆时采用视觉复述策略力求保持大鸟位置的信息。

2. 特征定位策略

特征定位是指给记忆对象的某种突出特征贴上特定的标签,以便有效记忆的一种方法。在一项研究中,实验者让幼儿将一个小物品藏在一个有196个格子的棋盘中,并要求儿童尽可能记住物品所藏的位置。结果发现,5岁以上的幼儿倾向于选择那些较有特点的位置去藏物品(如某个角落),而3岁幼儿就不会使用这种策略。可见,5岁以上的幼儿就已经具有了运用特征定位策略的能力。

3. 复述策略

复述策略是指为了保持信息,运用语言不断重复识记对象,以便达到记忆效果的方法。在学习中,复述是一种主要的记忆手段,许多新信息,如人名、外语单词等,只有经过多次复述后,才能在短时间内记住并长期保持。在记忆活动中,复述是一个最常用也最有效的策略。例如,幼儿为了记住老师要提问问题的答案,会不断地重复,以免忘记。

4. 组织性策略

组织性策略是将记忆材料按不同的意义,分别组成不同类别,编入各种主题,使材料产生意义联系,或对内容加以改组,以便于记忆的一种方法。例如,小红的妈妈要去超市买东西,要买的东西很多很杂,难免丢三落四,但如果她将这些具体的东西归入主食、蔬菜、肉类、水果、饮料之中,这些东西就会变得有条理,容易记住。组织性策略实质上是一种分类的方法。在长时记忆中,记忆材料的分类,是提高记忆效果最基本的、也是最有效的方法。

5. 提取策略

一个人在回忆过程中,将储存在长时记忆中的特定信息回收到意识水平上的方法和手段,叫作提取策略。所有储存在长时记忆中的信息,平时都不在意识水平上,如果我们需要回想起某个信息时,就需要经过提取的过程。再认和回忆都需要提取,回忆过程中的提取要比再认过程中的提取更加困难。

二、幼儿记忆能力的培养

幼儿正处于记忆力发展的关键时期。培养幼儿良好的记忆习惯,提升幼儿的记忆水平,发展幼儿的智力,是促进幼儿全面发展的重要手段。

(一)激发兴趣与主动性

兴趣是最好的老师,在感兴趣的活动中,积极投入的情绪状态可以有效地提高幼儿识记的效果。首先，教师选择生动直观、形象具体的内容，适当使用多媒体设备，开展操作性强的活动，以激发幼儿的兴趣。其次，培养幼儿学习的主动性，只有拥有了学习的主动性，幼儿才能最大限度地调动自己的有意记忆。

（二）丰富生活经验

幼儿观察到的事物越多，所获得的知识经验就越多，幼儿的记忆内容就越丰富。丰富的知识经验可以为幼儿意义识记的发展提供良好的基础。因此，教师和家长应有计划地经常组织幼儿参加各种活动，让他们广泛地接触自然与社会，开阔他们的视野，丰富他们的生活经验。

幼儿的记忆以无意的形象记忆为主。在幼儿教育活动中，教师采用生动、活泼的幼儿喜爱的教学形式与方法来开展教育活动。例如，演木偶戏、录像、录音等方式，都容易吸引幼儿的注意，激发他们的兴趣，使他们在轻松愉快的情绪中获得深刻印象，从而提高记忆效果。

（三）培养有意记忆

随着幼儿年龄的增长，有意记忆的效果将大大好于无意记忆。因此，虽然幼儿期以无意记忆为主，但是我们也应注意发展幼儿的有意记忆。

无论是讲故事还是说事情，教师或家长都可以向幼儿提出明确的记忆要求，使幼儿依靠自己的意志和能力去完成任务。在成人的这种要求下，幼儿会努力地记住一些东西，这样既促进了他们有意记忆的发展，又发展了他们的语言表达能力。

（四）运用记忆策略

记忆策略的获得与运用将有效地提高幼儿的记忆水平与效果，有效的记忆还可以大大增强幼儿对记忆的自信心与成就感，从而进一步促进记忆水平与效果的提高。

幼儿的许多注意都是无意注意，因此很大程度上要受刺激物本身特点的制约。但伴随复述策略和组织策略的发展，选择性注意策略逐渐普遍被幼儿采用。

（五）进行合理的复习

幼儿记忆保持的时间短，记忆的精确性差，在引导幼儿识记时，一定的重复和复习是非常必要的。这是提高幼儿记忆效果，提升幼儿记忆能力的最佳方法。记忆的遗忘是一个"先快后慢"的过程，依据遗忘规律，教师帮助幼儿进行及时合理的复习，在复习时间安排上先密后疏，也就是刚开始复习的次数要多一些，随着遗忘速度减慢，复习的时间间隔可以拉长。在让幼儿复习巩固所学内容时，复习的方式应灵活多变。

同步训练 4.2

1. 下列关于幼儿记忆发展的特点，表述正确是（　　）。

    A. 无意记忆占优势，有意记忆逐步发展

    B. 意义识记占优势，机械识记效果好

C. 语词记忆占优势，形象记忆逐步发展

D. 幼儿期有意识记的效果比无意识记的效果好

2. 教师呈现"兔子、月亮、护士、太阳、胡萝卜、救护车"图片让幼儿识记，豆豆回忆时说"有太阳和月亮，护士和救护车，还有兔子和胡萝卜"，豆豆运用的记忆策略是（　　）。

A. 视觉复述策略　　B. 特征定位策略　　C. 复述策略　　D. 组织性策略

（答案或提示见本主题首页二维码）

检测与评价四

一、简答题

1. 什么是记忆，记忆的种类有哪些？
2. 为什么无意记忆在幼儿期占主导地位？
3. 幼儿常用的记忆策略有哪些？
4. 如何培养幼儿的记忆能力？

二、材料分析题

妈妈让5岁的小明去买一包盐，小明一接到任务，就一路叨念着，结果成功买到了盐。在此案例中，小明采取了什么记忆策略？"在目标明确的活动中，幼儿记忆的效果好"这一规律对幼儿教育有什么实际意义？

三、选做题

1. 常见的记忆法有编故事记忆法（又称导演记忆法）、连锁记忆法、口诀记忆法、首字母记忆法等。回忆你记忆最深刻的知识，想一想你采用了什么记忆方法。请写出来，并在小组里介绍一下。

2. 统计本班同学记忆最深刻的知识所属的学科，并由此判断大家的哪种思维方式占优势？

实践探究四

在教师指导下，以学习小组为单位，对大、中、小班的幼儿做一个记忆方面的记录，并运用所学知识，对3～6岁幼儿的记忆特点进行分析。

实训任务四　　听觉记忆游戏

实训目的

1. 巩固理解幼儿记忆的发展特点。
2. 提高对幼儿记忆发展的指导能力。
3. 积累自己适应未来工作岗位所需要的技能，提高组织记忆发展相关活动的水平。

实训步骤

1．熟悉游戏，了解"听觉记忆游戏"的玩法、规则及注意事项。

2．小组模拟"听觉记忆游戏"，分享游戏感受。

3．结合所学心理学知识，阐述本游戏对幼儿记忆发展的促进作用。

4．结合游戏，探讨保教人员如何指导幼儿提升记忆能力。

5．讨论还有哪些类似的游戏活动，也可以促进幼儿记忆能力的发展，举例并模拟。

实训资源

听觉记忆游戏

游戏玩法：

教师提问，幼儿回答。

指导语 A：森林动物园里有猴子、狮子、大象、河马、熊猫、斑马、长颈鹿。

请回答：森林动物园里有熊猫吗？有河马吗？有老虎吗？有兔子吗？有梅花鹿吗？

指导语 B：要吃早饭了，听一听食物都在哪里。鸡蛋在盘子里，面包在烤箱里，牛奶在冰箱里，果酱在橱柜里，水果在桌子上。请回答：鸡蛋在哪里？什么在桌子上？牛奶在哪里？什么在橱柜里？……

指导语 C：……

注意事项：

1．本游戏提供的指导语只作为范例，教师可根据幼儿的兴趣爱好、发展需要选择提问话题和内容。

2．为保持幼儿的学习兴趣，在游戏时应注意循序渐进，可由少到多、由熟悉到陌生、由具体到抽象等。

模块五

幼儿想象的发展与培养

学习目标

1. 理解想象的含义和类型。
2. 掌握幼儿想象的特点和培养措施。
3. 能根据幼儿想象发展的特点提升幼儿的想象能力。
4. 逐渐形成尊重并理解幼儿想象的意识。
5. 逐渐养成关心爱护幼儿的意识,能够按照相关知识科学组织保教活动,培养幼儿想象的兴趣,提升幼儿的想象力。

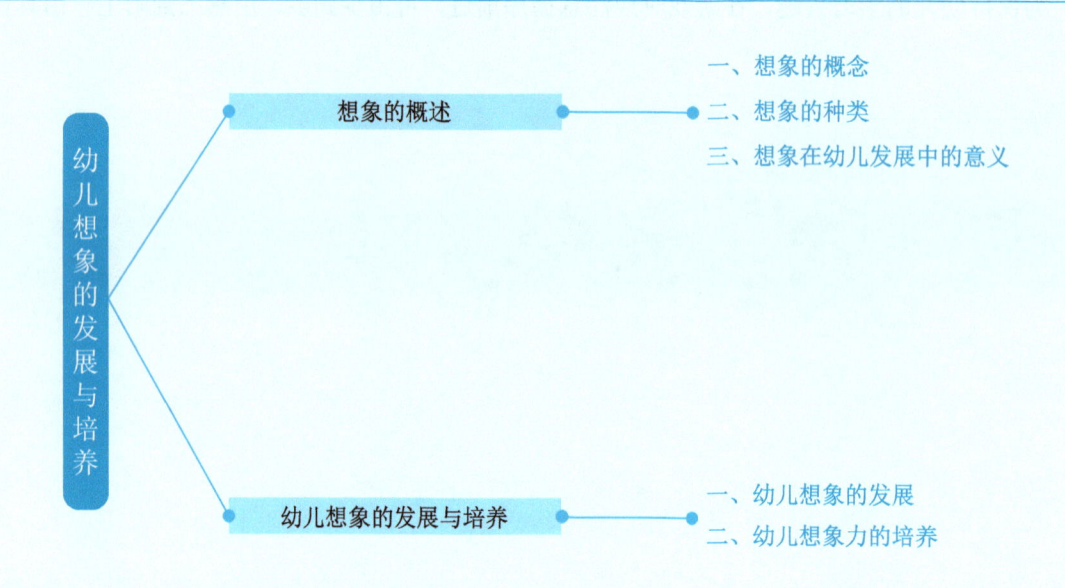

幼儿想象的发展与培养
- 想象的概述
  - 一、想象的概念
  - 二、想象的种类
  - 三、想象在幼儿发展中的意义
- 幼儿想象的发展与培养
  - 一、幼儿想象的发展
  - 二、幼儿想象力的培养

想象力是发明、发现及其他创造活动的源泉。

——亚里士多德

主题 5.1 想象的概述

问题情景

张老师在黑板上画了一个圆形，问孩子："孩子们，你们看，老师画的是什么？"幼儿争先恐后地举起小手："老师，是面包！""是镜子！""盘子！""是太阳！"孩子们的回答五花八门，千奇百怪。张老师听着孩子们的回答，笑着点了点头。

幼儿的想象是丰富的，我们应该理解并尊重幼儿的想象，学习想象的相关知识，鼓励幼儿大胆想象，并有针对性地进行科学引导。

基础知识

一、想象的概念

（一）什么是想象

想象是人脑对已有表象进行加工改造，形成新形象的心理过程。表象则是通过我们的感知觉获得的，储存在大脑中的事物形象。

幼儿的想象力非常丰富，随着孩子动作、语言、思维的不断发展，他们的知识经验不断丰富，头脑中储存的形象也会越来越丰富，这便为他们进行想象活动奠定了基础。例如，当他们仰头看到天上的白云，就会把白云想象成棉花糖、飞驰的骏马等形象。

知识链接

想象的形式

1．黏合：黏合是最简单的一种想象过程，是把两种或两种以上客观事物的属性、元素或部分结合在一起而形成新形象的过程。如美人鱼、孙悟空等形象。

2．夸张与强调：改变事物的某一部分或某一特性，增大、缩小或数量加多、色彩加浓等，在头脑中形成新形象的过程。如大头儿子和小头爸爸等形象。

3．拟人化：把人类的形象和特性加在外界客观对象上，使之人格化的过程。如动画片中动物像人一样会说话、具备人的情绪情感。

4．典型化：根据一类事物共同的、典型的特征创造新形象的过程。这种形式在文学创作中运用普遍，如《红楼梦》中的王熙凤、鲁迅笔下的狂人等形象。

（二）想象与客观现实

想象出来的形象有些是我们从未感知过的，甚至是现实生活中根本不存在的。那么想象到底是无中生有还是有中生无呢？

想象的基本材料是我们头脑中储存的记忆表象，我们要进行想象活动，首先头脑中要有丰富的表象作为基础，如果没有相关的表象储存，想象活动就很难进行。从这一意义上来讲，想象来源于客观现实。比如，我们想象出来的太空人的形象，夸大了人的眼睛、动作等，但是根本形象就是现实生活中的人。

爱因斯坦说，想象力远比知识更重要，想象在推动人类发展和社会进步中发挥着重要作用。莱特兄弟深刻认识鸟类的飞行原理，重组创新发明飞机，实现人类遨游天际的梦想。对于幼儿来说，想象的参与也让他们的诸多活动更加丰富、更加富有创造性。

二、想象的种类

根据想象有无目的性，可以把想象分为无意想象和有意想象。

（一）无意想象

无意想象是事先没有预定目的，在外界刺激影响下，不由自主地进行的想象。例如，一名3岁幼儿正在画画，老师问："你要画什么？"幼儿并不知道，过一会儿，她在纸上画出了多条波浪线，她告诉老师：我要画一条小河。可见，幼儿在想象的过程中，并没有事先确定绘画的目的，而是后期线条的形状刺激了孩子的想象。

梦是无意想象的极端形式。人在进入睡眠状态时，就会进入一种漫无目的、不由自主的想象过程，有时会见到故去的亲人，有时自己会拥有一种日行千里的超能力，经历一系列稀奇古怪的事情，其实这些事件都是自己经验的反映。

知识链接

梦与想象

睡眠状态中，我们的大脑皮层会产生一种弥漫性抑制，如果抑制发展不平衡，皮层上有些区域的神经细胞仍处于兴奋状态，就会出现梦。但由于梦是无意识的，因而梦中出现的形象或它们之间的关系，经常荒诞无稽，但是构成我们梦境的素材都是我们曾经历的事物。

精神分析学派十分重视梦的研究。弗洛伊德认为，梦是一种愿望的满足，是潜藏愿望的表现。幼儿的梦一部分来自生理刺激，如冷热、饥渴、大小便等，但更主要的来自心理刺激。幼儿往往通过梦来满足自己在日常生活中未能得到满足的欲望。因此，做梦是脑机能正常的表现，它无损于身体健康。

皮亚杰研究了儿童梦的种类，认为可分为下列几类。

1．反映愿望的。例如，有的孩子因为家长没给他买蛋糕，夜里做梦吃到了蛋糕。

2．以一物代替其他物的。这一内容基本存在幼儿梦中的游戏过程中。

3．回忆痛苦的事情。有的孩子会梦到亲近的人离开自己，但最后发现是做梦。

4．噩梦。这是指孩子在梦中经历恐惧的事情。

5．受到惩罚的梦。这种梦，有时是听父母讲了可怕的故事，有时是其他原因造成的。

6．由于身体受到刺激直接转化而来的直接象征。例如，尿湿了床，梦见自己在水桶里。

巴甫洛夫高级神经活动学说认为，人处于睡眠状态时，由于输向大脑皮层的血流量加大，氧的消耗量增多，因而使得脑神经细胞仍然进行十分活跃的代谢活动，抑制状态不深，还处于所谓的"工作"状态，于是就产生了各式各样的梦境。例如，闻到香水或花香，可能会梦见置身于芳香扑鼻的花园里；手臂压在胸前，可能会梦见被抑制呼吸等。

总之，梦是我们无意识状态下的一种想象活动。

（二）有意想象

有意想象是有预定目的、根据一定的活动任务和内容主动进行的想象活动。例如，大班美术教学活动中，幼儿根据老师的要求绘制"未来的汽车"，展示作品，并根据作品描述故事内容，这种活动就属于有意想象。有意想象是人类在实践活动中最重要的想象形式。

根据想象内容的新颖性、独特性、创造性成分的不同，有意想象可以分为再造想象和创造想象。

1．再造想象

再造想象是根据语言文字的描述或者图形符号的描绘，在头脑中再造出某种事物形象的过程。例如，读到鲁迅的《狂人日记》时，头脑中就会浮现出一个歇斯底里的狂人形象；当给幼儿讲述《灰姑娘》的故事时，幼儿就会根据老师的语言讲述和动作表现，在头脑中浮现善良美丽的灰姑娘和狠毒的后妈形象。

再造想象中形成的新形象，对于自己来说是新颖的，因为它是根据别人的描述或者图形在头脑中再造出来的，所以其中独立性、新颖性和创造性的成分较小。再造想象还有一个突出特点，即使是同样的语言表述，不同的人再造出来的场景差别也很大，这与每个人的知识经验、兴趣爱好有很大关系。

2．创造想象

创造想象是根据一定的目的和任务，在头脑中独立地构建新形象的过程。因此，创造想象具有首创性、独特性和新颖性的特点。建筑学家绘制图稿、音乐家撰写曲谱、学生构思作文、幼儿绘画未来世界的我，这时候进行的想象都属于创造想象。1979年世界儿童绘画比赛"我笔下的二十一世纪"，中国 6 岁儿童胡晓舟的作品《荡秋千》获得一等奖（如图 5-1 所示），她大胆、创新地畅想了未来的生活。

创新是人类进步的阶梯，创新活动的其中一个重要过程就是创造想象，没有创造想象，创造活动就无从谈起。

幻想，是创造想象的一种特殊形式，是一种与个人愿望相联系并指向于未来的想象。比如，幼儿幻想自己将来成为一名教师、一名音乐家等。幻想有积极和消极之分，那些符合事物发展规律和社会要求，具有一定的价值和实现可能的幻想，属于积极的幻想，也叫作理想。理想能够促使人奋进，朝着目标勇往直前，使

图 5-1 《荡秋千》

人获得顽强的斗志和信心。相反地，有的人幻想长生不老，这便是完全脱离客观现实的发展规律、毫无实现可能的幻想，也是消极的幻想，一般称为空想。空想是一种无益幻想，它使人脱离现实，想入非非，往往把人引向歧途。

三、想象在幼儿发展中的意义

幼儿期是想象力发展活跃的时期，几乎贯穿于幼儿的各项活动中，对幼儿的认知、情绪、游戏、学习活动起着十分重要的作用。

（一）促进幼儿认知发展

想象与幼儿的认知活动密不可分。首先来说，想象的材料是头脑中的已有表象，这些表象都是过去感知经历过的，所以想象依赖于感知觉；过去感知的形象需要在头脑中保存下来才能用于我们的想象活动，所以想象依靠记忆；最后，想象过程中的加工和改造是我们思维的一种表现，是思维发展的基础。综上所述，想象力是智力的组成部分，有利于认知的发展。

知识拓展

昂贵的"想象力"

1968年，美国内华达州一位叫伊迪丝的3岁小女孩告诉妈妈，她认识礼品盒上的字母"O"。妈妈吃惊地问她是怎么认识的？伊迪丝说"是幼儿园薇拉小姐教的"。

随后，母亲把薇拉小姐所在的劳拉三世幼儿园告上了法庭，理由是幼儿园剥夺了伊迪丝的想象力。在伊迪丝认识"O"之前，能把"O"说成苹果、太阳、足球、鸟蛋之类的圆形东西，自从识读了26个字母后，伊迪丝就失去了这种能力。母亲要求幼儿园赔偿伊迪丝精神伤残费1 000万美元。

3个月后，此案在内华达州立法院开庭，判决出人意料，劳拉三世幼儿园败诉。因为23名陪审团成员被母亲在辩护时说的故事感动了。

她说：我曾到东方某个国家旅行，在一家公园里见过两只天鹅，一只被剪去左边的翅膀，收养在较大的水塘里；另一只完好无损，被放养在较小的水塘里。管理员说，这能防止它们逃跑。剪去一边翅膀的天鹅无法保持身体的平衡，飞起来就会掉下来；另一只天鹅在小水塘里，虽然有翅膀，但起飞时缺少必要的滑翔距离，也只能待在水里。今天，我感觉到伊迪丝变成了劳拉三世幼儿园的一只天鹅。他们剪去了伊迪丝的一只翅膀，一只幻想的翅膀，他们早早地把她投进了那片小水塘，那片只有"ABC"的小水塘。

这段辩护后来成了内华达州修改《公民教育保护法》的依据。美国《公民权法》规定，幼儿在学校拥有两项权利：玩的权利和问为什么的权利。

可见，失去了想象力，便失去了更多创造的可能性，也就失去了获得人类知识经验的更多可能性，我们的发展也将受到巨大的限制。

（二）满足幼儿情感需要

想象活动能够引发幼儿积极的情绪。在游戏活动中，幼儿可以借助想象让游戏内容与形式等更加生动和丰富，他们可以变成一只会飞的猫，可以变成漂亮的妈妈，从而感受到游戏的巨大快乐。

情绪情感能够影响幼儿的想象。例如，有的孩子怕黑，她就会把自己想象成勇士，帮助自己克服黑夜带来的恐惧。通过想象可以帮助幼儿克服负面情绪，获得安全感，从而满足幼儿情感的需要，这对幼儿来说是一种自我保护机制。

（三）维护幼儿心理健康

想象与我们的心理健康密不可分。幼儿在想象中获得积极的情绪体验，获得情绪的满足感，而情绪健康是心理健康的重要组成部分。

研究发现，科学、合理的想象不仅有助于心理健康，对幼儿的身体健康也有积极作用。

知识链接

想象与健康

想象对人的机体会产生一定的作用。积极的想象有利于身体健康，不合理的想象会抑制人的心理健康。

1．圣斑现象：在欧洲的中世纪，曾发现一些患有歇斯底里症的患者，当其想到耶稣基督受难的痛苦时，其手掌和脚掌上就会出现瘀血或溃疡的症状，如同自己受到同样的酷刑一样。

2．意动（念动）现象：当人们手拿一根系着重锤的直线，闭上眼睛想象重锤做圆周运动时，会发现重锤真的转动起来了。

3．想象疗法：属于心理疗法的范畴。美国的卡尔·西蒙顿医生运用"想象疗法"治好了自身的皮肤癌。自 1971 年以来，他就用编定的"精神想象操"来治疗晚期癌瘤。受治疗的患者每天进行 3 次想象操治疗。医生让他们闭目静坐，顺着指导语开始精神想象。这些患者虽然临床诊断已明确表明他们的生命不会超过一年，然而，在西蒙顿的整体机能治疗下，其中绝大多数人的生命都延长了。

现代医学心理学研究发现，想象疗法是借助患者的主观意念进行积极地思维和想象，提高人体的免疫力和抗病力，从而使患者的病症得以缓解或消除。

同步训练 5.1

1. 人脑对已有表象进行加工改造，形成新形象的心理过程是（　　）。
   A. 注意　　　　　　B. 感觉　　　　　　C. 记忆　　　　　　D. 想象
2. 幼儿听故事《白雪公主》时，头脑中会形成白雪公主和七个小矮人的形象。这种想象是（　　）。
   A. 再造想象　　　　B. 创造想象　　　　C. 幻想　　　　　　D. 空想

（答案或提示见本主题首页二维码）

主题 5.2 幼儿想象的发展与培养

问题情景

李老师领着小班幼儿做"小兔跳"的游戏，其中一只"小兔"被"大灰狼"抓到了，吓得大哭起来。李老师扮演的"兔妈妈"迅速来到"大灰狼"面前，假装打败了"大灰狼"，孩子才止住哭声。

在文学作品学习活动或者游戏活动中，幼儿经常会与角色产生相同的情感体验，这与其想象的发展密切相关。作为幼教工作者，我们应该掌握幼儿想象发展的特点，采取正确的教育方法，促进幼儿想象的发展。

基础知识

一、幼儿想象的发展

（一）婴儿想象的发生

2岁左右的婴儿开始出现想象的萌芽。他们把日常生活中的某些行为，反映到自己的游戏中，如抱着娃娃睡觉、把扫把当马骑，这都是幼儿最初想象的表现。

随着年龄的增长，2~3岁幼儿的大脑中已经储备了一定数量的表象，出现具体形象思维的萌芽，这为幼儿想象的最初发展奠定了基础。这时幼儿想象的创新水平比较低，一般只是记忆材料的简单迁移，想象的过程比较缓慢，较多依赖于成人的提示和自己动作的辅助。

（二）幼儿想象的发展特点

3~6岁是幼儿想象发展最为活跃的阶段，但是，由于生活经验和认知发展水平的限制，幼儿想象的水平并不高，主要表现在以下几个方面。

1. 从无意想象到有意想象

（1）无意想象占主导地位。

整个幼儿期，幼儿的无意想象仍然占主导地位，具体表现在以下方面。

①想象的目的性不明确，常常由外界刺激直接引起。

幼儿的想象常常没有目的，往往由外界事物的刺激直接引起，而且容易随着外界事物的变化而变化。比如，幼儿在绘画中，画出的某些线条类似于小兔，就会引发他们头脑中小白兔的形象，他们会告诉教师自己画的是小兔。过一会儿，他们在图上再添几笔又变成另外一种样式，他们又会说自己画的是别的东西。这种现象在低年龄幼儿身上表现突出，3~4岁的幼儿尤为明显。

②想象的主题不稳定，内容缺乏系统性。

幼儿的想象活动受到外界事物的干扰，主题很容易发生改变，这主要是由幼儿直觉行动思维的特点决定的。例如，在绘画活动中，贝贝正在画一栋高楼，看到其他小朋友画小松鼠，他放弃了原来的主题，又改画小松鼠摘松果。

③想象的过程受情绪和兴趣的影响。

幼儿想象的内容、过程、丰富程度受其情绪和兴趣的影响较大。

幼儿的想象受到情绪的影响。情绪高涨时，幼儿想象就活跃，不断呈现出新的想象结果。比如，成成得到了老师奖励的小红花，他感到很高兴，头脑中也会出现各种老师喜欢他、拥抱他的场景。

幼儿的想象还受到兴趣的影响。遇到感兴趣的事物和活动，幼儿就会长时间地专注于活动中，想象的内容也更丰富；对于不感兴趣的东西，他们就会缺乏想象，消极地面对。例如，妈妈给青青买了可以翻滚的越野车，她只玩了一会儿就不玩了，而她喜欢的玩具娃娃，能自言自语地玩很长时间也不厌烦。

（2）有意想象逐步发展。

随着幼儿思维及语言的不断发展，在教育的影响下，幼儿的有意想象开始发展。

从中班开始，幼儿想象的目的性和有意性逐渐增强。比如，教师讲述了故事的前半部分，在教师的引导下幼儿能够展开有意想象，续编出故事的结尾。

到了大班，幼儿开始能够根据自己的理解对故事发表看法，这是幼儿想象独立性的表现。比如，幼儿听了故事《精卫填海》，有的孩子很难过，旁边的小朋友就会劝她："别哭，这故事是假的。" 他们开始对想象内容有了一定的评价。大班幼儿在画画时，基本都能够按照老师的要求，遵循儿童画的主题，有意识、稳定地完成想象活动。比如，听了《蚂蚁工程队》的故事后，能够根据老师要求画出蚂蚁们热闹、繁忙的景象。（如图5-2所示）

图5-2 《蚂蚁工程队》 大班：张鹤骞

（图片来源于邹平市实验幼儿园）

2. 从再造想象到创造想象

（1）再造想象占主导地位。

幼儿最初的想象和记忆的差别很小，年龄较小的幼儿，想象内容简单，多是对记忆表象的复制和模仿，是对生活经验或故事情节的再现。例如，玩"娃娃家"的角色游戏中，幼儿会根据生活经验模仿医生给患者打针，还会模仿护士阿姨的说话。年龄越小，幼儿的创造想象就越少。

另外，幼儿的想象常常依赖于成人的语言描述。听老师讲故事时，他的想象活动往往跟随着老师的讲述展开，这在幼儿的游戏中也有体现。比如，幼儿园小班娃娃家区域中，幼儿抱着一个娃娃模仿睡觉的场景，缺乏更丰富的内容，这时老师走过来，说："哎呀，你的宝宝饿了吧，我们给她喂饭吧！"这时，幼儿的想象才活跃起来。

（2）创造想象逐渐发展。

随着幼儿年龄的增长，想象的创造性成分逐渐增加。比如，同样的娃娃家游戏中，5岁的幼儿除了模仿成人给宝宝喂饭、哄宝宝睡觉，还会创造性地增加游戏情节——周末了，带着宝宝去游乐园。另外，他们还会想象构思更多的游戏角色和场景，游戏的内容越来越丰富，创造性成分不断增加。比如，他们把家、幼儿园、超市等场景连接起来，构成一个新的主题游戏。在良好的教育和训练下，大班幼儿的想象可以发展到较高的水平，表现出明显的创造性。

3. 想象容易与现实混淆

分不清想象与现实的关系，是幼儿想象的最普遍、最重要的年龄特征。当孩子听到小伙伴讲述某个玩具特别好玩时，他们就会说："我妈妈也给我买了。"这并非说谎，而是幼儿将想象与现实混淆，是想象发展的正常表现。主要体现在以下三个方面。

（1）把渴望得到的东西说成已经得到。

幼儿有时会将现实和想象的东西混淆。比如，一名幼儿在区域游戏中，告诉同伴："我爸爸出国回来，给我买了一个超大的飞机。"而事实是他的爸爸正准备出国，答应回来时给他买个飞机，但实际还没有买。

（2）把希望发生的事情当成已经发生。

孩子们有时也会将渴望发生的事情说成已经发生。比如，有的幼儿听说迪士尼特别好玩，他很想去，于是他结合自己去当地游乐场的情景，想象了玩的过程，然后对同伴描述自己去迪士尼的经历。

（3）在参加游戏或欣赏文艺作品时，身临其境，与角色产生同样的情绪反应。

幼儿在参与游戏或文学活动时，往往与角色人物同兴奋、共忧愁，产生同样的情绪反应。这种现象在小班幼儿身上最为常见。比如，小班幼儿正在玩"老鹰捉小鸡"的游戏，当教师扮演的老鹰逮着小鸡时，被逮的孩子吓得大哭。随着幼儿年龄的增长，这种情况会明显减少。

二、幼儿想象力的培养

（一）丰富幼儿的表象，积累想象的材料

表象是储存在头脑中的形象，是想象的素材，因此，头脑中的表象的数量与质量直接影响着想象的水平，我们要帮助幼儿积累丰富的表象。

"读万卷书，行万里路"。成人可利用节假日带幼儿游览祖国的大好河山、当地的名胜古迹，介绍相关的地域传说，了解我们国家不同民族、不同地域的风土人情和传统文化；还可以充分利用各种影视作品、绘本故事，通过亲子活动、亲子共读等形式，多让他们去看、听、模仿，让孩子们在感受文学美、

艺术美的同时，帮助他们获取知识，建立生动、鲜活的表象。

（二）保护幼儿的好奇心，发展想象的主动性

生活中不乏很多充满好奇心的宝宝，其实这是幼儿想象发展的源头。面对好问"为什么"的孩子，我们应该抓住契机，培养他们的想象力。

面对表现出强烈好奇心的幼儿，保教人员和家长应该将科学精神与意识融入与幼儿的沟通中，耐心科学地对待幼儿的疑问；还要创设问题情境，进一步激发他们的好奇心，使他们的想象始终处于活跃状态，培养他们主动想象的意愿与能力。

💡 知识拓展

好奇的爱迪生

被人们称为"发明大王"的爱迪生，是美国著名的科学家和发明家。他的一生，仅是在专利局登记过的发明就有 1328 种。一个只上过三个月学校的人，怎么会有这么多发明创造呢？如果你听说过爱迪生小时候的故事，就一定会明白，他的成功源于强烈的好奇心。

爱迪生小时候对什么都感兴趣，对自己不了解的事情总想试一试，弄个明白。有一次，他看见花园的篱笆边有一个野蜂窝，感到很奇怪，就用棍子去拨，想看个究竟，结果脸被野蜂蜇得肿了起来，他还是不甘心，非看清楚蜂窝的构造才行。

还有一次，他看到铁匠将铁在熊熊的烈火中烧红，然后锤打成各式各样的工具，大脑袋里就冒出一个又一个问题：火是什么东西？火为什么会燃烧？火为什么这么热？铁在火中被烧之后为什么会发红？铁红了为什么就软了？回到家，小爱迪生在自家的木棚里开始了他最初的实验。他抱来干草，并将其点燃，想弄明白火究竟是什么。然而，爱迪生的第一次实验就引来了一场火灾，将家中的木棚烧掉了。

我们耳熟能详的爱迪生"孵小鸡"的故事更是说明了这一点。好奇是想象的源泉，是我们不断思考、创造的根源，拥有了好奇心，想象力就能得到源源不断的动力与能量。

（三）利用多种活动，激发幼儿的想象

利用文学艺术活动发展幼儿想象。例如，我们可以通过续编故事、排图讲述等形式丰富的文学活动，引发幼儿的想象。还可以通过聆听音乐、自编动作或情节，组织意愿画、主题画、填充画等艺术活动，让幼儿在体验艺术美感的同时，培养丰富的想象力。

利用多种游戏活动发展幼儿想象。游戏是幼儿的学习活动，是他们主要的活动形式，最能发展幼儿的想象力。我们可以通过角色游戏、结构游戏等，丰富想象的内容，发展幼儿想象。

（四）营造宽松的氛围，鼓励幼儿大胆想象

成人要给幼儿充分的想象自由，鼓励幼儿积极动脑，敢想、多想、自由畅想，鼓励幼儿"异想天开"。例如，有一名幼儿在绘画活动中，画了绿色的太阳，妈妈问为什么这样画呢？他认真地说："现在要绿色生活，把太阳变成绿色，我们的生活不就都变成绿色的了吗？"

（五）创设问题情境，发展幼儿的发散思维

创设问题情境能够训练幼儿的发散思维，是培养幼儿想象力的重要形式。保教人员可以创设开放式问题开拓幼儿的思路，或是提出幼儿不太了解却又感兴趣的内容，刺激其主动进行思考，与幼儿从多个角度探讨问题，让他们充分发挥想象力和创造力。

（六）训练技能技巧，教会幼儿表达想象

通过游戏、活动的形式教给幼儿表达想象的技能技巧，包括绘画技能、音乐表演技能、建筑结构技能、创造游戏的技能等，达到发展幼儿想象力的目的。

知识拓展

扼杀孩子想象力的行为

1．唯一正确的标准答案

教师问"雪化了是什么？"有孩子回答"雪化了是春天"，结果这个答案被老师判为错误，因为它与标准答案不符。

2．替孩子做事

家长替孩子洗碗、洗衣服、背书包、系鞋带，使孩子丧失基本的动手能力和好奇心。

3．制止孩子与众不同

一个孩子在绘画活动中，画了一个方形的苹果，结果被老师和家长纠正过来，因为"苹果应该是圆的"，这样的做法会让孩子不敢进行与众不同的想象。

4．过早开发智力

很多家长强调孩子不能输在起跑线上，从小向孩子灌输大量的知识，将探究的结果记下来、背下来，答案都知道了，从而失去了对未知世界的探索兴趣。

同步训练5.2

1. 幼儿想象发展最为活跃的阶段是（　　）。
   A．0~2岁　　　　B．2~3岁　　　　C．6~9岁　　　　D．3~6岁
2. 幼儿想象的最普遍、最重要的年龄特征是（　　）。
   A．想象的主题不稳定　　　　B．想象的目的不明确
   C．想象易同现实相混淆　　　D．想象经常以兴趣为转移

（答案或提示见本主题首页二维码）

活动训练

滚色游戏

设计意图

幼儿在滚动乒乓球涂抹色彩过程中体会颜色的变化。幼儿在创作作品的过程中发挥想象力。

游戏目标

1. 培养幼儿对色彩的兴趣和敏感性。
2. 锻炼幼儿手部的小肌肉群，提高幼儿动作的准确性。

游戏准备

1. 旧乒乓球若干，盛有红、黄水粉的小盘每组一个。
2. 放有大张白纸的大盒子盖。

游戏玩法

1. 将乒乓球放在盒子盖里，幼儿双手捧着盒子轻轻滚动玩耍，掌握平稳，不使乒乓球滚到盒子外面去。
2. 将乒乓球放在盛有红色水粉的盘子里滚动一下，让乒乓球蘸上红色，并放在有白纸的盒子盖里，双手捧着盒子轻轻滚动，让白纸上留下红色轨迹。
3. 幼儿动手尝试滚色游戏，颜色由幼儿自选。每个乒乓球蘸一种颜色，然后逐渐增多，滚球的速度应慢一点，尽量滚到白纸的各个方向，而不使球掉落。
4. 滚好后，启发幼儿想象滚出来的花纹可以做什么。

游戏规则

必须遵循的顺序：先用乒乓球蘸色，然后放入盒子；滚动要平稳、速度均匀。

检测与评价五

一、选择题

1. 下列属于再造想象的是（　　）。
   A．作家创新小说　　　　　　　　B．建造师设计新建筑的图纸
   C．艺术家改革新文艺活动　　　　D．读了西游记后，头脑中出现孙悟空的形象
2. 幼儿看见天上的云彩，说是"美羊羊、喜羊羊、懒羊羊……"，这是一种（　　）。
   A．注意　　　　B．感觉　　　　C．想象　　　　D．知觉
3. 按照想象的独立性和创造性程度的不同，把想象分为（　　）。
   A．无意想象和有意想象　　　　　B．幻想和理想
   C．再造想象和创造想象　　　　　D．理想和空想

二、简答题

1. 简述幼儿想象发展的特点。
2. 爱因斯坦说，想象力比知识更重要。作为未来的幼教工作者，你将如何保护幼儿的想象力？

三、材料分析题

丁丁对动画片《葫芦娃》特别着迷，爸爸答应以后给他买葫芦娃玩具，于是第二天来幼儿园后，他对小伙伴说："我有葫芦娃玩具了。"还对小伙伴说，他的玩具怎么好玩，本领很大……

1. 这是幼儿想象的什么特点？

2. 除此之外，幼儿想象还有什么特点？

四、探究题

良好的记忆力和强大的想象力紧密相连。训练想象力的方法：实物想象法、看图想象法、音乐想象法等。选择需要记忆的知识尝试运用想象力强化记忆，并分享给同学。

实 践 探 究 五

1. 以幼儿在园一日活动顺序为内容，分析其中表现出的想象的类型。
2. 以小组为单位，搜集有关幼儿想象力培养的相关资料，并与学习小组内同学一起选定项目，撰写实施方案，在班级内进行交流。

实训任务五　　想象游戏：我会变变变

实训目的

1. 加深对幼儿想象特点的理解。
2. 能够对游戏中幼儿想象的发展进行有效指导。
3. 拓展关于幼儿想象发展指导的策略和方法，提升未来在工作中解决实际问题的能力。

实训步骤

1. 熟悉游戏"我会变变变"的玩法和流程。
2. 结合所学知识，说明这个游戏能够促进幼儿哪些想象能力的发展。
3. 阐述在本游戏中，保教人员应该如何指导幼儿想象能力的提升。
4. 讨论：还有哪些游戏可以促进幼儿想象能力的发展？举例并模拟。

实训资源

想象游戏：我会变变变

游戏玩法：在空白 A4 纸上呈现简单的几何形状，如圆形、三角形、正方形……让幼儿想象像什么，并用彩笔进行添画，创作出一个新的物品。

例：

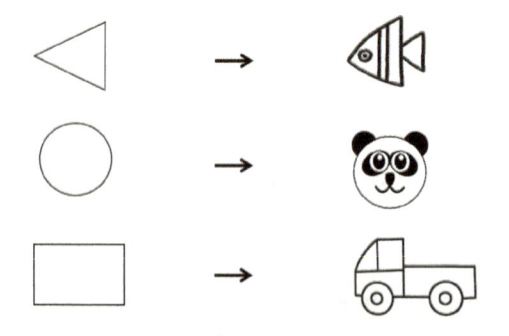

模块六

幼儿思维的发展与培养

学习目标

1. 了解思维对幼儿发展的意义。
2. 理解思维的概念、种类、品质。
3. 能运用所学知识分析幼儿思维的发展特点并进行正确培养。
4. 能以科学的眼光看待幼儿思维发展过程中出现的问题。
5. 通过探索创新,形成良好的思维品质。
6. 关爱幼儿,能够按照幼儿思维发展的特点科学地做好保教工作,激发并保护幼儿思维的兴趣,培养幼儿良好的思维习惯。

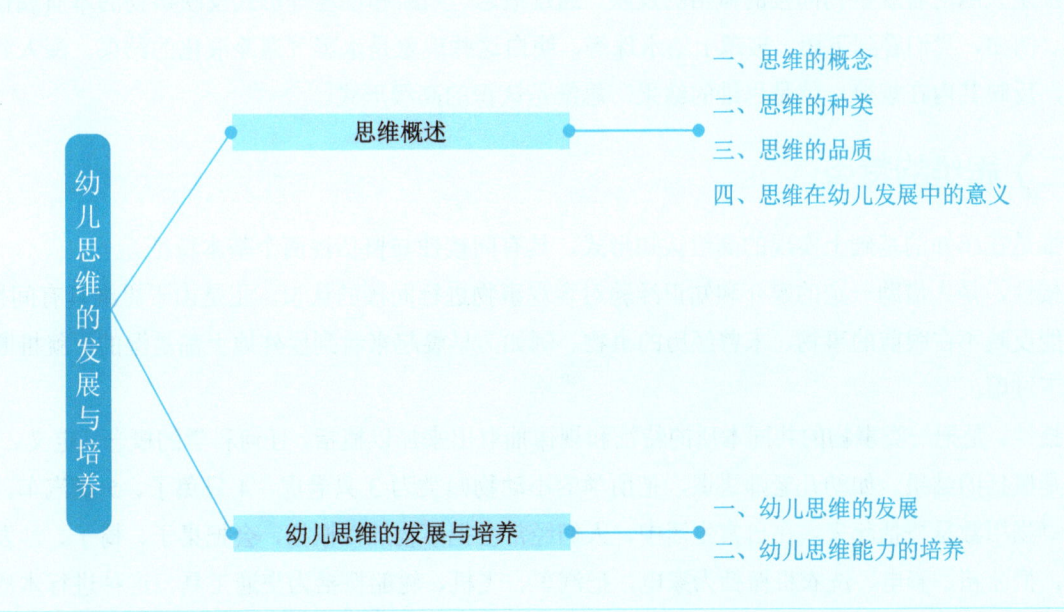

```
幼儿思维的发展与培养 ─┬─ 思维概述 ─┬─ 一、思维的概念
                    │          ├─ 二、思维的种类
                    │          ├─ 三、思维的品质
                    │          └─ 四、思维在幼儿发展中的意义
                    │
                    └─ 幼儿思维的发展与培养 ─┬─ 一、幼儿思维的发展
                                          └─ 二、幼儿思维能力的培养
```

不下决心培养思考习惯的人,便失去了生活中最大的乐趣。

——爱迪生

主题 6.1 思维概述

问题情景

6岁的鹏鹏看到客厅里的行李箱，开心地对妈妈说："太好了，我有礼物了！"妈妈奇怪地问："你哪来的礼物啊？"鹏鹏说："爸爸给我呀！爸爸的大行李箱回来了，他出差回来了，就给我带礼物啦！"

幼儿的小脑袋里装满了奇奇怪怪的问题和想法，当他们说出这些问题时，说明幼儿在积极地思维。学习思维的相关知识，为科学指导幼儿思维奠定基础。

基础知识

一、思维的概念

（一）思维的含义

思维是人脑对客观事物间接的概括的反映，通过概念、判断和推理等形式反映事物的本质属性和内在规律。例如，我们看到下雨、玻璃上结水珠等，明白这些现象是水蒸气遇冷液化的结果。深入到事物的本质，反映其内在规律，就是思维的结果。思维是认识的高级形式。

（二）思维的特点

思维是在感知的基础上实现的高级认知形式，具有间接性与概括性两个基本特征。

间接性，是人借助一定的媒介和知识经验对客观事物进行间接的认识。正是由于思维具有间接性，人脑才能反映不在眼前的事物、未曾经历的事物。例如，早晨起来看到屋外地上都是湿的，就推断出昨天夜里下过雨。

概括性，是把一类事物的共同本质的特征和规律抽取出来加以概括。任何科学的概念、定义、定理、规律都是概括的结果。如幼儿老师讲课，把所学的小动物归类为3只老虎、4只兔子、5辆汽车，是把同一类事物用数量概括起来。在日常生活中，人们经常会把事物加以概括，会把桌子、椅子、沙发概括为家具，把冰箱、彩电、洗衣机概括为家电，把汽车、飞机、轮船概括为交通工具。这种进行本质和规律的提取就是思维的概括性。

知识链接

动物有思维吗？

西方社会生物学派认为人类社会的形态、结构、类型甚至制度都是生物基因控制的行为所致。他们认为社会性不过是生物的一般属性。在这一思潮的影响下，一些学者开始对动物世界进行深入的观察和分析，认为社会性的确并非人类的专利，进而认为动物也有其文化和思想。

山雀啄开的启示——20世纪50年代，一个晴朗的早晨，一只山雀用嘴啄开了放在一户人家门口的牛奶瓶的瓶盖。几周后，那里所有的山雀都学会了这种开瓶技术，并把这种技术代代相传。人们开始意识到，这些山雀间存在着十分复杂的相互作用关系。这一现象随即在全球范围内引发争论，这也是人类首次开始广泛探讨动物是否也有文化这一话题。

随后，科学家将注意力转向灵长类动物。他们发现，几内亚的类人猿能用树棍掏出洞里的蚂蚁直接送进嘴里，而坦桑尼亚贡比地区的类人猿则把蚂蚁诱到一根树枝上，然后把它们捏成"肉球"，再送进嘴里。西非的类人猿还会拿石锤在石板或木板上敲打核桃，取出里面的核桃仁……

动物学家还发现，一群日本猴子能够互相学习清洗食物的本领。如今，在全球各地都有了类似情况的报告，对动物文化的研究也开始普及到各个物种：鲦鱼和虹鳟能跟随同伴找到最好的逃生路径或最快的食物通道；乌鸦能互相学习制造和使用抓捕食物的工具；在许多地区，唱歌的小鸟竟然还创造了"方言"……

加拿大达尔豪西大学生物学家哈尔·怀特黑德说，如果动物也有文化，那么它们或许还会拥有思维。如果真是这样，那么人与动物间那个曾被长久认定的隔阂将变得微乎其微。或许，人与动物并不存在那个把彼此分开的假想屏障。

（三）思维的基本形式

思维的基本形式是概念、判断和推理。

（1）概念是客观事物本质属性在人脑中的反映，是思维最基本的单位。

概念是一个有层次的系统。其中，基本概念是核心层，围绕着基本概念还有上位概念和下位概念。基本概念最容易在头脑中激活，然后再扩展到上位概念或者下位概念。例如，"狗"是一个基本概念，它的上位概念是"动物"，它的下位概念是"牧羊犬""斗牛犬"等。在现实生活中，我们经常会发现婴幼儿将基本概念扩大化或者缩小化的倾向。

（2）判断是对于思维对象的肯定或否定的思维形式。判断由概念组成。

判断具有如下特征。

判断一定要有所肯定和否定。

判断具有真假值。例如："实践是检验真理的唯一标准"，这一判断是真的；"一切事物都是静止不变的"，这一判断是假的。

（3）推理是从一个或几个已知判断推出新判断的思维形式。儿童在解决问题时，最根本的策略是进行推理。按照逻辑学的分类，推理分为演绎推理、归纳推理和类比推理。

演绎推理是根据一些假设为真的前提，得出结论。例如，根据"做游戏是很开心的事"和"我今天做过游戏"，可以得出结论："我今天很开心"。这种推理的思维过程，以一般性的知识作为前提推出个别性的结论，就是由一般推向特殊。

归纳推理是根据一类事物的部分对象具有某种性质，推出这类事物的所有对象都具有这种性质的推理。例如，你到一个幼儿园了解小朋友参加课外才艺的情况，凡问到一个幼儿就得到一个肯定的回答，

"是的，我学钢琴""我学画画"……于是你得出结论：这个幼儿园的小朋友全都在课外学习才艺。归纳推理是由一系列个别性的知识，推出一个一般性的结论。思维进程的方向和演绎推理恰好相反，它是由特殊推知一般。

类比推理是根据两个或两类事物某些属性相同或相似，进而推论另一属性也相同或相似，或者根据某类事物的许多对象都有某种属性，推论该类事物的另一对象也有这种属性的推理形式。它是通过对两个或两类事物进行比较，发现相同或相似点后，以此作为依据推知事物的未知属性。类比推理是科学研究中常用的方法之一。据说，"鲁班造锯"就是运用了类比推理：有一天鲁班到山上砍柴，被一种锯齿形的坚硬树叶割破了手指。鲁班心想："既然锯齿形的坚硬树叶能割破手指，那么锯齿形的坚硬铁片是不是能割破树干呢？"之后，鲁班便将铁片的边缘部分锻造成锯齿形，也就造出了我们所说的锯。

二、思维的种类

（一）根据个体思维发展水平分类

根据个体思维发展水平可将思维分为直觉行动思维、具体形象思维和抽象逻辑思维。

1. 直觉行动思维

直觉行动思维是指通过实际操作解决直观具体问题的思维活动。直觉行动思维面临的思维任务具有直观的形式，解决问题的方式依赖实际动作。3 岁前的婴儿能在动作中思考，他们的思维基本上属于直觉行动思维。瑞士心理学家皮亚杰为我们提供了一个典型事例：一个 12 个月大的婴儿想抓起桌子上的玩具，但是玩具离她较远，够不到。于是婴儿就拉动桌布，使玩具移动到自己面前，终于抓到手里。婴儿"拉动桌布"的动作属于"智慧动作"，是思维的表现。智慧动作的出现，标志着儿童直觉行动思维的发生。直觉行动思维使儿童依靠动作进行思考，而不在动作之外思考，更不能设计自己的动作。

2. 具体形象思维

具体形象思维是指人们利用头脑中的具体形象来解决问题。比如，3 岁儿童依靠头脑中 3 个苹果和 1 个苹果的具体形象计算出算式 3+1=4。如图 6-1 所示。

图 6-1 具体形象思维

3. 抽象逻辑思维

抽象逻辑思维是指人们运用概念、判断、推理等思维形式来解决问题的思维活动，它是人类思维的典型形式。抽象逻辑思维是认识事物的本质特征及内部联系的高级心理活动。例如，已知小明比小华高，小华比小丽高，我们能够推断出小明也比小丽高。

(二)根据思维的主动性和创造性分类

1. 常规思维

常规思维是人们运用已获得的知识经验,按照现成的方案和程序直接解决问题的思维。比如,儿童根据已经学习的数学公式、定理解答试题。

2. 创造性思维

创造性思维是指人们重组已有的知识经验,提出新的方案或程序,并创造出新的思维成果的思维活动。比如,鲁班看到边缘长着锋利齿的叶子,发明了锯子这种工具。

创造性思维具有以下三个特点:

(1)流畅性:流畅性指个人面对问题情境时,在规定的时间内产生不同观念的数量的多少。该特征代表心智灵活,思路通达。对同一问题所想到的可能答案越多者,思维的流畅性越高。比如,我们可以从"天空",一直不停地联想到很多事物。

(2)变通性:即灵活性,指个人面对问题情境时,不墨守成规,不钻牛角尖,能随机应变,触类旁通。对同一问题所想出的不同类型的答案越多者,思维的变通性越高。比如,在做数学题时,用一种思路很难做下去的时候,会换一种方式方法。

(3)独创性:个人面对问题情境时,能独具匠心,想出不同寻常的、超越自己也超越前辈的意见,具有新奇性。对同一问题所提的意见越新奇独特,思维的独创性越高。例如,我们申请专利、完成的发明创造都有自己的独创性。

知识链接

曹冲称象

曹冲五六岁的时候,他的知识和判断能力所达到的水平,已经比得上成年人的智慧。当时孙权送来了一头大象,曹操想要知道大象的重量,于是询问他的属下,但他的属下都不能说出称象的最佳办法。曹冲说:"先把象放到大船上,在水面所达到的地方做上记号,然后将大象牵下来,再让船装载其他东西,然后称一下这些东西就能知道了。"曹操听了很高兴,马上照这个办法做了。

由于受计量工具的限制,曹冲根据等量计算、分解计算的思路,创造性地称出了大象的重量,在当时是绝无仅有的,体现了创造性思维的独创性。

(三)根据探索问题的方向分类

1. 辐合思维

辐合思维也称集中思维,是指人们在解决问题时,思路集中在一个方向,从而形成唯一的、最优化的答案。比如,根据已知的一系列条件得出一个标准答案。

2. 发散思维

发散思维是指从多种角度去思考探索问题,寻找多样性解决方案的思维。比如,一题多解,演绎推理；运用不同的视角，一事多写。

三、思维的品质

思维的品质，实质是人的思维的个性特征。个体在思维中表现出差异性，主要表现在思维的品质上，思维的品质包含思维的广阔性、思维的深刻性、思维的灵活性、思维的批判性、思维的逻辑性。

1. 思维的广阔性

思维的广阔性即思维的广度，指思路广泛，能够把握事物各方面的联系，全面细致地思考和分析问题。既注重事物的整体，又注重细节；既着眼于事物间的联系，又能从多方面去分析研究，找出其本质。由知识中的一点联想到另一些知识，进行知识的扩展，即思维的广度延伸。比如由转动的车轮联想到自转的地球，自转的银河系等。与广阔性相对的不良思维品质是片面性和狭隘性。

2. 思维的深刻性

思维的深刻性即思维的深度，指善于透过纷繁复杂的表象发现事物的本质，以达到对事物的深刻理解。例如，水沸腾后壶盖跳动是人们司空见惯的事情，但瓦特却要弄清楚为什么壶盖会跳动。瓦特长大后改进了蒸汽机，把人类历史推进到蒸汽时代。这就是对事物的深刻理解。与深刻性相对的不良思维品质是肤浅性，如常常被一些表面现象所迷惑，满足于一知半解等。

3. 思维的灵活性

思维的灵活性反映了思维随机应变的程度，指个体能够善于根据具体情况的变化，机智灵活地考虑问题，应对变化，如"举一反三""随机应变"。与灵活性相对的不良思维品质是因循守旧、固执己见。

4. 思维的批判性

思维的批判性是思维活动中独立发现和批判的程度，指个体以客观事实为依据，根据客观标准判断是非与正误，评价和检查自己与他人的思维成果。例如，人经常要进行批评与自我批评，即是思维批判性的表现。与批判性相对的不良思维品质是刚愎自用、人云亦云。

5. 思维的逻辑性

思维的逻辑性反映了思维的条理性，指个体思考问题时，条理清晰，严格遵循逻辑规律。思维的逻辑性是思维品质的中心环节，是所有思维品质的集中体现。与逻辑性相对的不良思维品质是主观片面性。

知识链接

思维的过程

1. 分析与综合

分析是指在头脑中把事物的整体分解为各个组成部分的过程，或者把整体中的个别特性、个别方面分解出来的过程；综合是指在头脑中把对象的各个组成部分联系起来，或把事物的个别特性、个别方面结合成整体的过程。

分析和综合是相反而又紧密联系的同一思维过程不可分割的两个方面。没有分析，人们则不能清楚地认识客观事物，各种对象就会变得笼统模糊；离开综合，人们会对客观事物的各个部分、个别特征等有机成分产生片面认识，无法从对象的有机组成方面完整地认识事物。

2．比较与分类

比较是在头脑中确定对象之间差异点和共同点的思维过程。分类是根据对象的共同点和差异点，把它们区分为不同类别的思维方式。

比较是分类的基础。比较在认识客观事物中具有重要的意义。只有通过比较才能确认事物的主要和次要特征、共同点和不同点，进而把事物分门别类，揭示出事物之间的从属关系使知识系统化。

3．抽象和概括

抽象是在分析、综合、比较的基础上，抽取同类事物共同的、本质的特征而舍弃非本质特征的思维过程。概括是把事物的共同点、本质特征综合起来的思维过程。抽象是形成概念的必要过程和前提。

由此可见，思维是一个复杂的、高级的认识过程，反映了事物的相互联系及其发展变化的规律，并且具有间接认识和概括认识的特性。

四、思维在幼儿发展中的意义

（一）思维对幼儿认知过程的影响

思维是人类认识活动的核心。思维的发展标志着儿童各种认知过程已经完整。思维作为一种复杂的心理活动，在个体的心理发展过程中出现得较晚，思维过程建立在感知觉、记忆、想象等心理活动基础上，思维的发生与发展使其他认知过程产生质变。思维参与感知的过程中，知觉已经不是单纯反映事物的表面特征，而是在思维指导下进行的理解性的知觉。例如，儿童能够根据太阳的位置判断上午、下午等。思维同样能够提升记忆的能力，只有经过积极思考去认识事物，才能快速、深刻地记忆。思维可有效促进想象的发展，使想象更生动、更清晰，更有创造性。

（二）思维的发生与发展对幼儿的情绪、意志和社会性的影响

由于思维的发生与发展，幼儿对周围事物的理解加深，愉悦、恐惧、害怕、同情心等情绪更加复杂化，道德感、理智感、美感等高级情感开始出现。另外，思维的发生与发展使幼儿出现了意志行动的萌芽，他们能够明确自己的行动目的，理解行动的意义，从而能按照一定的目的去实现行动。思维的发生与发展也使他们开始理解人与人之间的关系，理解自己的行动会产生一定的社会性后果。

（三）思维的发生标志着意识和自我意识的出现

在心理学中，意识是一种对客观现实的高级心理反映形式，其基本特征是抽象概括性和自觉能动性。思维的发生使儿童具备了对事物进行概括和间接反映的能力，出现了意识的最初形态的萌芽。自我意识是意识的一方面，是个体对自己身心活动的觉察，即自己对自己的认识。婴幼儿通过思维活动，在理解自己和别人的关系过程中，逐渐认识自己。

同步训练 6.1

1. 思维是人脑对客观事物（　　）反映。
   A. 直接的、特殊的　　　　　　　　B. 具体的、形象的
   C. 间接的、概括的　　　　　　　　D. 间接的、创造的

2. 根据一类事物包含的许多对象的情况，推出关于该类事物的整体性结论的推理。这种推理是（　　）。
   A. 演绎推理　　　B. 归纳推理　　　C. 类比推理　　　D. 因果推理

（答案及解析见本主题首页二维码）

主题 6.2　幼儿思维的发展与培养

问题情景

妈妈问 3 岁多的小宝："爸爸打碎了 3 个杯子，小宝打碎了 2 个，一共打碎了几个杯子？"小宝听了哭着说："小宝没有打碎杯子。"

了解幼儿思维发展的特点，能有效促进幼儿思维的发展。

基础知识

一、幼儿思维的发展

（一）婴幼儿思维的发生

幼儿的思维发生在感知、记忆等过程之后，与言语真正的发生时间大体相近。2 岁以前是婴幼儿思维发生的准备期。出现最初的语言概括是婴幼儿思维发生的标志。

（二）幼儿思维发展的特点

从思维发展的方式来看，儿童思维发展的趋势是：直觉行动思维——具体形象思维——初步的抽象逻辑思维。

1. 婴儿期以直觉行动思维为主

直觉行动思维是个体依靠对事物的感知、动作进行的思维，是最低水平的思维。婴幼儿最初的思维是以直觉行动思维为主。其特点主要表现为直观性与行动性。婴幼儿思维依靠感知和动作完成，是一种"手和眼的思维"。只有在听、看、玩的过程中，他们才能进行思维，一旦动作停止，其思维活动也随之停止。例如，2 岁左右的婴儿在玩橡皮泥时，往往没有计划性，橡皮泥搓成团就说是丸子，搓成条就说

是油条，长条橡皮泥卷起来就说是麻花。3岁前的幼儿数数必须有实物演示动作，一个苹果加一个苹果是两个苹果。数数必须用手指点数。儿童离开实物就不能解决问题，离开了玩具就不会游戏。

知识链接

儿童动作发展与思维

心理学家非常重视儿童动作的研究，尤其是3岁前儿童动作发展的研究。许多心理学家编制的婴幼儿智力发展量表都将动作发展作为重要的指标之一。心理学家对婴儿动作的测查项目主要是两大项：全身动作和手的动作。之所以重视动作，是因为动作对儿童心理，特别是思维发展具有重要意义。儿童的独立行走使儿童能够主动地去接触、探索外部世界，扩大认识范围，开阔视野，为思维发展提供感性基础，为有目的的活动准备条件；双手运用物体能力的发展，特别是拇指与其余四指的协调配合、双手合作动作的发展、手眼协调能力的发展等，有利于儿童更好地认识事物之间的各种关系，使儿童活动的目的性加强，加之与语言发展相协调，为思维发展提供了良好条件。我们在探讨学前儿童思维的发生和发展时，不能忽略儿童动作的发展。

2. 幼儿期以具体形象思维为主

3岁左右，幼儿思维仍保留很大的直觉行动性，但开始摆脱对动作的依赖，逐渐凭借具体事物的鲜明形象或表象及它们之间的联系进行思维活动，即具体形象思维。3~6岁幼儿思维的主要形式是具体形象思维。

具体形象思维具有以下两个特点。

（1）具体性。

幼儿思维的内容是具体的。幼儿在思考问题时，总是借助于具体事物或具体事物的表象。幼儿容易掌握那些代表实际东西的概念，不容易掌握比较抽象的概念。幼儿对具体的语言容易理解，对抽象的语言则不易理解。例如，教师手拿一个番茄，问幼儿："这是蔬菜吗？"幼儿往往不能正确回答。如果教师直接问幼儿："这是什么？"幼儿会回答说："是番茄（西红柿）。"

（2）形象性。

幼儿思维的形象性，表现在幼儿依靠事物的形象来思维。幼儿的头脑中充满着各种各样颜色和形状的事物的生动形象。幼儿在思维时就是运用这些形象进行运算、解决问题的。例如，幼儿描述苹果时总说"是一个大苹果"，或"一个红红的大苹果"，或"一个红红的、圆圆的大苹果"。

知识链接

孩子为什么喜欢听重复的故事

好多家长都有个疑问，"为什么孩子老是缠着我给她讲故事，而且同一个故事听了一遍又一遍，重复听还百听不厌，这是为什么？"这不是某一个家长才会遇到的情况，应该说，这是一个普遍问题。孩子们不仅喜欢反复听一个故事，还喜欢反复看一集动画片。于是，不胜其烦的家长，有些斥责或限制孩子，有些则会纳闷地询问孩子："宝宝，你为什么总爱听这一个故事，烦不烦啊？"宝宝们自然无从回答，或直接就说："我喜欢这个故事。"

孩子的这种行为，在有些父母看来是无意义的重复，而事实上，重复做一件事情，反复听一个故事，是孩子不断深化学习的过程，是非常有意义的心智成长过程。比如，对于一个喜欢的故事，他会在听妈妈讲第一遍时产生好感，第二遍开始听情节，第三遍听细节，第四遍听语言，第五遍体会人物角色心理，第六遍开始思考人物情感，第七遍……每反复听一次，宝宝都会有新的收获。等孩子对一个故事充分熟悉了，智能才会在此基础上稳定发展，并展开想象的翅膀去联想、去创造。蒙台梭利曾说过："如果反复进行练习，就会完善儿童的心理感觉过程。""反复练习是儿童的智力体操。" 一个短小而精练的故事里，反映的人类生活内容是十分深刻而丰富的，所以家长可以多留心宝宝比较喜欢的故事，每次阅读引导一个方面；同时，也要带领孩子进行大量广泛的阅读，这样，他才会更聪慧地成长。儿童从故事里吸收的首先是逻辑，其次是情景，最后是准确的概念。

3. 幼儿晚期抽象逻辑思维开始萌芽

随着经验的积累，特别是第二信号系统的发展，幼儿六七岁时抽象逻辑思维开始萌芽。言语在幼儿思维发展中起的作用不断增强。幼儿语法结构的改善促进幼儿思维的概括性、逻辑性和完整性不断增强。抽象逻辑思维是在感性认识基础上，运用概念、判断、推理等形式了解事物本质特征和内在联系的过程。例如，幼儿触摸火炉烫手了，此后，幼儿再也不触摸任何火炉了。这说明，幼儿已经从同类事物的不同个体中，抽象出了共性，幼儿抽象逻辑思维开始萌芽。从此，幼儿不仅认识个别对象，而且开始探索事物之间的关系和联系。

二、幼儿思维能力的培养

（一）创设活动和动手操作的机会，促进幼儿直觉行动思维发展

首先，多提供可以直接感知的活动材料，如玩具、教具等活动材料；其次，多创造活动与操作的条件和机会，使幼儿不断探索和尝试解决问题；最后，在充分操作的基础上，引导幼儿对自己的经验进行总结，由表象代替动作。

（二）丰富幼儿的感性知识，促进幼儿具体形象思维的发展

教师与家长有意识、有计划地组织各种活动，充分调动幼儿各种感官的积极性，让幼儿广泛地接触和感知外界事物，扩大头脑中表象的范围，为具体形象思维提供素材，丰富幼儿的感性知识。

（三）发展幼儿语言能力，培养幼儿的思维能力

语言是思维的外壳，思维要借助语言来实现，与语言的机能是密不可分的，因此，发展幼儿思维能力的关键是对幼儿的语言能力的培养，通过培养幼儿的语言能力可以促进其思维的发展。家长和幼儿教师要在平时多和孩子说话交流，使用规范的语言，丰富幼儿的词汇，促使幼儿思维活跃、思路清晰。可以多向幼儿提供一些概括性的词汇，如动物、植物、蔬菜、交通工具等，还可以向幼儿多问几个为什么，并对幼儿的表达进行分析，使幼儿用词准确、鲜明、生动。

（四）教给幼儿正确的思维方法，发展幼儿的抽象逻辑思维

随着年龄的增长，幼儿积累了一定的感性认识和生活经验，言语能力发展到较高水平，为思维的发展提供了必要条件。要利用好这些条件，幼儿需要掌握正确的思维方法，如分析法、综合法、比较法、归类法、概括法等，运用概念、判断、推理等进行抽象逻辑思维。例如，在认识动物时，对于已经掌握了猪、牛、羊、老虎、狮子、狼等概念的幼儿，不妨通过分类和概括，进一步让他们掌握"家畜""野兽""动物"等概括程度更高的概念。（如图 6-2 所示）

图 6-2 分类与概括

（五）激发幼儿的求知欲，保护好奇心

幼儿对周围的环境充满探求的渴望，在主动发现和探索事物的同时，能够不断地获取知识和信息，使思维能力得到发展。对于幼儿提出的"声音是怎样传到耳朵里的"等问题，成人应耐心地以不同的方式给予解答，满足其求知欲，保护好奇心，使幼儿更愿意投入到探索发现新事物的活动中。

同步训练 6.2

1. 小红知道 9 颗花生吃掉 5 颗还剩 4 颗，却算不出 "9-5=？"。这说明小红的思维主要是（　　）。
   A. 具体逻辑思维　　　　　　　　　B. 直觉行动思维
   C. 具体形象思维　　　　　　　　　D. 抽象逻辑思维
2. 确定某一动物或者植物属于哪一类，这属于思维的（　　）。
   A. 直接性　　　　B. 间接性　　　　C. 概括性　　　　D. 抽象性

（答案或提示见本主题首页二维码）

检测与评价六

一、选择题

1. 幼儿期思维发展最主要的特点是（　　）。
   A. 具体形象思维　　B. 具体逻辑思维　　C. 抽象逻辑思维　　D. 直觉行动思维
2. 儿童直觉行动思维发生的标志是（　　）。
   A. 表征的出现　　　　　　　　　　B. 智慧动作的出现
   C. 多通道感知　　　　　　　　　　D. 自我效能感

二、简答题

1. 思维在幼儿发展中有哪些作用？
2. 幼儿思维发展的趋势是什么？
3. 如何培养幼儿的思维能力？

三、材料分析题

幼儿教师在教学时使用直观形象教具，以帮助幼儿理解教学内容。例如，在给幼儿讲故事时，往往运用肢体语言、夸张的表情、道具等进行表演，用来帮助幼儿理解故事情节。

此材料体现了幼儿思维发展的什么特点？针对该特点，教师应该如何有针对性地进行教学？

实 践 探 究 六

1. 根据思维的种类，试分析自己的日常思维活动，并提出改进办法。
2. 以小组为单位，对幼儿园小班、中班、大班幼儿的活动进行观察，搜集不同年龄段幼儿思维发展的案例并进行分析。

实训任务六　游戏：小卡片找家

实训目的

1. 巩固对幼儿思维发展特点的认知。
2. 提升组织幼儿开展思维活动的能力。
3. 积累促进幼儿思维发展指导的策略和方法，提高实践水平。

实训步骤

1. 熟悉游戏，了解"小卡片找家"的玩法及注意事项。
2. 自行制作游戏材料，体验"小卡片找家"游戏，探索图片摆放的多种方法。
3. 讨论保教人员如何指导幼儿进行多种方式的拼摆，促进幼儿思维的发展。
4. 结合心理学知识，讨论这个游戏对促进幼儿思维发展的意义。
5. 自行设计一个促进幼儿思维发展的游戏，介绍游戏玩法和游戏价值。

实训资源

游戏：小卡片找家

游戏玩法：准备一张空白九宫格图片，红、黄、蓝三种颜色的正方形卡片各三张。将9张彩纸卡片自由摆放在每一个格子里，要求：每一横排、每一竖列的颜色不能重复。

模块七

幼儿言语的发展与培养

学习目标

1. 了解言语对幼儿发展的意义。
2. 理解言语的概念、功用、种类。
3. 能运用所学知识分析婴幼儿言语发展特点并进行正确培养。
4. 能以科学的眼光看待婴幼儿言语发展过程中出现的问题。
5. 树立关注幼儿、理解幼儿的责任意识,坚定文化自信。
6. 重视自身日常态度言行对幼儿发展的重要影响与作用,能够尊重幼儿言语发展方面的个体差异,掌握对应的策略与方法。

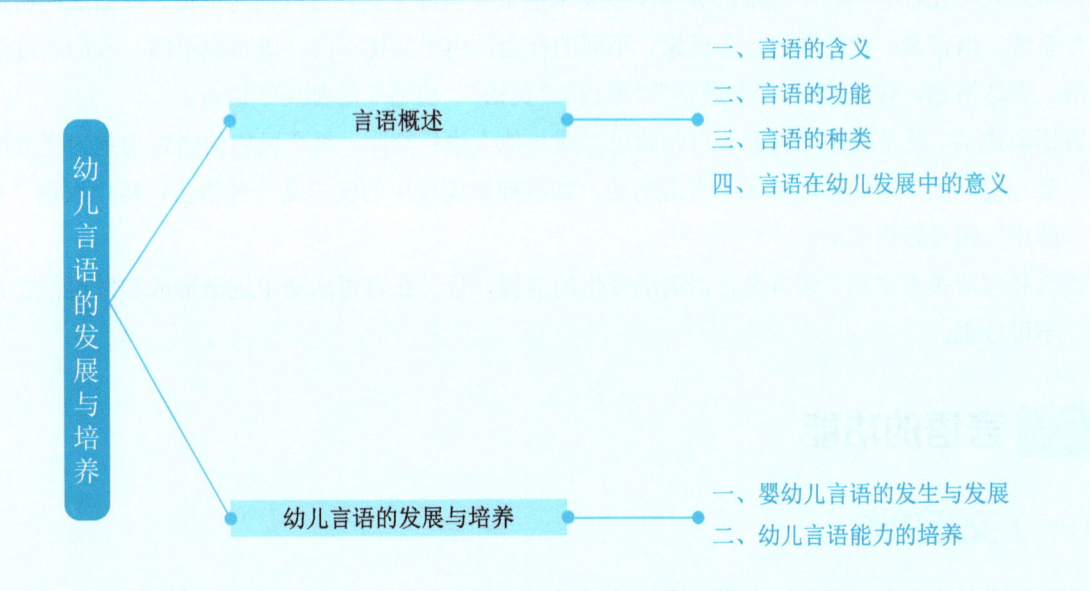

幼儿言语的发展与培养
- 言语概述
  - 一、言语的含义
  - 二、言语的功能
  - 三、言语的种类
  - 四、言语在幼儿发展中的意义
- 幼儿言语的发展与培养
  - 一、婴幼儿言语的发生与发展
  - 二、幼儿言语能力的培养

> 语言是思想的图像和反映。
>
> ——马·霍普金斯

主题 7.1 言语概述

问题情景

在区域活动中，洋洋一边用积木搭火车，一边小声地自言自语："我要快点搭，小动物们马上要来坐火车了。"

幼儿言语有多种类型和表现形式，具有一定的机能和意义，学习言语的相关知识，为幼儿言语的发展奠定基础。

基础知识

一、言语的含义

在日常生活中，人们常常将"言语"和"语言"两个概念混淆起来使用。实际上，这两个是彼此不同又紧密联系的概念。

语言是人类在社会实践中逐渐形成和发展起来的重要交际工具，是以词为单位、以语法为构造规则的符号系统。语言是一种特殊的社会现象。不同的社会，由于文化不同，语言也不同。人们通过语言交流感情、表达情感、传递信息。"普通话""粤语""英语""德语"等都属于语言。

言语即说话，就是运用语言表达自己的思想或与他人进行交际。每个民族的语言均是为交流沟通服务的，听、说、读、写的活动都属于言语活动。如教师讲课使用的汉语是一种语言，运用汉语"传道、授业、解惑"则是言语活动。

语言和言语关系密切。语言是言语活动发生的前提，且又在言语活动中逐渐形成和发展，二者相互联系、不可分割。

二、言语的功能

（一）交际功能

言语是人与人进行交际、沟通思想情感的桥梁和工具，也是传递世代经验的途径。人通过认知活动产生的思想、愿望、情感等，必须凭借言语才能表达出来，使别人感知和理解；前人的知识经验要传递到后世，也必须依靠言语活动。这就是言语的交际功能（如图 7-1 所示）。幼儿在与周围的人进行交往与对话的过程中，不断吸收他人的经验，从而获得心理的发展。在这一过程中，言语发挥了极为重要的作用。幼儿的言语因人际交往的需要而产生和发展。

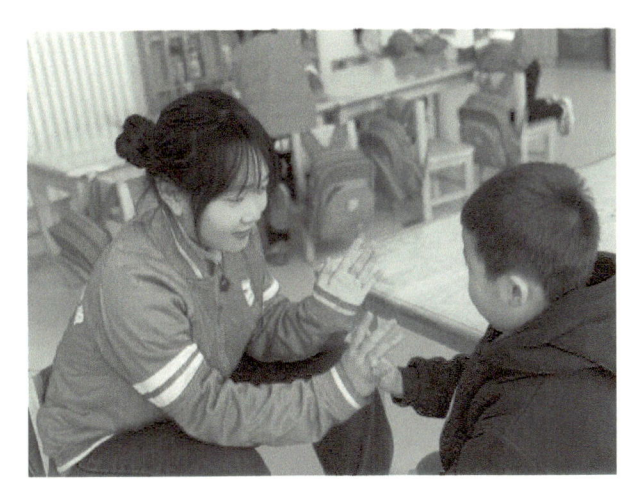

图 7-1 言语的交际功能

（二）概括功能

言语的概括功能能够使人们感知同类事物的共同属性，认识同类未知事物，使人加快对事物的认识。

幼儿对客观事物进行感知时，言语的概括功能起着非常重要的作用，促使幼儿的认识过程发生质的飞跃。具体表现在：用词命名，把所感知的物体及其属性表述出来，从感知事物发展为理解事物，便于认识事物及其属性，如对动物之王——老虎的认知。借助于词，将相似的物体及其特征加以比较，通过观察分析，找出物体间的差别，如对动物小狗和小猫的区分。借助于词，概括感知同类事物的共同属性，便于认识事物的共同特征，如对苹果与梨的归类，两者都属于水果。同时借助于词的概括作用，幼儿根据已经了解的事物的主要特征，认识同类的未知事物。如"家具"一词可以概括桌子、椅子、床等用具。此外，还可以借助于词，分出事物的主要和次要特点、低级和高级属性等。

（三）调节功能

言语的调节功能指言语对人的心理和行为的调节作用。人在活动前，可以在大脑中以词的形式预定行为目的，设想行动结果，制订行动计划。而在心理活动进行过程中，又能按照预定的计划，用词调节自己的心理和行动，以达到预定的结果和目的。幼儿言语的自我调节机能，可以引起幼儿各种心理活动的有意性的发展。例如，幼儿的注意起先只是无意注意，这种注意是由外界事物或他人的言语引起的。后来，幼儿用自己的言语来调节自己的心理和行动，即产生了有意注意。

三、言语的种类

言语活动通常分为外部言语和内部言语。

1. 外部言语

外部言语指用于交际的、表现于外的、能被人感知的言语。外部言语包括口头言语和书面言语。（如图 7-2 所示）

图7-2 外部言语

（1）口头言语。

口头言语由音和义结合而成，以说和听为传播方式，是有声的。口头言语是言语活动的基本形式，幼儿期的言语主要是口头言语。口头言语分为独白言语和对话言语。

独白言语是一个人独自进行的、较长而连贯的言语，包括授课、演讲、做报告等。

对话言语是人们通过相互谈话进行交流的言语，是一种最基本的言语形式，包括聊天、讨论、座谈等。

（2）书面言语。

书面言语是借助文字表达思想、情感或者通过阅读理解他人思想的活动。书面言语是由口头言语发展起来的，个体的书面言语是经过专门的训练而逐渐掌握的，包括朗读、写作等。书面言语包括认字、写字、阅读、写作。其中认字和阅读属于接受性的，写字和写作属于表达性的。幼儿书面言语的产生如同口头言语一样，是从接受性的言语开始的，即先会认字，后会写字；先会阅读，后会写作。

2. 内部言语

内部言语是指个体自问自答以及自己思考时不出声的言语活动，是言语的一种高级形式。内部言语是在外部言语的基础上产生的，是不起交际作用的言语过程。如默默地思考问题、讲话或写文章前打腹稿等。幼儿前期没有内部言语，到幼儿中期时内部言语才产生。

知识链接

幼儿言语发展中的自我中心言语和社会化言语

皮亚杰认为，幼儿最初的言语是自己与自己交流用的，为自我中心言语，是一种非社会性言语，是2~7岁儿童特有的自我中心意识的表现。主要有以下三种类型。

（1）重复。

幼儿机械地重复自己的话，有时候是无意义字词的重复。

（2）独白。

幼儿一个人自言自语，似乎在思考。

（3）集体独白。

幼儿虽然处在一个群体中，但每个人都在说自己的话，谁也不关心别人的说话内容，也就是他们的说话并没有构成有效的思想或信息的交流。

随着幼儿年龄的增长，言语的调节机能在社会交往中的作用越来越明显，出现社会化言语，主要有以下四种表现。

（1）适应性告知。

主要是指幼儿试图将某些事情告知他的听众，传达自己的意愿，而不是讲给自己听。比如，午饭后散步时，一名幼儿对其他幼儿说："这里有很多水，不能过去的。"

（2）批评和嘲笑。

主要是指特定的交往情境中，幼儿会贬低他人或者他人的物品，从而肯定自己。比如，一名幼儿对另一名幼儿说："我的飞机，比你的飞得高！"

（3）命令、请求和威胁。

主要是指幼儿要求他人做到某事而说出的话，具有明确的相互作用。比如，一名幼儿对妈妈说："妈妈，到这儿来。"又如，科学探究区域活动中，一名幼儿对着其他幼儿说："都不许进来，这是我的家！"

（4）问题与回答。

主要是指幼儿提出的问题，大多时候需要他人的答复。比如，"你把玩具还给我，好吗？"而幼儿对他人问题的回答有拒绝和接受两种。

四、言语在幼儿发展中的意义

语言的获得使幼儿的心理世界发生了重大变化，促进了幼儿心理的发展。

（一）言语可以促进幼儿的认知发展

言语能够帮助幼儿增强观察能力、提高记忆能力、建立概念、理解事物的关系，充分认识事物的本质，提升思维水平。例如，幼儿吃过梅子便知道梅子是酸的，后听说"山楂很酸"，幼儿可以不用直接尝山楂便知其味酸。

（二）言语可以促进幼儿的社会化进程

言语交流过程也是人际交往的过程，语言的使用使得人与人之间的交往更加深入和便利，言语促进了幼儿社会化的进程。4岁以后，幼儿相互之间的交谈大为增加。他们会在合作活动中谈论共同的意愿、活动方式，并在讨论中学会商量共事。5岁以后，幼儿在争吵中，开始出现用语言辩论的形式，而不再是单纯靠行动来表示了。

（三）言语促进幼儿自我意识的产生和个性的萌芽

自我意识产生的标志是能够准确使用人称代词"我"。幼儿在产生自我意识后能够借助语言清楚地表达自我，与他人沟通，自觉地运用语言来指导、调整自己的心理和行为，使心理和行为相对稳定，逐渐形成自己的个性。

同步训练 7.1

1. 人们通过相互谈话进行交流的言语是（　　）。
   A. 独白言语　　　B. 对话言语　　　C. 书面言语　　　D. 内部言语
2. 我们说"狗"既可以指某一只狗，也可以是各种各样的狗。这体现的言语的功能是（　　）。
   A. 交际功能　　　B. 概括功能　　　C. 调节功能　　　D. 组织功能

（答案或提示见本主题首页二维码）

主题 7.2 幼儿言语的发展与培养

问题情景

1岁8个月的豆豆能说的话越来越多，但都是非常简短的、不完整的词语，比如将"妈妈要上街"讲成"妈妈街"，"爸爸要去上班"讲成"爸爸班"，而且说的时候顺序还常常颠倒，如将"豆豆要吃糖"表达成"糖，吃"。

了解幼儿言语发展的特点，有助于促进幼儿的言语发展。

一、婴幼儿言语的发生与发展

（一）言语的发生

从出生起，婴儿就开始为言语做准备，直到1岁左右，婴儿开始逐步说出第一批真正能被理解的词，这被视为个体言语发生的标志。可以将言语活动的发生发展过程划分为言语的准备和形成两个阶段。

1. 言语的准备阶段

在婴儿掌握语言之前，有一个较长的言语发生的准备阶段，称之为前语言阶段。一般把从婴儿出生到第一个具有真正意义的词产生之前的时期（0～12个月）划为前语言阶段。而这一阶段也是言语的准备阶段，具体经历以下发展阶段。

（1）简单发音阶段（0～3个月）。

哭是婴儿最早的发音方式。2个月以后，婴儿不哭时也开始发音。当成人引逗他时，发音现象更明显。但是婴儿在这个阶段的发音不需要较多的唇舌运动，只要一张口，气流自口腔冲出的时候，音也就发出了。这个阶段的婴儿，其发音器官还不完善。此阶段的发音是一种本能行为，有听障问题的婴儿也能发出这些声音。出生后一个月的婴儿可以辨别不同的声音，表现出对语音尤其是母亲语音的偏爱，如能够对母亲的唤名行为做出反应。

（2）连续发音阶段（4～8个月）。

在这一阶段，当婴儿吃饱、睡醒、感到舒适时，常常自动发音。如果有人逗他们，或者他们感到高兴时，发音更频繁。这个阶段的声音不具有任何符号意义，发音的有些音节与语音相似，如 ma-ma，成人常常认为这是婴儿在呼喊自己，实际上此时的婴儿并未将这些音节赋予一定意义。如果成人将这些音节与具体事物相联系，那么就可以使婴儿形成条件反射，使这些音节具有意义。

（3）言语萌芽阶段（9～12个月）。

在这一阶段，婴儿所发的连续音节不只是同一音节的重复，而且明显地增加了不同音节的连续发音，音调也开始多样化。同时，婴儿开始模仿成人的语音，如 mao-mao（帽帽）、ba-ba（爸爸），这标志着婴儿言语的萌芽。

这个时期的婴儿可以辨别母语中的很多音素，能把听到的各种语音转换为音素，并认识到这些语音所代表的意义。婴儿真正说出有意义的词基本都在这一时期。观察发现，这一时期的婴儿平均每个月可以掌握1～3个新词语，这说明，婴儿能够经常系统地模仿和学习新的语音，言语发生的条件已经成熟。

知识链接

几种常见的语言获得理论

婴幼儿在生命的最初三四年里，就能够掌握成人语法的基本体系，这是一个多么令人吃惊的速度，那么，婴幼儿是如何获得语言的呢？目前比较有影响的婴幼儿语言获得理论主要有四种，分别是模仿说、强化说、先天语言能力说、自然成熟说。

1．模仿说

婴儿言语获得的模仿理论代表人物是奥尔波特和班杜拉。奥尔波特认为幼儿掌握的语言是在后天环境中通过学习获得的言语习惯，是其父母语言的翻版。班杜拉认为婴幼儿言语能力是通过对各种社会言语模式的观察学习而获得的，并且大部分是在没有强化的条件下进行的。模仿理论强调社会环境对婴幼儿言语发展的作用，强调社会语言范型的重要作用。

2．强化说

强化说的代表人物是巴甫洛夫和斯金纳，他们认为言语的获得过程就是建立条件反射的过程，幼儿通过自我强化和强化依随形成言语能力。与模仿说相比，强化理论也强调社会环境对婴幼儿言语发展的作用，但是强化说更加重视选择性强化的作用，也就是他们认为必须先有婴幼儿的言语表达然后再有接受强化，这样才能形成和发展言语。

3．先天语言能力说

先天语言能力说由艾弗拉姆·诺姆·乔姆斯基提出，认为决定人类语言的因素是先天遗传的，是先天的、内在的语法规则系统，婴幼儿根据这些规则产生和理解大量的语句，包括他们从未听到过的语句。

4．自然成熟说

自然成熟说由埃里克·勒纳伯格提出，他以生物自然成熟观点来说明先天语言能力，强调语言发展的先天基础，认为生物的遗传素质是语言获得的决定因素。当大脑机能的成熟达到一种语言的准备状态时，只要有适当外在条件的激活，潜在的语言结构状态就会转变成现实的语言结构，从而使语言能力得以展现。

2. 言语的形成

一般情况下，婴儿在 1 岁左右开始进入正式学习语言的阶段。婴儿口语的发展分为三个阶段：单词句阶段、多词句阶段、简单句阶段。

（1）单词句阶段（1～1.5 岁）。

大部分婴儿说出第一个词在 1 周岁左右，最早可能在 9 个月左右，这个词指的是有特定意义的词，这是婴儿真正言语的开始。婴儿早期词汇里的第一个单词往往与熟悉的客体有关。比如，这个词语往往指向重要的人（妈妈、爸爸），运动的物体（球、汽车），或熟悉的动作（再见）。

1.5 岁左右，婴儿通常使用单个词来表达自己一句话的意思，起到一个完整句子的作用，这就是单词句阶段。如婴儿喊"咪咪"，熟悉婴儿的成人根据情境以及婴儿的表情理解为"猫来了""小猫在叫"，或"我想跟小猫玩"等。

婴儿最初掌握的词语中最多的单词是具体的物体或者动作。研究发现，婴儿最初出现的 10 个词中，动物、食物、玩具的名称居多；在他们最早习得的 50 个词中，范围逐渐扩大到身体器官、衣服、日用品、交通工具、人物等。由此可见，婴儿最初说出的词多是他们直接感知的事物。

（2）多词句阶段（1.5～2 岁）。

经过单词句阶段后，大约在 1.5 岁以后，婴儿开始结合两三个词，将其组成句子来表达一种想法，这个阶段称之为"多词句阶段"。比如，婴儿开始说出一些这样的句子："妈妈奶""姐姐学"，意思就是"妈妈我想喝奶""姐姐上学去了"。因为这种句子简短，不完整，很像发电报时用的句子，所以也称为"电报句"。

这一阶段婴儿言语的特征是句子简短，基本上是由实词（通常是名词和动词）构成的双词或多词句，但这些句子或缺少宾语，或缺少谓语动词，或没有前置词、连词、冠词等，仍然属于不完整句。虽然没有合乎语法的结构，但是成人结合当时的情境，可以了解婴儿所要表达的意思。随着婴儿年龄的增长，"电报句"言语逐渐发展，机能词开始加入句子中。

（3）简单句阶段（2～3 岁）。

在婴儿 2～3 岁时，言语处于积极发展的阶段。2 周岁左右的婴儿已经能够说出主谓宾齐全的完整句，婴儿刚刚说出的完整句，虽然结构完整，却句式简单，没有修饰语等，称作简单句。比如"宝宝吃饭""妈妈上班"就是婴儿生活中最经常出现的简单句。

随着婴儿逐渐掌握了简单句的结构，他们就开始学习不同的句式和句法，2.5～3 岁，婴幼儿的言语中开始出现复合句，如"爸爸走，宝宝睡觉了""洗脚，宝宝要睡觉"。这是婴幼儿最初掌握的比较简单的并列关系的复合句。由此也可以发现，随着婴幼儿认知和言语能力的发展，言语中句子的平均长度也随之增加。

> **知识链接**

> **语言发展的敏感期**

> 语言敏感期，出现时间大约在 1~3 岁，大范围来说 6~12 岁都属于语言发展的敏感期。一般认为，婴儿开始注视大人说话的嘴形，并发出牙牙学语声时，就开始了他的语言敏感期。

> 从孩子开始能够发音时，他的语言学习便已经开始了。最开始是咿咿呀呀地练习，接着是单字的出现，"妈妈""爸爸"是我们听到的孩子的最早语言，然后是词—短语—短句—表达完整的意思—使用语言内在的机能，经过这几个阶段，我们发现从语音模仿开始，一直到发现语言的美妙，孩子的语言就这样发展起来了。

> 首先，在婴幼儿语言发展的敏感期，成人应该给婴幼儿提供良好的语言环境，尤其是统一的语言环境。比如，父母想让婴幼儿习得一口流利的普通话，但是外公外婆说一种方言，爷爷奶奶说另一种方言，这样可能会给婴幼儿造成不知道应该模仿谁的困惑。

> 其次，成人应该多与婴幼儿交谈，及时回应他们的语言请求，在日常交流中不断提升他们听与说的能力。经常给婴幼儿讲故事，帮助他们积累丰富的词汇，这是促进婴幼儿言语发展的有效措施。

> 最后，抓住婴幼儿言语发展的敏感期，训练婴幼儿条理、清晰表达的习惯和能力，当婴幼儿说话时，不催促他们；当他们表达不清晰时，不嘲笑他们，引导他们慢点说，给予他们正确的言语示范。

（二）幼儿言语的发展

到了幼儿期，言语的发展进入一个新的时期。幼儿掌握语言是一个连续发展、从量变到质变的过程，主要表现在语音、词汇、语法结构和言语表达能力等方面。

1. 幼儿语音的发展

随着发音器官的成熟、言语知觉的精确化，幼儿的发音能力迅速发展，特别是 3~4 岁期间发展最为迅速。一般认为，大概在 4 岁时，幼儿能够基本掌握本民族语言的全部语音。但在实际说话时，幼儿对于有些语音往往不能正确发出。根据我国学者的研究，我国 3~6 岁幼儿语音的发展有以下特点。

（1）发音的正确率随着年龄的增长逐步提高。幼儿正确发音的能力是随着发音器官的成熟和大脑皮层对发音器官调节机能的发展而提高的。3 岁左右的幼儿，由于其生理的不成熟和相关经验的缺乏，在发音上还会经常出现一些问题。例如，3 岁的果果经常把"辛辛苦苦"说成"辛辛苦（tu）苦（tu）"，把"瓜"字的"g"音发成"d"音。另外，平舌音和翘舌音的混淆也是幼儿常见的发音错误。例如，把"知（zhi）"读成"知（zi）"。

（2）3~4 岁是语音发展的飞跃期。幼儿的发音水平在 3~4 岁时提升最为明显。在正确的教育条件下，他们几乎可以学会世界各民族语言的任何发音。此后发音就趋于稳定，在学习其他方言或外国语言时，常会受到已掌握方言的影响而产生发音困难。

（3）对韵母的发音较易掌握，正确率高于声母。这是因为他们还没有掌握某些发音方法，不会运用某些发音器官。"g"和"n"以及舌面音、翘舌音和齿音的发音率低，4 岁以后发音正确率有显著提高。

（4）幼儿语音的正确率与所处社会环境有关。虽然发音器官的成熟度决定了幼儿的发音水平，但社会环境也严重影响着幼儿发音的准确性。例如，我国南方很多地区对于"n"和"l"等音节的发音存在困难，常常把"牛（niu）奶（nai）"读成"牛（niu）奶（lai）"。

2. 幼儿词汇的发展

词汇是人类语言的重要内容，词汇的发展是语言发展的主要标志，词的多少直接影响幼儿言语表达能力的发展。词汇量也是智力发展的主要标志之一。

（1）词汇数量逐渐增加。3~6岁是人的一生中词汇量增加最快的时期。3~6岁幼儿的词汇量是以逐年大幅度增长的趋势发展的，词汇的增长率则呈逐年递减趋势。有关幼儿词汇的研究表明，3岁幼儿能掌握1 000个左右的词汇，4~6岁时，他们的词汇量增长到3 500多个。

（2）词类范围不断扩大。词从语法上来说，可以分为实词和虚词两大类。实词是指意义比较具体的词，包括名词、动词、形容词、代词、副词等。虚词是指意义比较抽象，一般不能单独做句子成分的词，包括介词、连词、助词、叹词等。

一般而言，实词和虚词相比，婴幼儿先掌握的是实词。在对实词的掌握方面，婴幼儿掌握的顺序一般是"名词—动词—形容词"，然后是对其他实词（如副词、代词）的掌握。在各类词中，婴幼儿使用频率最高的是代词，其次是动词和名词。

（3）词汇内容不断丰富。随着年龄的增长，幼儿掌握同一类词的内容也在不断扩大。幼儿先掌握的是与日常生活直接相关的词，再过渡到掌握与日常生活距离稍远的词。另外，词的抽象性和概括性进一步提高。以名词的发展为例，幼儿使用频率最高的和掌握最多的名词，都是与他们的日常生活密切联系的词汇，如日常生活用品词汇、日常生活环境类词汇、人称类词汇和动物性词汇等。

（4）对词义的理解逐渐加深。幼儿的词汇可以分为积极词汇和消极词汇。幼儿能正确理解又能正确使用的词叫作积极词汇。有时幼儿能说出一些词，但并不理解；或是理解了，却不能正确使用，这样的词叫作消极词汇。

在3~6岁阶段，随着幼儿生活经验的丰富和思维的发展，其对词义的理解趋向丰富化和深刻化，即积极词汇增多。成人在教育上应注重对幼儿积极词汇的培养，促进消极词汇向积极词汇转化，不要仅仅满足于幼儿会说多少词，而是看幼儿是否能正确理解和使用这些词。成人需要根据幼儿对于词义理解的发展趋势来促进这一转化，即幼儿先理解的是意义比较具体的词，然后才是意义比较抽象的词；先理解的是词的具体意义，然后是比较深刻的意义。

3. 幼儿语法结构的发展

（1）从简单句到复合句。幼儿前期，简单句占多数，但是随着年龄的增加，简单句所占比例在逐渐减少，复合句逐渐发展。4岁以后，还出现了各种从属复合句，幼儿能运用恰当的关联词构成复合句，以反映各种关系，比如会用"如果……就""只有……才""因为……所以"等关联词来造句。

（2）句子长度由短到长。句子长度也是评判幼儿语法发展的一个指标。随着幼儿年龄的增长，幼儿说出的句子的长度有增加趋势，从最开始没有修饰词到后来较多地使用修饰词，含词量逐渐增多。

（3）从陈述句到多种形式的句子。在整个幼儿期，简单的陈述句仍然是最基本的句型，占有较大比例。其他形式的句子，如疑问句、祈使句、感叹句等，也发展起来了。其中，疑问句产生得较早。在幼儿的言语实践中，还可看到他们由于受简单陈述句的影响，往往对一些复杂的句子形式不能理解而发生误解。比如，幼儿对双重否定句、被动句等很难理解，掌握较慢。

4. 幼儿言语表达能力的发展

在幼儿的言语发展过程中，除掌握语音、词汇及语法外，如何运用语言进行交际是幼儿言语发展的重要方面，这种能力被称为言语表达能力。言语表达能力是人际交往必备的重要能力之一。幼儿言语表达能力的发展主要表现在以下几个方面。

（1）从对话言语逐步过渡到独白言语的出现。3岁以前，婴儿大多是在成人的陪伴下进行活动的，他们的交际多采用对话形式，往往只是回答成人提出的问题，有时也向成人提出一些问题和要求。到了幼儿期，随着独立性的发展，幼儿常常离开成人进行各种活动，从而获得了一些自己的经验、体会和印象。在与成人或同伴的交往中，他们需要独立向别人表达自己的各种体验或印象，这就促进了独白言语的产生和发展。当然，在幼儿前期，幼儿独白言语的发展水平还是很低的。3~4岁的幼儿虽然已能主动讲述自己生活中的事情，但由于词汇贫乏，表达显得很不流畅，常有一些多余的口头语。4~5岁的幼儿能独立地讲故事或各种事情。在良好的教育条件下，5~6岁的幼儿能够大胆而自然地、生动而有感情地进行讲述。

（2）情境性言语的发展和连贯性言语的产生。情境性言语是指幼儿在独自叙述时不连贯、不完整并伴有各种手势、表情，听者需结合当时的情境，审察手势和表情，边听边猜才能懂得意义的言语。这种言语是幼儿言语从不连贯向连贯发展的一种形式。连贯性言语则指句子完整、前后连贯，能反映完整而详细的思想内容，使听者从语言本身就能理解讲述的意思的言语。

一般而言，3岁前婴儿的言语多为情境性言语。3~4岁的幼儿，甚至5岁的幼儿，其言语仍带有情境性。例如，一个3岁的幼儿向别人讲自己昨天晚上做的事情时说："看到解放军了，在电影上，打仗，太勇敢了。妈妈带我去的，还有爸爸。"他说话断断续续地，并辅以各种手势和面部表情，对自己所讲的事，丝毫不做解释，似乎认为对方已完全了解他所讲的一切。随着年龄增长，幼儿连贯性言语逐渐得到发展。到6~7岁，儿童开始能把整个思想内容前后一贯地表述出来，能用完整的句子说明上下文的逻辑关系。连贯性言语的发展使儿童能独立、完整地表达自己的思想。

（3）语言的逻辑性逐渐提高。3岁以后的幼儿，其语言逐渐条理化，主要表现为讲述的内容与主题紧密相关，并且层次逐渐清晰。年龄较小的幼儿的讲述常常是现象的堆积和罗列，主题不清楚、不突出。随着幼儿的成长，其口头表达的逻辑性有所提高。幼儿语言的逻辑性反映了思维的逻辑性。研究表明，对幼儿来说，单纯积累词汇是不够的，幼儿语言的逻辑性发展需要专门培养。

（4）逐渐学会运用语言表达技巧。幼儿不仅可以学会完整、连贯、清晰而有逻辑地表述，而且能根据需要，恰当地运用声音的高低、强弱、大小、快慢和停顿等语气和声调的变化，使之更生动，更具感染力。当然，这需要专门的教育。有表情地朗读、讲故事以及表演游戏等都是培养幼儿言语表达技能的好形式。特别要提醒的是，幼儿最初不会小声说话，常常分不清大声说话和喊叫之间的区别。在回答问题或唱歌时，他们常常用很大的力量喊叫。也有幼儿因为胆小而声音很小。成人要教会幼儿言语表达的技巧，使幼儿逐渐学会用正常的语音语调说话。

二、幼儿言语能力的培养

幼儿园语言教育活动必须不断探索新形式、讲究艺术性，从而最大限度地激发幼儿语言学习的兴趣，提高语言运用的能力。

（一）创设良好的语言环境

成人应该为婴幼儿创设良好的语言环境。为他们提供交往的机会，促进言语的发展。对于3岁前的婴儿，父母及保教人员多与他们说话，充满关心和关怀，会更多地刺激婴儿调动各种感官感知父母及保教人员的语言，促进婴儿语音和感知能力的发展。

对于3岁后的幼儿，成人应帮助他们积累丰富的生活经验。比如，组织幼儿参加各类活动，丰富知识，增加词汇量。同时，鼓励幼儿敢于表达，注重幼儿在人际交往中用词的准确性和表达的完整性。

（二）重视语言教育活动

幼儿园应该有目的、有计划地对婴幼儿施加语言教育影响，开展多种类型的语言教育活动，注重引导婴幼儿发音正确，用词恰当，句子描述完整，表达清晰连贯。对于发音错误、用词不当、语法不规范等现象，保教人员应该予以科学纠正，对于语言表现好的婴幼儿给予恰当鼓励和表扬。

在语言教育活动中，保教人员可以根据不同语言活动，促进婴幼儿不同语言能力的发展。在幼儿文学作品学习活动中，可以使婴幼儿感受语言的丰富和优美，加深对文学作品的体验和理解；在语言游戏中，可以利用玩教具为婴幼儿提供表达和交流的机会，锻炼幼儿倾听和讲述的能力。

（三）注重在一日生活中渗透语言教育

幼儿从入园到离园，整个一日生活都会有对语言的接触，有交流的环境，保教人员应将语言教育渗透在一日生活中。例如，早晨入园时与老师快乐地打招呼；在一日生活过渡环节朗诵幼儿优秀文学作品；生活活动中加强师幼、幼幼的交流，获得大量的感性知识；在区角活动中，能用连贯、正确、完整的语言描述事物，表达愿望；在游戏活动中，帮助幼儿使用正确的语言，形成在社会交往中的良好语言习惯。

（四）做好婴幼儿语言学习的榜样

观察学习是婴幼儿学习的重要方式。在语言培养中，应该为婴幼儿提供可供模仿的语言榜样。教师和家长应该从语音、词汇、语法、文明礼貌等方面注意自己的言语，为婴幼儿提供良好的言语榜样，促进婴幼儿言语的规范化发展。

（五）激发幼儿学习书面语言的兴趣

书面语言的学习在保教机构中不过分强调，但是阅读对婴幼儿智力发展起着非常重要的作用。所以教师及家长要积极开展阅读活动，以亲子阅读、教师辅导阅读、绘本阅读等形式展开，重点不在识字量，而在于培养婴幼儿的阅读兴趣。

📝 同步训练7.2

1. 儿童掌握词的顺序中，一般先掌握（　　）。
   A. 动词　　　　　B. 名词　　　　　C. 形容词　　　　　D. 虚词

2. 儿童在言语发展过程中，对词义不十分理解，或者虽然有些理解但却不能正确使用的词叫作（　　）。

A. 积极词汇　　　　B. 消极词汇　　　　C. 实词　　　　　　D. 虚词

（答案或提示见本主题首页二维码）

检测与评价七

一、简答题

1. 什么是言语？语言和言语有什么关系？
2. 幼儿言语的发展主要表现在哪些方面？
3. 幼儿言语表达能力的发展表现在哪些方面？

二、分析题

请从幼儿言语发展的角度分析问题情景中的案例，说明豆豆的言语表达能力的发展是否正常？

三、研讨题

口语表达能力的发展是幼儿言语发展的集中表现，幼儿期是口语表达能力发展的关键期。日常生活中培养幼儿口语表达能力，保教工作者应注意哪些方面？

实践探究七

1. 请观察记录一名幼儿在游戏或者绘画情境中的自言自语，并进行简要分析。
2. 三人为一组，分别记录小、中、大班各一名小朋友在半个小时内的言语情况，并分析其言语特点。

实训任务七　语言游戏

实训目的

1. 巩固理解幼儿言语发展的重要性。
2. 感知语言游戏对幼儿言语发展的促进作用。
3. 能够依据幼儿言语发展特点对游戏活动过程进行科学指导。
4. 探索促进幼儿言语发展的策略，提升适应未来工作岗位的专业素养。

实训步骤

1. 整体阅读游戏说明，了解游戏的玩法。
2. 小组模拟体验游戏，分析讨论通过这些语言游戏可以发展幼儿哪些方面的言语能力。
3. 结合心理学知识，探讨保教人员如何提升幼儿言语表达能力。
4. 根据现有游戏创编一个其他可以促进幼儿言语发展的游戏，并介绍游戏玩法和游戏价值。

实训资源

语言游戏

游戏一：我问你答

教师发问，幼儿回答。例如：

教师问："什么动物在水里游？"幼儿答："小鸭子（小鱼、乌龟……）在水里游。"

教师问："什么东西在天上飞？"幼儿答："小鸟（风筝、飞机……）在天上飞。"

教师问："什么是白色的？"幼儿答："雪（棉花、小白兔……）是白色的。"

游戏二：小鸟唱歌

教师发问，幼儿回答。例如：

教师问："小鸟在哪里唱歌？"幼儿答："小鸟在天上唱歌。"

教师问："小鸟在天上怎样唱歌？"幼儿答："小鸟在天上欢快地唱歌。"

教师问："什么样的小鸟在天上欢快地唱歌？"幼儿答："美丽的小鸟在天上欢快地唱歌。"

游戏三：词语接龙

游戏规则：由一人（教师或幼儿）说出一个词语，其他幼儿鱼贯式进行词语接龙，要求词头对词尾，可以同音不同字。例如：

点灯、登天、添加、家长、长大、大学、学问……

模块八

幼儿情绪情感的发展与培养

学习目标

1. 理解情绪情感的含义和类型，了解情绪情感对幼儿发展的作用。
2. 掌握幼儿情绪情感的发展趋势、特点和培养措施。
3. 能够根据幼儿情绪情感发展的特点解决情绪情感发展过程中的问题。
4. 善于自我调节情绪，培养幼儿积极向上的情感，促进幼儿健康成长。

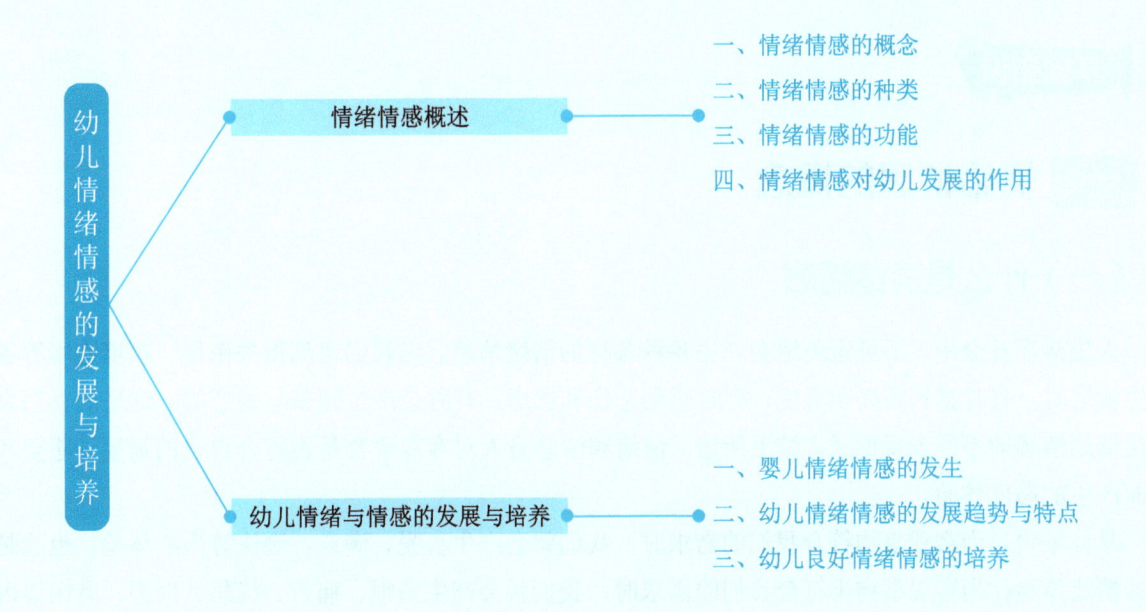

幼儿情绪情感的发展与培养
- 情绪情感概述
  - 一、情绪情感的概念
  - 二、情绪情感的种类
  - 三、情绪情感的功能
  - 四、情绪情感对幼儿发展的作用
- 幼儿情绪与情感的发展与培养
  - 一、婴儿情绪情感的发生
  - 二、幼儿情绪情感的发展趋势与特点
  - 三、幼儿良好情绪情感的培养

能控制好自己情绪的人，比能拿下一座城池的将军更伟大。

——拿破仑

主题 8.1 情绪与情感概述

问题情景

形形把家里养的小白兔带到了幼儿园，老师和小朋友们看着可爱的小兔子，高兴地赞叹着。形形看到他们都喜欢自己带来的小兔子，非常高兴，她主动帮助老师分餐，活动中回答问题也非常积极。

悠悠今天穿了新衣服，进了幼儿园，她高兴地跑到老师面前，兴奋地说："老师，看我的新裙子漂亮吗？"王老师正在给孩子们分发早餐，头也没抬，淡淡地回了一句："好看。"悠悠悻悻地坐在小椅子上，整个上午都没有精神。

情绪情感是我们在活动中产生的一些体验，幼儿的情绪情感丰富，掌握情绪情感的相关知识更有利于成人理解幼儿心理，助力教育活动的顺利开展。

基础知识

一、情绪情感的概念

（一）什么是情绪情感

人生活在社会中，不可避免地会产生各种各样的情绪情感。当我们遇到得失荣辱、顺境逆境等各种人生境遇时，有时感到高兴和喜悦，有时感到悲伤和忧虑，有时会产生倾慕与爱恋等。这里的喜怒哀乐便是情绪情感的不同表现形式。综上所述，情绪和情感是人对客观事物是否符合自己的需要、愿望和观点而产生的态度体验。

具体来说，当客观事物符合我们的需求时，我们就会产生喜爱、满意、愉快等内心体验，也就是积极的情绪体验；当客观事物不符合我们的需求时，我们就会产生憎恨、痛苦、忧愁、愤怒、恐惧等内心体验，也就是消极的情绪体验，这些内心体验都属于情绪和情感。

总之，情绪情感仍然是人脑对客观现实的反映，但与认知活动不同，情绪情感反映的是人的需要与客体之间的关系。

知识拓展

情绪情感与色彩

大自然的各种色彩使人产生各种感觉，并可陶冶人的情操。不同的颜色使人产生不同的情绪，从而使人的心境发生变化。

心理学家对颜色与人的心理健康进行了研究。研究表明：在一般情况下，红色表示快乐、热情，它使人情绪热烈、饱满，激发爱的情感；黄色表示快乐、明亮，使人兴高采烈，充满喜悦之情；绿色表示和平，使人的心里有安定、恬静、温和之感；蓝色给人以安静、凉爽、舒适之感，使人心胸开朗；灰色使人感到郁闷、空虚；黑色使人感到庄严、沮丧和悲哀；白色使人有素雅、纯洁、轻快之感。总之，各种颜色都会给人的情绪带来一定的影响，使人的心理活动发生变化。俄国一位学者研究表明，红色使人心理活动活跃，紫色使人有压抑的感觉，玫瑰色使人受到压抑的情绪振奋起来，蓝色可以使人镇静并可抑制人过于兴奋的情绪，绿色可以缓和人的紧张心理活动。

当然，颜色对人的情绪的作用是间接的诱发作用。国外曾发生过一件有趣的事：有一座黑色的桥梁，每年都有一些人在那自杀，后来把桥涂成天蓝色，自杀的人显著减少了；人们继而又把桥涂成粉红色，从此以后在这自杀的人就没有了。从心理学观点分析，黑色显得阴沉，更会加重人的痛苦和绝望的心情，而天蓝色和粉红色使人感到愉快开朗，充满希望。

在临床实践中，学者们对颜色治病也进行了研究，效果是很好的。戴上烟色眼镜可使血压下降；红色和蓝色可使血液循环加快；患者如果住在涂有白色、淡蓝色、淡绿色、淡黄色墙壁的房间里，心情会很安定、舒适，有助于健康的恢复。

（二）情绪与情感的关系

1. 情绪与情感的区别

（1）情绪与情感产生的基础不同。

情绪是与个体生理需要是否得到满足相联系的体验形式。当人的生理需要得到满足时就会产生积极的情绪体验；反之，则产生消极的情绪体验。

情感是同人的社会性需要是否得到满足相联系的，如道德感、美感及理智感的产生。

（2）情绪与情感发生的时间不同。

情绪发生较早，是人和动物共有的，而情感则是人类特有的，发生较晚，是个体发展到一定年龄、在社会生活中逐渐发展起来的。

（3）情绪与情感的稳定性不同。

情绪具有情境性和暂时性的特点，随着情境的出现而出现，当情境消失时，情绪立即随之减弱或消失，而且具有明显的外部表现。情感比情绪更稳定、持久、内隐，具有深刻性和稳定性。例如，孩子调皮可能引起母亲的愤怒，但这是具有情境性的，任何一个母亲绝不会因为孩子一次惹她生气，而失去亲子之爱的情感。

2. 情绪与情感的联系

情绪与情感的区别是相对的，实际上两者有密切的联系。

情绪与情感反映的都是客观事物与人的需要之间的关系。首先，情感是在情绪的基础上形成的，并通过情绪表现出来。因此，情绪是情感的外部表现，情感是情绪的本质内容。另一方面，情绪受到情感的制约和调节。一个人的情绪不是在任何场合和地点都毫无顾忌地表现出来，表现与否往往受情感的制约和影响。

二、情绪情感的种类

（一）按情绪内容划分

1. 哭

哭是一种消极情绪，人类出生后的第一声啼哭除属于情绪表现外，还具有重要的生理价值。

婴儿啼哭最开始主要是由饥饿、疼痛等生理需求引发的，随着年龄增长，逐步转化为以社会性诱因为主。

（1）饥饿的啼哭。

这是婴儿最基本的哭声，有节奏，有时伴有闭眼、号叫、双腿乱蹬等动作。

（2）发怒的啼哭。

婴儿生气发怒时用力呼吸，使得大量空气通过声带，从而引发哭声，所以这类啼哭的声音往往有点失真。

（3）疼痛性啼哭。

这类啼哭往往在突发性疼痛时见到，事先没有缓慢的哭泣，而是突然高声大哭，拉直了嗓门连哭数秒。这样的哭声突然而激烈、声音很响，表现出啼哭者的极度不安，其脸上有痛苦的表情。

（4）恐惧和惊吓的啼哭。

突然发作，强烈而刺耳，伴有间隔时间较短的嚎叫，让人一听就能感受到婴儿的恐惧。

（5）不称心的啼哭。

起初缓慢而拖长，持续不断，给人悲悲切切的感受。

（6）吸引别人注意的啼哭。

有人把这种哭泣称作"假哭"，最开始是长时间的哼哼唧唧，断断续续，没人理他时，就会大哭起来。

2. 笑

笑是积极情绪的表现，主要有以下类型。

（1）自发性地笑。

人类最初的笑，是自发性的，与中枢神经系统活动的不稳定性有关，不是真正意义上的笑。

（2）无选择的社会性微笑。

这是一种由外界的社会性物体或者非社会性物体引发的婴儿的微笑。

（3）有选择的社会性微笑。

随着婴儿感知辨别差异能力的发展，婴儿对亲近的人会出现不同于陌生人的社会性微笑。

3. 恐惧

恐惧是一种消极的情绪状态。主要有以下种类。

（1）陌生人焦虑。

这是一种对不熟悉的人表现出的害怕反应，但是多数婴儿会在与陌生人熟悉并建立起一定的情感联系后，产生积极的情绪反应。

陌生人焦虑虽然属于消极的情绪反应，但是对婴儿的发展也有一定的积极作用。首先它从侧面说明了婴儿认知能力的发展，他们已经能够将熟悉的人与陌生人分开。再者，陌生人焦虑对婴儿是一种自我保护，有效限制了婴儿的交往范围和对象，避免婴儿受到伤害。

（2）分离焦虑。

这是婴儿在与依恋对象分离时产生的一种消极反应。随着孩子年龄的增长，会逐渐衰退。研究发现，长时间处于分离焦虑中，会严重影响婴儿的心理健康。

英国心理学家鲍尔比将婴儿的分离焦虑分为三个阶段。第一是反抗阶段。这一阶段的婴儿极力反对与母亲分离，表现出大量的反抗行为：哭闹、寻找、呼唤等。第二是失望阶段。长时间的反抗得不到回应，婴儿会表现出失望，反抗行为明显减少，大多表现为表情迟钝、不理睬别人等。这一阶段的婴儿更需要成人的关注和关爱，才能有效降低他们的分离焦虑。第三是超脱阶段。这一阶段的婴儿虽然不再表现出明显的依恋行为，但是内心依然保持着对母亲的依恋。

（二）按情绪状态划分

根据人的情绪爆发的强度、持续时间以及当时的紧张程度，可以将情绪划分为激情、心境、应激三种。

1. 激情

激情是一种具有强烈爆发性的、持续时间较短的情绪状态，往往由对人意义重大的、突然发生的事件所导致。激情状态往往伴随着明显的生理变化和外部行为表现。例如，范进中举后的手舞足蹈、欣喜若狂；蔺相如面对强取豪夺的怒发冲冠，这些极度兴奋、愤怒、悲痛的情绪状态都是激情。

激情有积极和消极之分。在消极的激情状态下，人们会出现认知活动范围缩小、思维能力受到限制、自我控制能力减弱等现象，从而使自己的行为失去控制。而相反的，如我国运动员在国际比赛中奋力拼搏，取得金牌时欣喜若狂，在这些激情状态中则包含着运动员强烈的爱国主义情感，这是激发人们凝心聚力、发挥巨大潜能的积极的激情状态。由此可见，激情状态并非不可控，人能够意识到自己的激情状态，也能够有意识地调节和控制它。

2. 心境

心境是一种微弱、持久而有弥漫性的情绪体验状态。心境可能由某一事件引发，但是它一旦产生，就不只表现在这一独特事件上，而是在相当长的时间内，以同样的态度、心态对待客观事物，让一个人的生活都染上同样的情感色彩。例如，失去亲人往往使人郁闷，进而长时间难以恢复；古语"忧者见之而忧，喜者见之而喜"也是对心境的生动描述。

心境对人的生活有很大的影响。积极、乐观的心境，可以提高人的工作效率，有益于健康；消极、悲观的心境，会降低活动效率，而长时间处于这种状态，则不利于健康。

3. 应激

应激是指人面对某种意外的、紧张的环境刺激时，所做出的适应性反应。例如，司机驾驶汽车，面对突然出现的行人，迅速反应，紧急刹车。当我们面临某种意外危险时，迅速做出选择，此时人的身心处于高度紧张状态，即为应激状态。

应激状态下会出现两种表现：一种是心理活动迅速调动起来，思维清晰、迅速做出判断、化险为夷；另一种则是心理活动受到抑制，手足失措、行动紊乱，导致严重后果的发生。当然，如果我们在生活中能积累丰富的经验、提升处理问题的能力，在面临紧急情况时就能更加从容地应对。

（三）按情感的社会性内容划分

1. 道德感

道德感是对自己或者别人的言行举止是否符合一定的道德标准而产生的情感体验。不同的社会有不同的道德标准，因此道德感具有社会性、历史性和阶级性的特点。

道德感包括对国家、民族的自豪感；对社会、人民的责任感、义务感；对工作集体的归属感、荣誉感；对同伴的同情感等。当我们的行为符合社会道德要求时，就会感到情感上的满足，反之，当我们的行为和思想与社会要求相反时，就会感到愧疚，这便是道德感之于我们的自觉性。

2. 理智感

理智感是人在认知客观世界的过程中产生的情感体验，它与人的求知欲、兴趣、问题解决密切相关。理智感包括对事物的好奇心和探究的兴趣、问题解决的过程中表现出的怀疑、问题解决后的兴奋等。

3. 美感

美感是对事物审美过程中产生的体验，是在已有的美的评价标准基础上产生的。美感包括自然美感、社会美感和艺术美感。当我们游览大好河山时，我们惊叹于长城的雄壮、漓江的秀美，这便是自然美；我们生活在社会中，为助人为乐的行为感染、为优美的语言惊叹、为美好的心灵赞叹，这便是社会美；优美的音乐、动听的旋律、逼真的绘画、优雅的形象，这是我们体会的艺术美。

三、情绪情感的功能

（一）信号功能

情绪情感起着传递信息、表达交流的重要作用。这种功能是通过情绪的外部表现即表情实现的。表情包括面部表情、肢体表情和言语表情。例如，语言表达时眉飞色舞、兴奋时手舞足蹈、语调语音高低起伏等。相对于言语交流，表情的交流发生得更早，它是非言语沟通的重要组成部分，在人际沟通中具有信号意义。

（二）动机功能

情绪情感对人的行为和活动具有明显的推动和激励作用。有时人们会很努力地去完成某件事或者不做某件事，只是因为这件事能够为其带来愉快或者不愉快的情绪体验。一般说来，积极的情绪体验可激发活动的积极性；相反地，消极的情绪体验则会降低活动的积极性。

（三）调节功能

情绪情感对我们的行为具有调节和维持作用。情绪情感能以驱动力的方式激发、引导和维持个体的行为。一般来说，恐惧能使人退缩，愤怒易使人发生攻击，厌恶往往引起人躲避，而愉快、喜爱等积极情绪则会使人去接近、探索。任何工作都伴随着相应的情绪体验，适度的情绪可以使人集中注意，提高活动的积极性，从而做出最佳成绩。而情绪过分强烈，又会影响工作的顺利进行。

（四）健康功能

情绪健康是人的心理健康的重要组成部分，同时对人的身体健康也发挥着重要的作用。一项长达30年的关于情绪与健康关系的追踪研究发现，年轻时性情压抑、焦虑和愤怒的人患结核病、心脏病和癌症的比例是性情沉稳的人的 4 倍。中国古代医书《素问·举痛论》说："怒则气上，喜则气缓，悲则气消，恐则气下，惊则气乱，思则气结。"因此，保持积极乐观的情绪情感对维持我们的身体健康百利而无一害。

四、情绪情感对幼儿发展的作用

（一）动机作用

幼儿的心理活动直接受到情绪情感的影响。在积极的情绪状态下，幼儿愿意学习，做什么事都积极；情绪不好时，则不愿意学习，活动也不积极。情绪对幼儿的心理和行为影响极大，直接支配、左右着他们的行为。比如，幼儿园的孩子总是先学会和老师说"再见"，而学会说"妈妈再见"和"老师好"的时间总是较晚一些，正是因为他们缺乏向老师问好和向家长道别的良好情绪。

总之，情绪情感是伴随人的需要是否满足而产生的体验，它对人的行为具有推动或抑制作用。

（二）对认知发展的作用

人的情感过程与认知过程密切联系，情绪情感可以影响认知的发展。前面的学习中我们很明确地了解到幼儿的注意、记忆、想象等认知活动都具备明显的无意性特点，而认知无意性的一个突出表现就是受情绪的制约。幼儿喜欢小狗，他就会在散步时关注、探究小狗；他们不喜欢河马，那么动物园里的河马也就不能引起他们的注意；他们喜欢零食，那么关于零食的广告语更容易被他们记忆，而且记忆的时间更长。

由此可见，不同的情绪状态对幼儿认知发展具有不同程度的影响。

（三）人际交往作用

表情是幼儿人际交往的重要工具，也是幼儿情绪的外在表现。对于幼儿来说，他们主要借助面部表情、声调和身体态势来传递信息，即使在掌握了语言之后，表情仍在人际交往中起重要作用。

幼儿在与父母和教师的交往中，会从成人（教师、家长）的表情中提取有效信息，当他们接收到这些信息后，会逐步将类似的信号传达给周围的其他人，并产生相应的友好或不友好行为，进而对他们的同伴交往产生影响。

作为父母或保教工作者，我们既应该注意孩子发出的情感信号，了解幼儿情绪发展是否正常，也应该注重自身情感信号的传递，让幼儿能够提取到促进其人际关系发展的良好信息。

（四）对个性形成的作用

幼儿时期是个性形成的奠基时期，情绪情感是其个性结构的重要组成部分。比如，幼儿经常受到某种特定刺激的影响，产生同一情绪状态，那么这种状态就会逐渐稳固下来，形成稳定的情绪特征。比如，经常感受到父母的爱的幼儿容易形成活泼开朗的个性，反之缺少亲人关爱的孩子，则更容易形成孤僻胆怯、不信任等不良的个性特征。

同步训练8.1

1. 下列对情绪与情感的描述错误的是（　　）。
   A. 情绪发生较早，情感发生较晚
   B. 情绪情感与认知过程没有联系
   C. 情绪带有情境性和暂时性，情感具有稳定性和深刻性
   D. 情绪有明显的外部特征，情感则比较内隐
2. 古语"忧者见之而忧，喜者见之而喜"是对（　　）的生动描述。
   A. 激情　　　　　B. 心境　　　　　C. 应激　　　　　D. 理智感

（答案或提示见本主题首页二维码）

主题8.2　幼儿情绪与情感的发展与培养

问题情景

中班的贝贝小朋友是一个乐观、开朗的小姑娘，天天都带着笑，老师和小朋友们都很喜欢她。这天，贝贝进入教室一个人坐在椅子上，闷闷不乐。王老师询问怎么了，贝贝不高兴地说："刚刚在路上看到一只流浪猫，它的腿受伤了，好可怜啊……"贝贝一边说，一边还流下了眼泪。

随着幼儿生活范围的扩大，幼儿的情绪情感也越来越丰富，成人应该密切关注幼儿的情绪动态，理解幼儿情绪情感发展的趋势和特点，采取科学合理的保教措施，让幼儿形成良好的情绪情感。

基础知识

一、婴儿情绪的发生

刚出生几天的新生儿，立即就会呈现或哭闹或安静的情绪表现，这些通常被称作原始的情绪反应，这些情绪反应是与生俱来的，通常与生理需要是否得到满足有直接关系。心理学家华生曾将这些原始的情绪反应划分为三类：怕、怒、爱。多数心理学家认为，随着年龄的逐渐增长，在成长及环境的作用下，婴儿的情绪不断分化，开始出现各种情绪反应。

新生儿一出生就会哭，这是他们与外界沟通的第一种方式，婴儿大约从第 3 周开始出现吸引别人注意的啼哭。

人类的笑比哭发生的时间要晚一些。新生儿在出生后一两天的笑的反应，并不是真正意义上的有意识的笑。两三个月的婴儿开始出现社会性微笑，但这时的微笑往往不分对象，大约 4 个月以后，婴儿开始能对不同的人表现出不同的微笑。例如，婴儿见到妈妈时，会无拘无束开心地笑；在陌生人面前，他们会带着警惕性的眼神。也就是说，这一时期的婴儿出现了有分辨的微笑，这是他们对亲近的人选择的社会性微笑发生的标志。

六七个月时，婴儿会出现"陌生人焦虑"。同时，这一时期也会出现与依恋对象分离的恐惧反应，即"分离焦虑"。

婴幼儿情绪的发生是一个逐步分化、细腻的过程，这期间仍然需要家长和照护人员的关爱，以促使他们的积极情绪获得良好的发展。

二、幼儿情绪情感的发展趋势与特点

（一）幼儿情绪情感的社会化

婴儿最初出现的情绪是与生理需要相联系的，以后逐步与社会性需要相联系。社会化是婴幼儿情绪情感发展的一种趋势。

1. 引起情绪情感的社会性动因增加

3 岁前幼儿情绪反应的动因，主要与其生理需要是否得到满足相联系。例如，温暖的环境、吃饱、喝足、尿布干爽等，是引起愉快情绪的主要动因。

3~4 岁的幼儿，引发情绪的动因处于从生理性需要向社会性需要过渡的时期。5~6 岁的幼儿，社会性需要是否满足对情绪的作用越来越大。例如，小班的幼儿可能会因为没有得到奖励的糖果而不高兴，大班的幼儿可能会因为老师的一句不经意的批评而闷闷不乐。所以，这一时期的幼儿，成人对于他们不理睬，可能会成为一种惩罚手段。

2. 情绪情感的社会性成分增加

在幼儿期出现的各种情绪中，涉及社会性交往的内容，随着幼儿年龄的增长而增加。心理学家对幼儿的微笑进行观察和研究，统计结果见表 8-1。

表 8-1 微笑研究数据

类别	1 岁半 次数	1 岁半 比例（%）	3 岁 次数	3 岁 比例（%）
自己笑	67	55.37	117	15.62
对教师笑	47	38.84	334	44.59
对小朋友笑	7	5.79	298	39.79
总数	121	100	749	100

（摘自 刘军《学前儿童发展心理学》）

表格中明显可以看到，从 1 岁半到 3 岁，孩子自己笑的比例大大减少，而对教师和对小朋友笑，也就是社会性交往微笑的比例大大增加。

3. 表情的社会化

幼儿的表情是内心情绪的外部表现。表情与社会性认知关系密切，幼儿通过观察周围人的表情，不断地发展着自己的表情辨别和运用能力，从而使自己的表情日益社会化。

幼儿表情社会化包括理解表情的能力和运用表情的能力。

（1）理解表情的能力。

2岁的婴儿能正确辨别面部表情，并能谈论与情绪有关的话题。年龄越大的孩子，对表情的辨别能力越强。可见，幼儿对表情的识别和对情绪的理解，受到本身认知水平的制约。

（2）运用表情的能力。

观察学习是幼儿学会运用表情的主要途径。幼儿从2岁开始能够用表情去影响别人，并能做到在不同场合下用不同的方式表达情绪。例如，孩子在幼儿园摔倒了忍住不哭，但是看到父母可能大哭起来。

随着幼儿年龄的增长，理解表情和运用表情的能力都在增长，但是一般情况下，理解表情的能力高于运用表情的能力。

（二）幼儿情绪情感的丰富和深刻化

从情绪和情感所指向的事物来看，幼儿情绪情感的发展趋势是越来越丰富和深刻的。

1. 情绪情感的丰富化

所谓情绪情感的丰富化，是指情绪情感所指向事物的范围不断丰富和扩大。先前一些不容易引起幼儿情绪反应的事物，随着幼儿年龄的增长，引发了情绪情感体验。例如，爱的情感。最开始幼儿的爱表现在父母和家人身上，随着幼儿生活范围的不断扩大，进入幼儿园，幼儿的爱开始表现在老师和同伴身上，情绪情感的范围很明显在扩大。

幼儿情绪和情感的丰富化，与其认知发展水平密切相关。根据与认知过程的联系，情绪和情感的发展分为以下几个方面。

（1）与感知觉相联系的情绪情感。

这是一种与生理性刺激相关的情绪情感。例如，新生儿出生后第一次接种疫苗，身体的疼痛感引起痛苦的情绪反应。

（2）与记忆相联系的情绪情感。

"一朝被蛇咬，十年怕井绳"，被蛇咬过的幼儿，再次见到蛇，表现出很明显的恐惧反应，就是和记忆相关联的情绪。

（3）与想象相联系的情绪情感。

幼儿在2岁左右出现想象的萌芽。他们在听成人讲故事时，如果经常有描述蛇会咬人、黑夜有鬼等，就会引发他们的想象，而产生怕蛇、怕黑等情绪体验。

（4）与思维相联系的情绪情感。

随着思维能力的发展，幼儿对事物认识越来越深刻，情绪情感逐渐发生变化。比如，青蛙长得丑陋，他们害怕青蛙，慢慢地他们体会到青蛙对人类有好处，看到青蛙时便不再害怕。

（5）与自我意识相联系的情绪情感。

幼儿在与人交往中，因为受到别人嘲笑而感到不愉快，这便属于与自我意识相联系的情感体验，是人的主观因素影响的。

2. 情绪情感的深刻化

所谓情绪情感的深刻化，是指情绪情感所指向事物的性质的变化，从关注事物的表面到指向事物更本质、更内在的东西。例如，对父母的依恋。幼儿对父母的依恋可能因为父母对自己生活的照料，而年龄越大的孩子可能会更加偏向于父母的某种品质。

幼儿情绪情感的深刻化，集中体现在幼儿高级情感的发展上，即道德感、理智感和美感的发生和发展。

（三）幼儿情绪情感的自我调节化

随着自我意识的不断发展，幼儿对情绪的自我调控能力越来越强，主要有以下趋势：

1. 冲动性逐渐减少

幼儿初期情绪的冲动性是与他们神经系统发育不完善、兴奋性容易扩散的特点相联系的，随着孩子年龄的增长、脑的发育及语言的发展，情绪的冲动性逐渐减少。起初，幼儿在成人要求下，被动地控制自己的情绪。到幼儿晚期，他们对情绪的自我控制能力逐渐发展。

在日常生活中，我们经常见到某个幼儿因为家长没有购买他想要的玩具，而就地打滚、大哭大闹的场景，这便是幼儿情绪冲动性的表现。情绪的冲动性还表现在他们用过激的行为表现自己的情绪。比如，幼儿在阅读画册时，将《白雪公主》中的王后图像，用手指抠掉，王后形象变成了一个个的"洞洞"。

💡 知识拓展

"钉子"的伤害

有一个脾气很坏的男孩，他经常碰到一点事情就大发脾气，说一些伤人的话语，因此他的朋友也很少。

有一天，他父亲给了他一袋钉子，并且告诉他，每当他发脾气的时候就钉一个钉子在后院的围栏上。第一天，这个男孩钉下了37颗钉子，奇怪的是，慢慢地，他每天钉下的钉子数量减少了。后来，他发现控制自己的脾气要比钉下那些钉子容易。

终于有一天，这个男孩再也不会失去耐性，乱发脾气。他告诉父亲这件事情，父亲又说，现在开始每当他能控制自己脾气的时候，就拔除一颗钉子。一天天过去了，最后男孩告诉他的父亲，他终于把所有钉子给拔出来了。

父亲握着他的手，说："你做得很好，孩子。但是，看看那些围栏上的洞，这些围栏永远不能恢复到从前的样子。你生气时说的话就像这些钉子一样留下瘢痕。如果你拿刀子捅别人一刀，不管你说了多少次对不起，那个伤口将永远存在，话语的伤痛就像刀子的伤痛一样令人无法承受。"

从这个故事中我们可以看出，人的不良情绪是可以控制的，人与人之间常常因为一些无法释怀的坚持，一些没有合理控制的情绪，说出不可弥补的话语，从而造成永远的伤害。如果我们都能从自己做起，宽容地看待他人，你一定能收到许多意想不到的效果。

2. 稳定性逐渐提升

俗语说，"六月的天，孩子的脸，说变就变"。这说明幼儿的情绪是非常不稳定和易变化的。

幼儿初期，即使两种明显对立的情绪，也可能会在很短的时间内转换。例如，妈妈送孩子来幼儿园，妈妈走时孩子难过得哭了，老师给孩子一块糖，孩子马上笑起来，虽然他的脸上还挂着泪。另外，幼儿的情绪容易受到感染。例如，新入园的一个孩子哭着找妈妈，会让其他孩子也跟着哭起来。

随着年龄的增长，到了幼儿晚期，情绪逐渐趋于稳定，情境性和受感染性逐渐减少，这时他们开始拥有了自己固定的朋友，对待某些事物和活动也表现出固定的兴趣和偏好。

3. 从外露到内隐

幼儿初期的孩子几乎不会掩饰自己的情绪，将情绪完全暴露于外。随着年龄增长，幼儿控制和掩饰自己情绪的能力逐步发展。例如，幼儿在幼儿园和其他小朋友发生了不愉快的事情，当着老师和小朋友的面不哭，而是回家对着妈妈哭。

总体而言，幼儿控制情绪情感的能力还在发展之中，我们要客观地认识幼儿控制情绪情感的实际水平，不能操之过急，不要脱离实际。

（四）幼儿的高级情感开始形成

1. 道德感的发展

道德感是评判社会行为是否符合社会标准而产生的情感体验，这时的幼儿掌握了一定的社会道德标准。1岁的婴儿看到别人摔倒，已经会表现出一种简单的同情感。

小班幼儿的道德感主要指向个别行为，而且经常是由成人的评价引起的。中班幼儿比较明显地掌握了一些泛化的道德标准，不但关心自己的行为是否符合道德标准，也开始关心别人的行为是否符合标准，由此产生相应的情感。中班幼儿常常"告状"，就是由道德感激发出来的一种行为。大班幼儿的道德感进一步发展，他们对好、坏、对、错已经有了比较稳定的认识，自豪感、羞愧感、委屈感以及妒忌等，也都发展起来。

2. 理智感的发展

幼儿理智感的发展，突出地表现在他们的好奇好问方面，特别是由于提问而得到满意的回答，更容易产生积极情绪。幼儿对自己感到好奇的物品，喜欢摸一摸、拆一拆，表现出一定的"破坏行为"，成人认为常见的物品，在他们看来却充满了奥秘。面对这一时期的幼儿，成人应该悉心保护他们的求知欲和好奇心，呵护这种探究的热情，助力他们理智感的发展。

3. 美感的发展

美感的发展是与幼儿认知能力的发展分不开的。小班幼儿的美感往往是对某一具体对象直接感知而产生的体验，如颜色鲜艳的饰物、新的衣服鞋袜等都能引起他们对美的愉悦体验；大班幼儿对美的标准已有一定的理解，逐渐形成审美的标准，例如，他们开始不满足于颜色鲜艳，还要求颜色搭配和谐。而且，大班幼儿往往根据外表来评价老师，他们更喜欢外貌、穿戴都漂亮的老师。

三、幼儿良好情绪情感的培养

情绪情感是幼儿健康发展的重要组成部分，成人必须重视幼儿积极情绪情感的培养。

（一）创设良好的情绪环境

幼儿的情绪很容易受周围环境气氛的感染和熏陶。幼儿生活的环境包括物质环境和精神环境两个方面。

1. 物质环境

清新的空气、宽敞的活动室、优美的环境布置对幼儿情绪和情感的发展是非常有益的。长期置身于良好的自然环境之中能使幼儿产生轻松、愉快等积极情绪，而杂乱无章、邋里邋遢的环境则容易使幼儿产生厌烦、焦虑、急躁等消极情绪。因此，创设丰富多彩的学习环境，科学规划教学活动区、游戏乐园区、科学实验区等活动区域，增加玩具、教具的品种和数量，既可以丰富幼儿的生活，还有助于他们形成积极的情绪和情感。

2. 精神环境

物质与精神协调统一，除了物质环境对幼儿情绪情感的影响，幼儿所处的精神环境对其情绪情感发展的作用更是不容小觑。

父母是孩子的第一任老师，家庭氛围的好坏直接决定孩子能否健康成长，父母在家庭中要有意识地保持良好的氛围，弘扬中华民族优秀的家庭教育理念，形成科学民主、关爱温馨的家风环境，成员之间互敬互爱、互帮互助，这将有利于幼儿从中学会互助、友爱、宽容等良好的品质，并从中获得安全感，保持良好、放松的情绪。

在幼儿园中，对幼儿影响最大的是教师与教师、教师与幼儿、幼儿与幼儿之间的关系。如果幼儿觉得老师、小朋友都喜欢他，他就会感到很愉快，也会爱上幼儿园；反之，如果教师不关注他，小朋友也不爱跟他玩儿，幼儿就会感到孤独，也就不愿意上幼儿园。因此，幼儿教师要给予幼儿更多的关注与关爱，特别是那些特殊境遇的孩子，为他们努力创设一种欢乐、包容、关爱的氛围，使他们在幼儿园里获得更多的快乐，健康成长。

（二）成人应做好情绪管理

情绪情感具有很强的感染性，一个人的情绪可以影响别人，使之产生同样的情绪。对于幼儿来说，他们最熟悉的、接触最多的成人是父母和教师，同时，父母和教师在幼儿心目中占有极其重要的地位，他们的情绪情感对幼儿更具备强烈的感染作用。比如，莉莉看到妈妈流眼泪，自己跑到妈妈跟前也哭起来，一边哭一边说："妈妈不哭，哭不是乖宝宝。"因此，成人在幼儿面前应保持健康积极的情绪，这对幼儿积极情绪的培养有着潜移默化的作用，对幼儿是良好的示范和感染。另外，成人还应该努力控制自己忧伤、冲动等不良情绪，面对幼儿时避免喜怒无常，以积极的态度，情绪饱满地对待幼儿。

特别需要提出的是，幼儿教师是幼儿一日生活的组织者和引导者，其情绪的变化直接影响着全体幼儿。因此，幼儿教师应该保持健康、积极向上的良好精神状态。

（三）采取积极的教育态度

婴幼儿的情绪受到成人的影响，尤其是成人的教育态度。成人态度温和，鼓励为主，幼儿往往积极热情，反之，幼儿则会缺乏主动性和自信心。

1. 悉心观察幼儿的情绪情感

很多人认为，幼儿是无忧无虑的。其实不然，幼儿在家庭和幼儿园中会遇到很多不合心意的事情，这时他们就会出现心理失衡，紧张焦虑，甚至有的孩子大发脾气。成人应该耐心倾听孩子说话，通过对幼儿表情、语言和行为的观察，适时觉察幼儿的情绪情感，并进一步分析其内心情感。对有益的情绪，要及时肯定并加以保护，对不良情绪，要引导幼儿克服、纠正。

2. 主动与幼儿交流情绪情感

无论是教师还是家长，都应该抓住有利时机与幼儿进行情感交流。语言交流中的问候、提问与表扬、善意的批评都会换来幼儿的信任和支持。除语言外，有经验的幼儿教师还善于运用非语言沟通的形式向幼儿表达情感：一个真诚的微笑、一个亲切的眼神、肩膀上的暖心一拍，这些都会带给孩子心灵的安慰。

3. 多肯定和鼓励幼儿

成人应该多给孩子肯定的评价，便于养成孩子积极主动、自信自立的生活态度。生活中很多家长随口会说"你怎么这么笨""你咋啥也不会呢"，经常听到这样的语言，孩子就会经常产生消极情绪，这对幼儿良好情感的培养非常不利。

知识链接

皮格马利翁效应

皮格马利翁效应（Pygmalion Effect），亦称"罗森塔尔效应"或"期待效应"，也有译作"毕马龙效应""比马龙效应"。它由美国著名心理学家罗森塔尔和雅各布森在小学教学中予以验证提出，指人们基于对某种情境的知觉而形成的期望或预言，会使该情境产生适应这一期望或预言的效应。

罗森塔尔的实验是这样的：他和助手来到一所小学，声称要进行一个"未来发展趋势测验"，并煞有介事地以赞赏的口吻，将一份"最有发展前途者"的名单交给了校长和相关教师，叮嘱他们务必要保密，以免影响实验的正确性。其实他撒了一个"权威性谎言"，因为名单上的学生根本就是随机挑选出来的。8个月后，奇迹出现了，凡是上了名单的学生，个个成绩都有了较大的进步，且各方面都很优秀。

显然，罗森塔尔的"权威性谎言"产生了作用，因为这个谎言对教师产生了暗示，左右了教师对名单上学生的能力评价；而教师又将自己的这一心理活动通过情绪、语言和行为传染给了学生，使他们强烈地感受到来自教师的热爱和期望，变得更加自尊、自信和自强，从而使各方面得到了异乎寻常的进步。在这里，教师对这部分学生的期待是真诚的、发自内心的，因为他们受到了权威者的影响，坚信这部分学生就是最有发展潜力的。也正因如此，教师的一言一行都难以隐藏对这些学生的信任与期待，而这种"真诚的期待"是学生能够感受到的。

其实，罗森塔尔的这个实验是受了希腊神话的启发，这个神话的大意是说，塞浦路斯国王皮格马利翁性情孤僻，但他善雕刻，孤寂中用象牙雕刻了一座表现他的理想中的女性的雕像，久久依伴，竟对自己的作品产生了爱慕之情。他祈求爱神阿芙洛狄忒赋予雕像生命。阿芙洛狄忒为他的真诚爱情所感动，就使这座美女雕像活了起来。皮格马利翁遂称她为伽拉忒亚，并娶她为妻。在这个故事中，皮格马利翁的期待也是真诚的，没有这种真诚，自然无法打动爱神。

在对幼儿的教育中亦是如此，我们要怀揣着"静待花开"的真诚和期待与幼儿相处，让幼儿感受到我们的期望，这将对幼儿产生意想不到的效果。

（四）应对幼儿不良情绪的方法

人生活在客观世界，不可避免地会产生消极情绪，幼儿更是对自己的情绪情感不加掩饰，毫不保留地表现出来，这也就为成人帮助幼儿疏导不良情绪提供了机会。

1. 注意力转移法

转移注意力是减轻幼儿紧张感、保持愉快情绪的有效途径。当幼儿表现出很明显的不良情绪后，我们可以利用孩子感兴趣的其他事物、活动来转移孩子的注意力，从而达到缓解他们情绪的目的，如讲故事、玩新玩具、吃美味的零食等。

2. 冷处理法

当幼儿因为需要得不到满足而情绪异常激动、暴躁时，成人可以采取暂时不予理睬的态度和方法，让幼儿静静地待一会儿，切忌在幼儿异常激动时成人亦激动起来。

3. 不良情绪宣泄法

发泄是疏导不良情绪、保持心理健康的有效方法。作为家长和幼儿教师，一定要正确理解和对待幼儿不良情绪的发泄行为，给予他们适当的宣泄时间，引导幼儿运用正确的方法宣泄，如听音乐、做运动、和同伴诉说、大哭一场等，及时排解不良情绪有利于孩子的情绪健康。

4. 自我说服法

可以充分利用幼儿心理的积极暗示作用，达到调节情绪情感的目的。例如，幼儿与小朋友发生冲突，情绪非常激动，成人可以要求孩子讲述冲突发生的过程，孩子的情绪会越来越平静。

总之，作为成人，要为幼儿树立言传身教的榜样，运用合理的方法帮助幼儿调节不良情绪，同时为幼儿创设轻松愉悦的生活氛围，给予他们合理的期望，让他们在生活的乐趣和美好中健康成长。

同步训练 8.2

1. 下列关于婴儿情绪的表述，正确的是（　　）。
   A. 新生儿的三种原始情绪是笑、哭、爱
   B. 啼哭是新生儿与外界沟通的第一种方式
   C. 怕生一般出现在婴儿三四个月时
   D. 四个月左右的婴儿开始出现"社会性微笑"
2. 幼儿在下棋、猜谜语等活动中产生的情感体验是（　　）。
   A. 道德感　　　　B. 理智感　　　　C. 美感　　　　D. 实践感

（答案或提示见本主题首页二维码）

活动训练

心情娃娃

设计意图

引导幼儿在讲述、记录自己的心情变化过程中,了解快乐、生气、伤心等不同情绪的表现,学习合理宣泄消极情绪的方法,促进良好情绪情感的发展。

活动目标

1. 能够结合"心情表"讲述自己的心情故事。
2. 能够说出自己的情绪,知道几种调节情绪的简单办法。

活动准备

1. 心情表1张、表情贴纸1张。
2. 教学图《笑比哭好》,操作卡"心情娃娃"。

活动过程

1. 观看教学图,借助操作卡"心情娃娃",了解高兴、伤心、生气三种不同的情绪。

(1) 讲述自己高兴或伤心的事情。

(2) 讲述生气的事情。

(3) 引导幼儿讨论,遇到生气或伤心的事情应该怎样调节自己的情绪。

2. 引导幼儿结合心情表讲述自己的心情故事。

(1) 教师分别请几名幼儿向大家展示并讲述自己的心情表。

(2) 幼儿向自己的小伙伴自由展示心情表并讲述自己的心情。

(3) 请幼儿自由交流,伤心或生气的时候怎样使自己高兴起来。

3. 带领幼儿一起念儿歌《笑比哭好》,知道高兴的情绪对人的身体有好处。

4. 选择能代表自己现在心情的表情贴纸,贴在自己的心情表上,并说给小伙伴听。

附

儿歌《笑比哭好》

两个小宝宝,
一个哭,一个笑。
笑宝宝,哈哈哈;
哭宝宝,呜呜呜。
快别哭,快别哭,
笑的要比哭的好。

心情表

	星期一	星期二	星期三	星期四	星期五	星期六	星期日
高兴							
生气							
伤心							

检测与评价八

一、选择题

1. 婴儿出现有分辨的微笑，发生在（　　）。
   A．3个月　　　　　B．4个月左右　　　C．六七个月　　　D．10个月
2. 下列关于幼儿情绪调控发展趋势的表述，正确的是（　　）。
   A．情绪从内隐到外显
   B．情绪的稳定性逐渐提高
   C．情绪的受感染性逐渐增强
   D．情绪的冲动性逐渐增多
3. 俗语说，"六月的天，孩子的脸"，这体现了幼儿情绪调控的（　　）。
   A．稳定性　　　　　B．外显性　　　　　C．冲动性　　　　D．内隐性

二、简答题

1. 简述幼儿情绪情感发展的趋势和特点。
2. 举例说明培养幼儿良好情绪情感的方法。

三、材料分析题

妈妈和三岁的女儿一起阅读一本童话故事书，给孩子讲完之后，过几天，妈妈发现，孩子将故事书上坏人的图像用手抠掉，变成了一个大洞。随着年龄的增长，这种情况会越来越少。

1. 案例说明幼儿的情绪调控有什么趋势？
2. 幼儿的情绪调控还有哪些趋势？

实践探究八

1. 观察一名中班幼儿的表情，用语言和绘画两种方式描述出她的表情和肢体动作的变化。
2. 作为小班的保育工作者，在下列情境下您将用怎样的语言来培养或保护幼儿积极的情绪情感？
（1）入园时，孩子放声大哭，抓着妈妈的衣服不松手……
（2）区域游戏中，明明生气地跑过来说："我再也不和壮壮一起玩儿了，他把我的积木推倒了……"
（3）一日活动的最后，红红高兴地说："老师，我今天获得了两个小贴纸……"

实训任务八　案例：入园焦虑怎么办

实训目的

1．巩固对幼儿情绪情感发展特点的理解。

2．能够从情绪情感发展的角度对案例中幼儿的表现进行科学分析。

3．学习培养幼儿良好情绪的方法，提升疏导幼儿不良情绪的能力，从而提高自己将来解决实际问题的能力。

实训步骤

1．整体阅读，了解案例基本情况。

2．结合所学心理学知识，讨论幼儿入园焦虑的原因。

3．阐述在本案例中，保教人员应如何疏导幼儿的情绪，缓解入园焦虑。

4．讨论促进幼儿情绪情感发展的策略，并进行分享交流。

实训资源

案例：入园焦虑怎么办

在幼儿进入幼儿园的最初一段时间里，很多幼儿都会表现出焦虑的情绪，最常见的表现形式为哭闹，还有的会出现尿裤子、尿床，容易生病，拒吃拒喝等情况，这让家长既心疼又焦虑。如果你是保教人员，应该怎么办呢？

模块九

幼儿意志的发展与培养

学习目标

1. 了解意志的概念、品质。
2. 理解幼儿意志的发展特点。
3. 掌握幼儿意志品质的培养途径和方法。
4. 能根据实际情况分析幼儿意志的发展情况并给出合理的培养建议。
5. 逐渐养成不惧困难的精神,关心爱护幼儿,重视幼儿良好意志品质的培养。

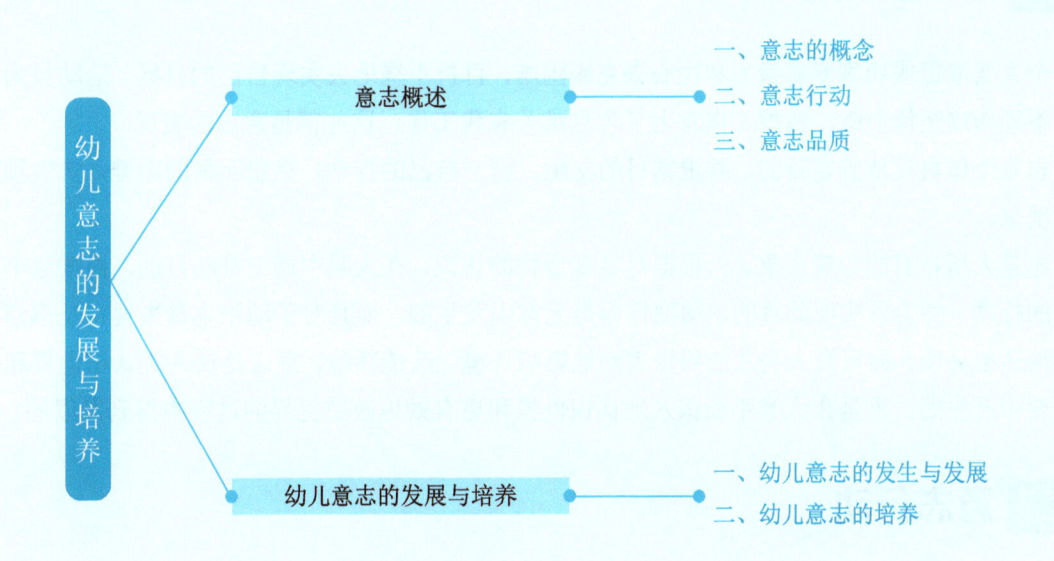

```
                                          一、意志的概念
                        意志概述            二、意志行动
幼                                          三、意志品质
儿
意
志
的
发
展
与
培
养
                                          一、幼儿意志的发生与发展
                   幼儿意志的发展与培养      二、幼儿意志的培养
```

锲而舍之,朽木不折;锲而不舍,金石可镂。

——荀子

主题 9.1 意志概述

问题情景

在幼儿园舞蹈排练活动中，朵朵的脸上一直挂着泪珠，因为压腿实在是太疼了！但在老师和其他幼儿的鼓励下，朵朵总是能擦擦眼泪继续压腿，并跟自己说："我不哭！我能行！"老师夸赞朵朵是意志坚强的小朋友，并鼓励其他幼儿向她学习。

意志是一种重要的心理过程，掌握意志的特点、品质，了解意志的产生和发展，有助于我们培养幼儿坚强的意志。

基础知识

一、意志的概念

一个人要取得成功需要靠毅力和决心去克服困难，百折不挠地去实现自己的目标。运动员为了赢得好成绩不顾伤痛坚持训练，科技工作者为了攻克难关忘我工作，这些都是意志的表现。

意志是个体自觉地确定目的，并根据目的支配、调节自己的行动，克服面临的困难，实现预期目的的心理现象。

意志是人所特有的心理现象。人根据对客观事物的认识，在大脑中确定行动目的，根据这个目的支配自己的行动，并力求实现此目的。动物行为是无意识发生的，而且对于动物本身来说也是偶然的，只是消极地适应环境，而只有人类才能积极主动地影响环境、改造环境。意志是在人类认识世界和改造世界的需要中产生的，也是在人类不断深入地认识世界和更有效地改造世界的过程中得到发展的。

二、意志行动

意志和行动是不可分割的，意志通过行动表现出来。人们在改造主观、客观世界方面所取得的成就就是人的意志行动的结果。意志行动是指自觉确立目的、主动调节行为、努力克服困难，从而实现目的的行动。

意志行动具有以下基本特征。

1. **有明确的目的**

意志行动和预定目的分不开，没有目的就没有意志行动。人在活动之前，活动的结果就已经作为活动目的存在于大脑中了，在行动时则根据目的有针对性地制订计划、选择方法，并能根据目标达成情况来衡量自己行动的结果。行动的目的越明确，目的的社会价值越大，意志的水平就越高，行动的盲目性和冲动性也就越小。

2. 以有意运动为基础

有意运动是意志行动的基础。人的行动是由一系列的动作组成的，动作可分为无意运动和有意运动两种。无意运动是指不受意识支配的动作，动作发生之前没有确定任何目的，也不以人的意志为转移，如心脏跳动、眨眼等；有意运动是由意识调节和支配的、具有一定目的的动作，如写字、打球等。有意运动是意志行动的基础，如果没有有意运动，人的任何目的都不可能在行动中实现，意志行动也就无法实现。例如，写字是有意运动，受意识支配，但不能说写字就表现了人的意志，只有当写字遇到了阻碍，如因手臂受伤时写字有困难，人为了达到写字的目的而想方设法克服困难的行动，才属于意志行动。

3. 与克服困难相联系

克服困难是意志行动的核心。人的意志行动总是与调动人的积极性去克服困难、排除行动中的各种障碍分不开。换句话说，并不是所有有目的的行动都是意志行动。口渴时拿起水杯喝水，久站后坐下休息等都不是意志行动，而考试失败后勇于自我反思，分析原因、找到方法、克服困难，最终提高成绩，这就是意志行动。一个人能克服的困难越大，表明这个人的意志越坚强；反之，则表明其意志薄弱。

意志行动的三个特征，是密切联系的统一整体。有明确的目的是意志行动的前提；有意运动则是意志行动得以顺利进行的基础和手段；克服困难是意志行动的核心。

三、意志品质

意志品质指一个人在行动中具有明确的目的，不屈从于周围人的压力，按照自己的信念、知识和行为方式进行行动的品质。主要包括独立性、坚持性、果断性和自制力。

（一）独立性

独立性表现为一个人有能力做出决定并执行，能够对自己的行为所产生的结果负责。有独立性的人常常能够理智地分析、听取他人的意见，丰富完善自己的计划并付诸行动。与独立性相反的是受暗示性。受暗示性表现为盲从，没有主见，很容易受他人的影响。易受暗示性的人的行为动机不是产生于自我，而是受他人影响的结果。

（二）坚持性

坚持性表现为长时间地按照预定目的去行动。有坚持性的人为了实现目的不怕困难和挫折，善于总结经验教训，有顽强的毅力、充满必胜的信念。与坚持性相反的是动摇性和固执、执拗。动摇性是遇到困难便怀疑预定目的，不加分析便放弃，做事见异思迁、虎头蛇尾。固执、执拗是对自己的行为不作理智的评价，独行其是。这种人不能客观地认识形势，尽管事实证明他的行为是错的，但仍自以为是。

（三）果断性

果断性表现为一个人善于明辨是非，能及时、坚决地采取决定和执行决定的品质。果断是以充分的根据、周密的思考为前提的，果断的人能全面、深刻地思考行动的目的和方法，紧急关头，能当机立断。

与果断性相反的是优柔寡断、犹豫不决。优柔寡断表现为遇到新情况时，三心二意，迟疑不决，做出决定后，又怀疑决定的正确性。

（四）自制力

自制力是善于控制自我的能力，是意志的抑制功能。在意志行动中，与目标不一致的欲望的诱惑、消极的情绪等都会干扰人们做出决定和执行决定。有自制力的人，能克制与实现目标不一致的思想和情绪，迫使自己执行决定。与自制力相反的是任性和怯懦。任性的人不能约束自己，语言伤人，行为放纵；怯懦的人胆小怕事，遇困难就惊慌失措、畏缩不前。

意志的品质不是彼此孤立的，而是密切联系的。人的意志品质也不是与生俱来、恒久不变的，我们可以通过实践和训练加以培养。

知识拓展

意志与成就

美国心理学家推孟曾历时 30 年对千余名天才幼儿进行追踪研究，发现智力高的成就不一定就大。他们最明显的差别不在于智力的高低，而在于个性意志品质的不同。他将 800 名男性受试者中成就最大的 20% 与没有什么成就的 20% 做了比较，发现成就大者，都对自己所从事的工作充满信心，具有不屈不挠的顽强精神和坚持完成任务的毅力和韧性；而成就小者，却普遍缺乏这些品质。我国心理学家对 20 多名超常幼儿所进行的调查也显示了同样的结果。可见，一个人能否成才、有所作为，除智力因素外，意志品质也极为重要。因此，在对幼儿进行早期教育时，必须重视对幼儿意志力的培养，使幼儿从小就具有良好的意志品质，为其将来成就的取得奠定良好基础。

同步训练 9.1

1. 意志行动的特征是（　　）。（多选）
    A. 明确自觉的目的性
    B. 以随意动作为基础
    C. 与克服困难相联系
    D. 与自信自律有关系

2. 意志品质包括（　　）。（多选）
    A. 独立性　　　　　　　　B. 坚持性
    C. 果断性　　　　　　　　D. 自制力

（答案或提示见本主题首页二维码）

主题 9.2 幼儿意志的发展与培养

问题情景

张老师发现童童在游戏中经常遇到困难就放弃，比如玩积木时因为搭建失败而不再玩了。在与其父母沟通后得知，童童在家里也是如此，遇到一点挫折就会情绪低落，然后放弃努力，不再坚持。张老师决定与家长配合，加强对童童的意志培养。

幼儿期是儿童意志品质发展的重要时期。了解幼儿意志发展的过程，掌握幼儿意志的发展特点，有利于我们在保教活动中采取恰当的措施，帮助幼儿形成坚强的意志。

基础知识

一、幼儿意志的发生与发展

（一）幼儿意志的发生

人不是一生下来就有意志活动，意志是一种发生得较迟的心理过程。意志的萌芽出现在婴儿期，两三岁的婴儿有了意志但行动目的容易改变，还不善于控制自己的行动。3～6 岁幼儿的意志过程，受其心理发育和心理活动发展水平的限制，往往表现为直接外露的意志行动。意志是随着言语和认知过程的发展，在幼儿本身有意运动实践的基础上，经过成人的教育指导逐渐形成的。

1. 有意运动的发生

意志行动是一种特殊的有意运动，其发生与有意运动的发生密不可分。婴儿在 4～5 个月时手眼协调动作的发生，是个体有意运动发生的主要标志，此时的婴儿能够主动用手准确地抓住眼前的物体。

2. 意志行动的萌芽

意志行动的特点在于个体能自觉意识到行动的目的和过程，并能努力克服前进中遇到的困难，这就需要个体的有意运动已经得到一定程度的发展。因此，个体行动的自觉意识性发展要经过比较长的发展过程。

新生儿没有意志活动，只有遗传的反射行为，如吃奶的吮吸动作，这是一种本能的反射性运动。

4 个月左右的婴儿出现了行为最初的有意性和目的性，8 个月左右的婴儿，能够坚持指向某个目标，并努力排除困难达到这个目标，这意味着幼儿意志行动开始萌芽，相较于 4 个月的婴儿，其动作的有意性发展出现较大的质变，8 个月的婴儿会努力去拿自己想要的玩具。

1 岁以后的婴儿意志行动的特征更为明显，他们会通过"尝试错误"去排除在向预定目的前进中所遇到的障碍。如幼儿玩球时，当球滚到沙发下面后，他会趴在地上试图用手取球，经过努力后发现手够不到球，又会找木杆取球，直至最终将球取出。

2~3岁的幼儿，行动有一定的目的性，但仍旧带有很大的冲动性。

（二）幼儿意志的发展

1. 目的性逐渐增强

3~4岁的幼儿，行动容易受周围事物的影响和支配，常常难以服从，甚至会忘记行动的目的，行动带有很大的无意性和不自觉性。4~5岁的幼儿能够在成人正确的教育下，逐渐服从成人的指示和要求，在某些活动中能独立地为自己确定行动目的，并按照既定的目的去行动。5~6岁的幼儿在意志行动中不仅有明确的目的，还能根据个人的兴趣和能力水平制定目标和任务，在合作游戏中还可以根据任务要求分配角色，让参与活动的几个小伙伴共同完成游戏任务。若碰到同伴在某方面因能力较弱导致进展缓慢的情况，他们还会主动上前帮忙。

2. 坚持性逐渐发展

1.5~2岁的婴儿已经出现坚持性的萌芽，3岁幼儿的坚持性发展水平仍然很低，虽然幼儿有了一定的控制能力，但行动过程不能完全受行动目的的制约，常常因为干扰或困难，忘记成人的语言指导和要求，也不能够长时间地从事一种活动，往往半途而废。例如，小班的朵朵玩"娃娃家"游戏，朵朵要当妈妈，抱着娃娃到"餐厅"吃饭，当她看见"餐厅"的"厨师"用面粉做包子、麻花时，她觉得很好玩，将娃娃放在旁边就随着做起了麻花，而且和别的小朋友进行热烈的交流，过了一会儿，教师走到"餐厅"间"这个娃娃的爸爸妈妈是谁呀"，朵朵才突然想起自己扮演的角色，急忙去抱娃娃。4~5岁是坚持性发展的关键年龄，也是坚持性发展最快的年龄。主要表现在这时的幼儿坚持完成任务的时间比小班幼儿有较大幅度的增长。5~6岁的幼儿随着动作协调性的发展以及认知能力的提高，能够自己提出活动目的与要求，能够将注意力较长时间放在活动任务上，能够抗拒环境中的诱惑与干扰。但幼儿之间存在较大的个体差异，不能一概而论。

知识拓展

"哨兵站岗"实验

苏联教育家马努依连柯做过一个有关幼儿动作坚持性方面的经典实验。实验要求3~7岁的幼儿在空手的情况下保持哨兵持枪站岗的姿势。

实验设置了两种情境：游戏情境和非游戏情境。要求第一组不告诉幼儿动作名称，只需他们按照主试者的示范，右肘弯着，左手垂在身旁，不动地站着。第二组地点换在幼儿园的活动室进行，明确要求幼儿采取"哨兵"的姿势，但活动室里有许多幼儿在玩耍，增加了分心因素，其他条件和第一组一样。第三组以游戏的方式对幼儿提出要求：采取"工厂与哨兵"的创造性游戏的方式，在游戏中，幼儿感觉不是在完成成人交代的任务，而是在游戏中担任哨兵的角色。第四组要求幼儿在第三组的基础上担任角色，告诉幼儿让大家看看他是否能持久地维持哨兵的姿势，但全程没有让他加入游戏。第五组则让幼儿在离开集体的地方担任哨兵的角色。

不同条件下，五组幼儿保持姿势的时间不同。

年龄组	一组保持姿势的时间	二组保持姿势的时间	三组保持姿势的时间	四组保持姿势的时间	五组保持姿势的时间
3~4 岁	18″	12″	—	—	—
4~5 岁	2′15″	41″	4′17″	24″	26″
5~6 岁	5′12″	2′55″	9′55″	2′27″	6′35″
6~7 岁	12′	11′	12′	12′	12′

注：′为分，″为秒，—为缺失数据。

实验结果表明：幼儿活动的坚持性与活动的性质有关系。以游戏方式出现的活动，幼儿坚持性将显著增长。

1．幼儿自觉坚持行动的能力逐年增高。

2．第一组在实验室个别进行，第二组在活动室进行，分散注意的强烈因素可以影响意志行动的稳定性。

3．在游戏中，幼儿自觉坚持行动的时间比单纯完成成人交代的任务长得多。

"哨兵站岗"的实验研究充分说明了用游戏来培养幼儿的坚持性等意志品质是十分有效的。我国韩进之和李季湄等人对幼儿坚持性的研究都证明了 4~5 岁是幼儿坚持性发生明显质变的年龄，是幼儿意志行动坚持性发展的关键年龄，成人应该重视对此年龄阶段幼儿意志坚持性的培养。

3. 自制力逐渐发展

2 岁幼儿随着认知能力的提高，自制力也逐渐发展起来，但 4 岁前的幼儿自制力依旧很弱。5~6 岁时，幼儿才具备一定的自制力，这时的幼儿能够在没有监督的情况下服从父母的要求，也能够根据要求调节自己的行为。例如，5 岁半的强强很想和妈妈一起去超市买东西，但妈妈要求他要把画认真完成才能去，此时强强就需要自我控制，抑制想去超市的冲动，静下心来画画，并坚持把画完成。

💡 知识拓展

延迟满足实验

如图 9-1 所示，实验者发给 4 岁被试儿童每人一颗好吃的软糖，同时告诉孩子们：如果马上吃，只能吃一颗；如果等 20 分钟后再吃，就能吃两颗。有的孩子急不可待，把糖马上吃掉了；而另一些孩子则耐住性子、闭上眼睛或头枕双臂做睡觉状，也有的孩子用自言自语或唱歌来转移注意，消磨时光以克制自己的欲望，从而获得了更丰厚的回报。在美味的软糖面前，任何孩子都将经受考验。研究人员在十几年以后再考察当年那些孩子现在的表现，结果发现，那些能够为获得更多的软糖而等待得更久的孩子要比那些缺乏耐心的孩子更容易获得成功，他们的学习成绩要相对好一些。在后来的几十年的跟踪观察中，发现有耐心的孩子在事业上的表现也较为出色。也就是说延迟满足能力越强，越容易取得成功。（资料来源：延迟满足实验）

图 9-1 延迟满足实验

二、幼儿意志的培养

坚强的意志不是天生的，也不是自发的，而是在后天的教育和生活中逐步形成的。

（一）明确活动目的

目标是意志行动的前提，幼儿活动的目的性不够明确，需要成人给予指导和帮助其明确目标，指明努力的方向。幼儿一旦有了目标，就会为实现目标而努力，就会表现得更加坚毅、顽强。因此，成人应对幼儿提出明确的目的和要求，逐渐帮助幼儿明确自己的目的，即从"老师让我做什么"过渡到"我要做什么"。

（二）锻炼动手能力

幼儿的独立性是在实践中逐步培养起来的，成人既不要怕幼儿做不好，也不要求全责备，更不能包办代替。我国著名教育家陈鹤琴先生曾经指出："凡是儿童自己能做的，应让他自己做。"成人要大胆放手，让幼儿自己去做力所能及的事，在克服困难的过程中，幼儿的意志能够自然地得到锻炼，如鼓励幼儿自主进餐、穿脱衣物、整理玩具等。

（三）教授技能技巧

受认知和经验的影响，幼儿常常因为遇到了自己无法解决的困难而放弃既定目的，表现为不能坚持做完一件事。因此，成人需时常关注幼儿知识的积累，丰富幼儿知识、经验，并给予幼儿适当帮助。一旦幼儿掌握了必要的技能技巧，就能克服困难并从中体验到满足与快乐，就更能激励其克服困难的决心和意志。例如，指导幼儿进行建构游戏时，提供给幼儿多种积木搭建方法，能够有效提升幼儿游戏时长，有助于幼儿意志力的培养。

（四）树立良好的榜样

爱模仿是幼儿的天性，因此，成人要以身作则，做出意志坚强的表率。如果成人懒散、懈怠，常半途而废，就难以培养出意志品质良好的幼儿。另外，还可以利用电影、电视、故事及现实生活中的正面人物感染幼儿，为幼儿树立榜样。

（五）提供克服困难的机会

劳动、游戏和学习是幼儿的常见活动形式。意志的坚定性只有在多种多样的活动中、在反复多次克服困难的过程中才能逐渐形成和培养起来。日常生活中，只要能放手让幼儿承担其应该承担的责任、完成其应该完成的任务，就能达到锻炼其意志的目的。

知识拓展

意志与认知、情感的关系

（一）意志与认知

1．认知过程是意志产生的前提和基础

意志是在认知过程的基础上产生的。意志的特征之一就是具有自觉的目的性，而个体的任何目的都是在认知活动的基础上产生的。人在确定目的及实现目的的过程中，通过感知、记忆、思维、想象等认知过程来分析主客观条件，通过回忆调动经验，通过思维分析结果，从而拟订方案、制订计划，因此，只有有了认知过程，才有意志，离开了认知过程，意志便不可能产生。

2．意志能够影响认知过程

人在认识和改造世界过程中，需要确定目的、制订计划并克服困难。意志在此过程中起到重要作用，如观察活动、有意注意、有意识记、创造性想象、解决问题等活动的开展，都离不开意志努力，即离不开意志过程。另外，人在认知过程中遇到各种困难时，需要通过意志努力来解决。日常生活中，那些意志薄弱、不能做到坚持不懈的人，学习和工作往往会缺乏成效，认知活动也不会深入。

（二）意志与情感

1．情绪与情感推动或阻碍意志行动的实现

一方面，情绪与情感可以成为意志的动力。当某种情绪和情感对个体的行为起推动或支持作用时，就会推动意志行动的实现。另一方面，情绪与情感也可以成为意志的阻力。当个体在遇到其不喜欢的活动时，常常会因为对所要达到目标的漠然、冷淡而难以表现出坚强的意志。

2．意志对情绪与情感的影响

由于意志本身执行着调节机能，因此对某项意志行动起阻碍作用的情绪，实际上与意志处于相互制约、此消彼长的关系之中，这就是"理智与情感的冲突"。产生的结果有以下两种：①理智战胜情感，即意志的力量根据理智的认识克服了与理智相矛盾的情绪与情感的干扰，把行动贯穿始终。②情感战胜理智，即意志力不足以抑制情感的冲动而成为情感的俘虏，使意志行动半途而废，背离了理智的方向。

总之，认知、情绪情感与意志密切联系、彼此渗透，不可能存在纯粹的、不与任何认知和情绪过程相关联的意志过程。因此，不能把意志仅仅归结为反映活动的效应环节，而应将其看作反映完整活动的一个方面。学习是典型的认知过程，但也会受一定情绪、情感活动的影响，更离不开意志的调节与控制。

同步训练9.2

1．幼儿行为有较强的冲动性，做事不考虑后果，容易放弃正在做的事情。此阶段所属的年龄范围是（   ）。

    A．1~2岁   B．2~3岁   C．3~5岁   D．5~6岁

2．下列对于幼儿意志力培养的描述，正确的是（   ）。

A. 教师应该经常批评幼儿做事情时三心二意，虎头蛇尾

B. 幼儿应该以学习为主，无须帮助成人做力所能及的事情

C. 幼儿意志力培养是幼儿园的事情，家长大可不必操心

D. 教师应该尽可能地利用常规体育活动来培养幼儿坚强的意志力

（答案或提示见本主题首页二维码）

活动训练

输了也不哭

设计意图

幼儿心理发展尚不成熟，意志力相对薄弱，对挫折的承受能力不强。受家庭结构的影响，大部分幼儿是家庭的"中心"，父母常常哄着、惯着，导致他们输赢心重，赢了便罢，输了要么号啕大哭，要么灰心丧气。教师应有目的、有计划地帮助幼儿正确认识输赢，培养坚强意志。

活动目标

1. 认知目标：通过讲故事、做游戏等方式，引导幼儿正确看待输赢。
2. 能力目标：能够积极调整心态，明白输了也不放弃的道理。
3. 情感目标：培养幼儿敢于拼搏、不怕困难的意志品质。

活动准备

1. 故事《输了也不哭》及相关课件。
2. 幼儿活动用具：红旗、装有沙子的小桶、皮球、动物棋、塑料圈若干。

活动过程

一、猜一猜：让幼儿感受生活中遇到的输赢问题

1. 幼儿随着音乐玩"猜拳游戏"。让幼儿在音乐声中去邀请一名同伴，音乐停，两人通过"石头、剪刀、布"猜拳，谁赢谁当邀请者。
2. 教师：刚才玩游戏时，你是赢了还是输了？赢了的感觉怎么样？输了的感觉又怎么样？
3. 引发讨论：生活中，你还遇到过哪些事情也有"输"和"赢"？

二、听一听：引导幼儿正确看待输赢

1. 教师演示课件，请幼儿仔细观察，猜猜故事中讲了什么。
2. 让幼儿完整欣赏故事《输了也不哭》。
3. 引发幼儿思考：妈妈为什么不和彤彤下棋了？彤彤这样做好不好？现在彤彤输了棋还会哭吗？如果你遇到这样的事情会哭吗？哭能取得胜利吗？平时你遇到过这样的事情吗？你是怎么做的？

三、玩一玩：鼓励幼儿努力争取胜利

1. 让幼儿自由结伴开展自选活动，请几位幼儿担任活动裁判。

插红旗：同时起跑，看谁最先插好红旗。

拍皮球：比比同一时间内谁拍的个数最多。

下棋：比比谁的棋艺高。

跳圈：双脚并拢，依次跳圈，看谁先到达终点。

2. 教师观察、指导幼儿活动，看看他们是怎样对待输赢的。

3. 游戏后，请幼儿讲一讲：刚才你和谁一起进行了什么比赛，你们谁输谁赢，你觉得输了应该怎么办，怎样才能取得胜利。

4. 总结：在比赛中输了不要紧，如果今后能多多练习、锻炼本领，那么在以后的比赛中就会取得胜利，记住：要通过自己的努力去争取胜利。

四、唱一唱：激发幼儿日常生活中的自信心

齐唱歌曲《嘿哟，加把劲》，鼓励幼儿在生活中也能"加把劲"，通过自己的努力争取胜利。

检测与评价九

一、选择题

1. 以下不属于意志行动的基本特征的是（　　）。
   A．根据目的有意识地调整行动　　　　B．克服困难
   C．有明确的目的　　　　　　　　　　D．强烈的个人主观色彩

2. 苏联教育家马努依连柯的"哨兵站岗"实验说明了幼儿意志（　　）的发展特点。
   A．果断性　　　B．独立性　　　C．坚持性　　　D．自制力

3. 下列实验中研究儿童自我控制能力和行为的是（　　）。
   A．陌生情境实验　　B．点红实验　　C．延迟满足实验　　D．三山实验

二、简答题

1. 简述意志行动的特征。
2. 简述幼儿意志发展的特点。

三、材料分析题

5岁的文文在看动画片时，往往能看半个小时甚至更长时间而不分散注意力，但当他看图书时，时间就短了很多。请从影响幼儿意志行动发展的因素角度分析：

1. 造成这一差异现象的主要原因是什么？
2. 请结合相关知识简要阐释该如何培养幼儿的意志品质。

实践探究九

1. 与同学们分享你的一件表现出坚强意志的事例，并分享自己锻炼意志的方法和成效。

2. 到幼儿园观察教师培养幼儿意志的活动，以小组为单位搜集素材、整理资料、撰写脚本，拍摄科普视频，进行交流。

实训任务九　　游戏：木头人

实训目的

1．巩固对幼儿意志发展特点的理解。

2．能够在活动中对幼儿意志的发展进行指导。

3．积累意志发展的组织策略，提升自己适应未来工作岗位所需的专业素养。

实训步骤

1．了解游戏，熟悉"木头人"的玩法及规则。

2．结合心理学知识，说明这个游戏对幼儿意志力培养的价值。

3．小组模拟幼儿游戏的场面，轮流当教师进行游戏组织和指导。

4．小组设计类似可以培养幼儿意志的游戏，并进行游戏体验和价值分析。

实训资源

游戏：木头人

游戏玩法：

1．幼儿边自由走动边做动作，同时一起喊口令："我们都是木头人，不许说话不许动，不许走路不许笑！"

2．口令完毕，全体幼儿立即保持静止状态，无论本来是什么姿势，都要保持不动。

3．如果有一人先忍不住动了，或者说话，或者笑了等，那么这个人就是游戏失败者。其他人喊口令："你不是木头人，木头人不说话！"

4．游戏失败者表演节目，然后继续游戏。

模块十

幼儿个性的发展与培养

学习目标

1. 理解幼儿个性、需要、气质、性格、自我意识的基本知识。
2. 掌握需要、气质、性格、自我意识发展的特点、培养方法。
3. 能根据实际情况分析幼儿个性因素的发展情况。
4. 能以科学的眼光看待幼儿个性发展过程中出现的问题。
5. 关爱幼儿，能够根据不同幼儿的个体差异，提出科学合理的教育策略与方法。

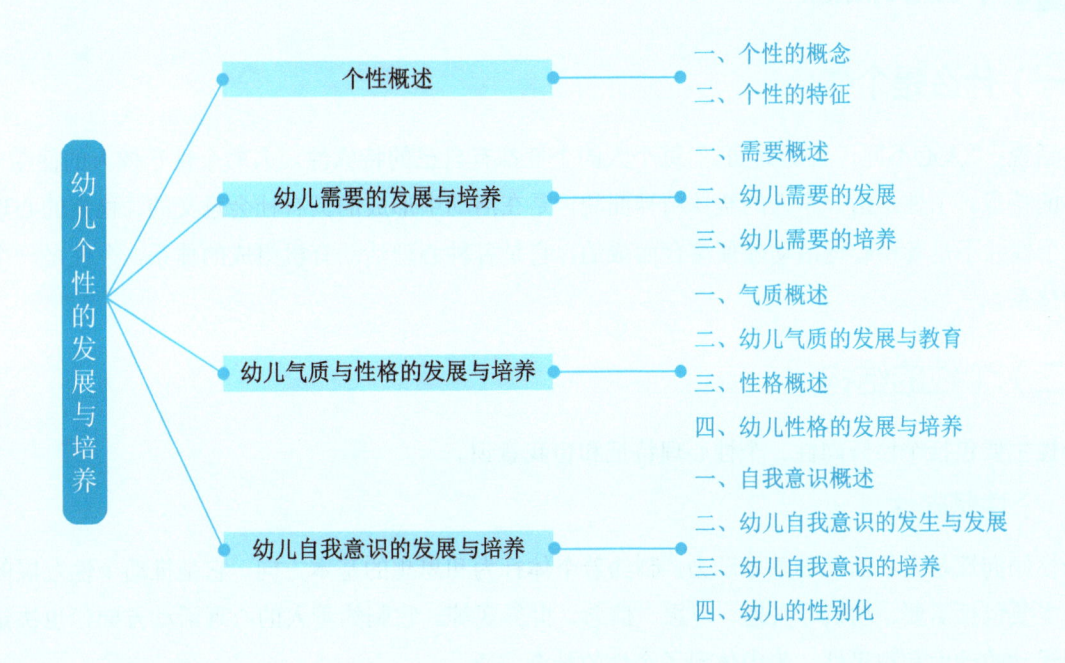

幼儿个性的发展与培养
- 个性概述
  - 一、个性的概念
  - 二、个性的特征
- 幼儿需要的发展与培养
  - 一、需要概述
  - 二、幼儿需要的发展
  - 三、幼儿需要的培养
- 幼儿气质与性格的发展与培养
  - 一、气质概述
  - 二、幼儿气质的发展与教育
  - 三、性格概述
  - 四、幼儿性格的发展与培养
- 幼儿自我意识的发展与培养
  - 一、自我意识概述
  - 二、幼儿自我意识的发生与发展
  - 三、幼儿自我意识的培养
  - 四、幼儿的性别化

把全班儿童笼统地看作一样，不去辨别他们的个性，绝不会有真正合于科学原理的教育发生。

——杜威

主题 10.1 个性概述

问题情景

童童和佳佳正在建构区搭"摩天大楼",旁边的壮壮在玩"打枪"游戏,一不小心撞倒了"摩天大楼",童童生气地说:"壮壮,你撞倒我们的摩天大楼了,跟我们道歉!"壮壮说:"就不!"说着还拿起一块积木当"手榴弹"扔向大楼。佳佳却一声不响地整理积木打算重新开始。

个性是心理发展的重要内容,幼儿在面临冲突时表现出不同的个性特质,学习个性相关知识,为促进幼儿个性的发展奠定基础。

基础知识

一、个性的概念

(一)什么是个性

俗话说:"人心不同,各如其面。"每个人的个性都有自己的特殊性,人的个性正像人的面貌一样,各有各的特点。个性是指一个人的整体精神面貌,是在活动中形成的具有社会意义的、稳定的心理特征系统。个性并不是各种心理活动随便凑合而成的,它是各种心理活动有机组成的体系,个性是一个相对稳定的体系。

(二)个性的结构

个性主要包括个性倾向性、个性心理特征和自我意识。

1. 个性倾向性

个性倾向性是人的活动的基本动力,制约着个体行为和思想的基本方向。它是推动个性发展的动力因素,主要包括需要、动机、兴趣、理想、信念、世界观等。它制约着人的心理活动方向,也决定了人的心理活动的动力和积极性,集中体现了个性的社会实质。

2. 个性心理特征

个性心理特征是一个人所具有的典型、稳定的心理特征,主要包括能力、气质、性格。它是个性中的特征结构,是个性独特性的集中表现,是一个人稳定的心理特点。

3. 自我意识

自我意识指个体对自己所有的身心状况以及与周围人或物的关系的意识。自我意识是自我完善的能动结构。它充分反映着个性对社会生活的反作用，是人的心理能动性的体现。它的主要作用是通过自我调控，保证个性的完整、和谐、统一。它包括自我认识、自我体验和自我调控。

二、个性的特征

人的行为受心理影响，并非所有行为表现都是个性的表现。一般说来，个性具有稳定性、整体性、社会性和个别性四个特征。

（一）稳定性

个性的稳定性是指个体的个性特征具有跨时间和跨空间的一致性，即一个人经常、一贯表现的心理倾向性和心理特征。例如，一个人经常表现出谦和周到、思维缜密、做事认真，无论什么时候什么场合都能表现出这些特征。

个性具有稳定性，但不是绝对的，个性不是一成不变的，它还具有可变性。个性并不是先天形成的，而是在后天教育、环境的影响下逐步形成的，一旦形成就比较稳固。但现实生活非常复杂，社会现实和生活条件、教育条件的变化，年龄的增长，主观的努力，生活重大变故等，都会影响个性的变化。可以说，个性是稳定性和可变性的统一。

（二）整体性

个性的整体性是指个性是一个统一的整体结构，是由密切联系的各个心理成分构成的多层次的统一体。各个成分相互作用、相互影响、相互依存，使一个人的各种行为都体现出统一的特征。

整体性还表现在个性中的各种因素都是相互联系的，一个因素的变化就会引起整个系统的变化。例如，一个沉迷游戏的人突然发现了人生意义，就会从颓废转向积极，进而促进他能力的变化、性格的变化等。另外，整体性也表现在心理发展的协调性上。个性的整合水平越高，个性也就越成熟。

（三）社会性

个性的社会性是指个体在先天的自然素质的基础上，通过后天的学习、教育与环境的作用逐渐形成的社会属性。

（四）个别性

个性的个别性是指人与人之间没有完全相同的个性，人的个性千差万别，即使孪生兄弟或姐妹，虽然有相同的外貌，但熟悉他们的人也能根据他们的言谈举止区分出来。个别性反映一个人在个性方面与众不同的特性。由于先天和后天的发展条件不同，每个人都是以自己特有的速度（反应的快慢）、强度（反应的强弱）、稳定性（反应持续时间的长短）和指向（内向还是外向）、对自我和他人的态度、行为方式以及能力来加以表现。这种种特殊的表现既受后天环境的影响，也受每个人的遗传特点、神经活动特点、生理结构的影响。

幼儿发展心理基础

> **知识拓展**
>
> 个性迥异的连体人
>
> 　　阿比盖尔和布列塔妮，1990年3月16日出生于美国明尼苏达州，是世界罕见的"双头人"。她们共有两个头颅、两个大脑和两根在骨盆处融合的脊柱，但只有一个身体。
>
> 　　在母亲的精心照料和养育下，姐妹俩先后学会了打篮球、排球、乒乓球、弹钢琴，上了中学之后，她们又学会联手在电脑上写电子邮件和发短信。她们与任何中学女生一样聪明和快乐，她们平时不仅爱开玩笑、爱聊天，而且也爱听响亮的音乐、爱逛商店。但姐妹俩却拥有完全不同的性格。阿比盖尔和布列塔妮对食物的爱好也截然不同，阿比盖尔吃早餐时喜欢喝橙汁，而布列塔妮则更喜欢喝牛奶。在两姐妹中，阿比盖尔性格更倔强，更喜欢发号施令。而布列塔妮则爱开玩笑，她喜欢读书，喜爱小动物。（资料来源：阿比盖尔和布列塔妮[EB/OL].百度百科）
>
> 　　这个例子告诉我们，人与人之间的差异来自人的个性心理，也就是个性的独特性。
>
> 　　幼儿期是个性初步形成的时期，2岁左右开始萌芽，3~4岁开始形成，5~6岁初具雏形，开始有了较稳定的态度、情感、兴趣等。直到成熟年龄（大约18岁），个性才基本定型。

✎ 同步训练 10.1

1. 个性的结构包括哪些内容？（　　　）（多选题）
   A. 个性倾向　　　　　　　　　B. 个性心理特征
   C. 自我意识　　　　　　　　　D. 自我调控

2. 下列选项中对个性特征的描述正确的是（　　　）。
   A. 个性具有稳定性，个性不是一成不变的
   B. 个性是一个统一的整体结构，是由各个密切联系的心理成分所构成的多层次的统一体
   C. 个性的独特性是指人与人之间没有完全相同的个性，所以排除人与人之间的共同性
   D. 人的个性与先天因素无关，是通过后天的学习、教育与环境的作用逐渐形成起来的

（答案或提示见本主题首页二维码）

主题 10.2　幼儿需要的发展与培养

> **问题情景**

　　张萌同学在幼儿园中班实习，一天，她发现壮壮站在饮水机旁，不停地按动饮水机的开关，看着时断时续的水流，格外兴奋，还用手去触摸水，水洒得到处都是。张萌看到壮壮对玩水的需求如此强烈便没有批评他，而是问壮壮是否愿意去生活区玩水，壮壮愉快地答应了。在生活区里，壮壮拿起小

水壶，在玩具上一遍一遍地淋着，可开心了。

需要是个性倾向性的基础。学习幼儿需要的特点等相关知识，可以帮助我们更好地理解幼儿。

基础知识

一、需要概述

（一）需要的概念

需要是个体在生活中感到某种欠缺而力求获得满足的一种内心状态，它是机体对自身或外部生活条件的要求在头脑中的反映。人为了求得个体的生存和社会的发展，必然产生一定的需求，如饮食、睡眠、交往、尊重、理解等。

（二）需要的种类

1. 根据需要的产生和起源分类

根据需要的产生和起源，可以把需要分为生物性需要和社会性需要。

生物性需要是人类最原始和最基本的需要，与维持个体的正常生命活动和延续种族有关，如睡眠、饮食、排泄、运动、配偶等。生物性需要是人和动物所共有的。

社会性需要是人所特有的高级需要，是人类在社会生活中形成的，为维护社会的存在和发展而产生的需要，如劳动、求知、交往、审美、文化娱乐等。社会性需要是在生物性需要的基础上，在后天社会环境等因素的影响下形成的。

2. 根据需要的对象分类

根据需要的对象，可以把需要分为物质需要和精神需要。

物质需要是指对社会物质生活条件的需要，如衣食住行、科技产品、书籍报刊等。人的物质需要会随着社会生产的发展和社会的进步而不断发展。

精神需要是指对社会精神生活及其产品的需要，如求知需要、爱的需要、审美需要、交往需要、娱乐需要等，是人所特有的需要。这种需要如果长时间得不到满足，将会导致个性失常，影响心理的正常发展。

知识拓展

马斯洛的需要层次理论

许多心理学家都对需要问题进行了研究，并提出了各自的需要理论。当前影响最大的是美国心理学家马斯洛提出的需要层次理论，如图 10-1 所示。马斯洛是 20 世纪 50 年代中期在西方兴起的人本主义心理学派的主要创始人。他反对行为主义和精神分析学说，创立了人本主义心理学。

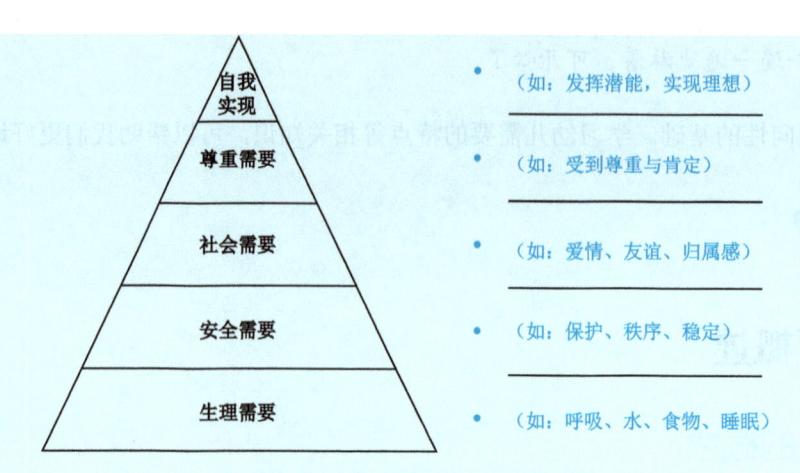

图 10-1　马斯洛需要层次理论图示

他在 1943 年提出了需要层次论，认为需要的满足是人全部发展的一个最简单的原则。在他看来，人的一切行为都是由需要引起的。人类主要有五种基本需要。所谓基本需要就是指一般人所共有的一些最基本的需要，不包括不同的社会文化条件下人们的特殊需要。这五种基本需要是由低层次向高层次发展的，依次为生理需要、安全需要、社会需要、尊重需要和自我实现的需要，后来他又在尊重需要与自我实现需要之间增加了认识需要和审美需要。马斯洛认为，人类的基本需要是相互联系、相互依赖、彼此重叠的，它们排列成一个由低到高逐级上升的层次，层次越低的需要越强大，只有低级需要基本满足后才会出现高一级的需要。只有前面几种需要基本满足后，人才会产生自我实现的需要。自我实现的需要是马斯洛个性发展理论中最理想的目标，是指个体希望最大限度地实现自己潜能的需要，表现为个人充分发挥自己的潜力，不断充实自己，不断完善自己，尽量使自己达到完美无缺的境地。马斯洛说："音乐家必须演奏音乐，画家必须绘画，诗人必须写诗，这样才会使他们感到最大的满足，是什么样的角色，就应该干什么样的事情，我们把这种需要叫作自我实现。"

马斯洛认为，自我实现者大都是中年人或年长的人，或者是心理发展比较成熟的人。一个人的童年经验，特别是 2 岁以内的爱的教育特别重要。如果一个人童年失去了安全、爱与尊重，是很难成为自我实现的人的。他认为真正能达到自我实现的人只有少数人，像孔子、贝多芬、爱因斯坦等，绝大部分人只能在社会需要和尊重需要之间的某一个层次上度过一生。

——资料来源：郑雪《人格心理学》，暨南大学出版社 2007 年版

二、幼儿需要的发展

我国心理学家杨丽珠、袁茵等人对婴幼儿需要做了专门研究，总结出如下特点。

（一）幼儿需要结构具有一定的系统性

幼儿需要结构是由彼此有机联系的 7 个等级 14 种层次需要所构成的一个多维度、多层次水平的整体结构，见表 10-1。

表 10-1 幼儿需要结构

层次	等级					
	生理与 物质生活	安全与保障	交往与友爱	游玩活动	求知活动	尊重与自尊	利他行为
1	吃喝睡等	人身安全	母爱	游戏	听讲故事	信任自尊	劳动
2	智力玩具	躲避羞辱	友情	文娱活动	学习知识	求成	助人

（二）幼儿的优势需要具有发展性

不同年龄幼儿的优势需要是一个不断发展变化的动态结构，是由几种强度较大的需要组成的。研究结果表明，不同年龄幼儿的优势需要存在差异。

三岁和四岁幼儿前五种需要基本相同，只是次序上略有变化。而五六岁幼儿的优势需要则在不断发生较大的变化，需要的层次不断提高。

（三）幼儿需要的发展具有不同步性

研究发现，需要的发展速度具有不同步性。其中，生理需要、母爱需要、人身安全需要呈随年龄增长而下降的趋势，而学习知识需要、劳动需要、求成需要、信任自尊需要、友情需要呈随年龄增长而上升的趋势；游戏需要与听讲故事需要则呈现出先升后降趋势，即在幼儿中期（4岁左右）出现高峰期，以后逐渐下降。总的来说，随着年龄的增长，幼儿需要的社会性逐渐加强，需要层次逐渐由低向高发展。

（四）幼儿需要的发展具有集约性和扩散性

需要发展的集约性是指需要在质上的发展越来越高，而需要发展的扩散性是指需要在量上越来越多、范围越来越大的趋势。幼儿期儿童的需要具有集约性和扩散性，需要的层次在不断提高，需要的范围也越来越广泛。先形成水平层次较低的需要系统，然后逐渐地扩大、丰富、螺旋式上升，形成水平层次较高、较复杂的需要系统。5 岁是幼儿需要发展的关键期、需要转化的关键期。

三、幼儿需要的培养

（一）关爱幼儿，满足幼儿爱的需要

成人的爱与关注对幼儿心理的健康成长具有十分重要的意义。调查研究发现，幼儿说喜欢某位老师，原因是"她会抱抱我""她经常对我笑，还经常弯下腰来跟我说话""她给我梳头扎辫子的时候很轻，一点都不疼"等带有爱与关注的行为。

如果幼儿对爱与关注的需要得不到适当满足，就很可能出现故意捣乱、毁坏物品、假装生病、攻击、恶作剧等行为来引起成人的关注。因此，成人应该努力通过各种形式向每个幼儿明确地表示对他们的爱与关注，并且尽可能做到每天都有所表示。

知识拓展

恒河猴实验

1959年，美国心理学家哈洛公布了一项研究：让新生的婴猴从出生第一天起同母亲分离，以后的165天中同两个"妈妈"在一起，一位是由铁丝缠绕而成的"铁丝妈妈"，一位是由绒布覆盖住模型的"布料妈妈"。铁丝妈妈的胸前挂着奶瓶，布料妈妈没有（如图10-2所示）。研究发现，小猴在"布料妈妈"身旁的时间每天达16小时以上，与其拥抱、亲昵或在它的怀里睡觉。相反，小猴每天在"铁丝妈妈"身旁待的时间只有1.5小时，而这还包括吃奶的时间。哈洛由此得出结论，身体接触对婴猴的发展甚至超过哺乳的作用——只有在饮食需要时，它们才去找"铁丝妈妈"，其余大部分时间则依偎在"布料妈妈"的身上。

可见，动物之间的依附行为或交往行为取决于机体寻求温暖、舒适的本能需要。虽然这个实验的对象是猴子，但是许多心理学家认为，它对人类婴儿同样适用。

图10-2 恒河猴实验

（二）创设宽松的精神环境，满足幼儿安全的需要

成人要关注幼儿心理安全需要，为幼儿创设宽松愉快的成长环境。例如，刚入园的孩子因独自面对陌生环境而产生分离焦虑，此时教师应温柔体贴地倍加爱护他们，帮助幼儿建立新的依恋对象，对新环境产生好感，满足幼儿心理安全的需要。研究发现，幼儿心理上的安全感主要与教师对待幼儿的态度、幼儿与伙伴之间的关系等因素有关，幼儿园环境要使幼儿产生心理上的安全感，是以建立民主、平等、和谐、宽容的师生关系、同伴关系为前提的。

（三）提供机会，满足幼儿成就的需要

幼儿心理的健康成长需要成功经验，哪怕是点滴的成功，也会对幼儿的成长起巨大的促进作用。例如，喜欢折纸的幼儿会说："我喜欢折纸，因为我会折战斗机，我折的战斗机飞得最高。"喜欢画画的幼儿因为"可以把自己的画贴在教室"而获得满足。由此可见，幼儿的成功经验来源于两个方面：一是带给幼儿成功体验的活动，二是活动后得到鼓励与肯定的评价。成人应该尽可能多地创造机会，让每个幼儿都能体验成功，这对培养他们的学习、生活兴趣，培养他们的自信心是十分有益的。

（四）提供充足的自由活动时间，满足幼儿自主活动的需要

幼儿生性好动，每个幼儿都有自主活动的心理需要。研究发现，幼儿喜欢自由度较大的活动。比如，有的幼儿说："我喜欢户外活动，因为可以跑来跑去。"自主活动是幼儿心理健康成长所必需的，因为自主活动能为幼儿的情绪宣泄及紧张心理的缓冲提供机会，对幼儿情绪健康有很大帮助。

在教育活动过程中，我们应该努力创造条件，满足幼儿各项合理的心理需要，以便能更好地促进幼

儿心理的健康发展。

同步训练 10.2

1. 幼儿需要发展的特点包括（　　）（多选题）
   A. 幼儿需要结构具有一定的系统性
   B. 幼儿的优势需要具有发展性
   C. 幼儿需要的发展具有不同步性
   D. 幼儿需要的发展具有集约性和扩散性

2. 下列关于幼儿需要的培养表述正确的是（　　）（多选题）
   A. 关爱幼儿，满足幼儿渴望被爱的心理需要
   B. 提供机会，满足幼儿成就的需要
   C. 创设宽松的精神环境，满足幼儿心理的安全需要
   D. 给幼儿多点自由活动的时间，满足幼儿自主活动的需要

（答案或提示见本主题首页二维码）

主题 10.3　幼儿气质与性格的发展与培养

问题情景

宇航的性子很急，每次拿绘本都是拿一大摞，翻得很快，即使是新书也很快就看完。他喜欢活动量大的活动，每次玩的都是创造性游戏，而且，总是爱玩打仗游戏。他上课时坐不住，对于老师的提问常常没有听清楚就急着回答，因此常常答非所问。

宇航的表现充分反映了他的气质特点。保教老师掌握幼儿气质和性格的相关知识，对促进幼儿心理发展起着重要作用。

基础知识

一、气质概述

（一）气质的概念

气质是人的心理活动中比较稳定的、独特的动力特征。它表现在心理活动的强度、速度、灵活性、倾向性等方面，使人的全部心理活动都染上了独特的个人色彩，也就是我们常说的"秉性""脾气"。气质具有以下两个方面的含义。

1. 气质是心理活动的动力特征

心理活动的动力特征包括心理活动发生的速度、强度和指向性，在任何活动中都会或多或少地表现出来，它与人心理活动的内容、动机无关。例如，一个容易激动的人不仅在遇到分歧时大声与人抗辩，在考试前常常紧张不安，即使在看电视时也会因剧情时而惊叫、时而叹息。

2. 气质是与生俱来的、稳定的心理特征

气质在很大程度上受制于先天遗传因素的影响，不会随年龄的增长而发生很大变化。例如，分别了十几年的儿时玩伴再见时虽然身材样貌有了很大变化，但气质表现还一如当年，仍能从中找回儿时的印象。当然气质的稳定性并不意味着气质绝不可改变，对于每个人来说可能因环境和教育影响、身体健康状况的强烈转变、自身修养的增强，气质也会有一定程度的改变。因此，气质的稳定性与可塑性是统一的。

（二）气质的类型

1. 传统的气质类型

根据希波克拉底的体液说，可以将人的气质分为多血质、黏液质、胆汁质、抑郁质四种气质类型。

（1）多血质。

这种气质的人活泼热情，充满朝气；适应性强，喜欢交际；行动敏捷，机智灵活；注意力易转移，情绪易改变，做事重兴趣，富于幻想，但耐心不够。其心理活动的显著特点是有很高的灵活性，容易适应变化的生活环境。

（2）黏液质。

这种气质的人安静稳重，克制忍让；踏实肯干，有耐久力；态度持重，不爱空谈；沉着冷静，善于自制；不够灵活，死板教条，注意力不易转移，缺乏激情。其心理活动的显著特点是安静、均衡。

（3）胆汁质。

这种气质的人兴奋性很高，精力旺盛，性情直率，脾气暴躁。兴奋时，决心克服一切困难，精力耗尽时，情绪又一落千丈。他们心理活动的明显特点是兴奋性高，不均衡，带有迅速而突发的色彩。

（4）抑郁质。

这种气质的人稳妥可靠；多愁善感；行为孤僻；做事坚定，能克服困难；善于觉察别人疏忽的细节；比较敏感，易受挫折，孤独，行动缓慢。其心理活动的显著特点是迟缓、内倾。

知识拓展

四先生看戏

在国外的一座戏院门口，刚巧在开场的一刻，来了四位先生。第一位急匆匆奔到门口，就要入内。看门的人拦住他说："已经开演了，根据剧院规定，开场后不得入内，以免妨碍其他观众。"这位先生一听，立刻火冒三丈，与看门人争吵起来……正当他们吵得不可开交的时候，走来的第二位先生，趁他们吵架，灵机一动，立刻侧身溜了进去。第三位先生走到门口，见状，不慌不忙，转回门外的报摊上，买了张晚报，坐在台阶上读起报来。他心中自有算盘："看戏是休闲，看报也是休闲，看不了戏，看看报也不错。"倒也自得其乐。第四位先生走到门口，见看戏无望，深深吸了口气，调转头去，自

言自语道:"嗨!我这人真倒霉,连看场戏都看不成……"他越想越难受,干脆坐在门口叹息起来。

这四位先生恰好代表了四种典型的气质类型。但是,生活中属于以上四种典型气质类型的人寥寥无几,大多数人介于两种气质类型之间,属于中间型或混合型。

2. 婴儿的气质类型

托马斯、切斯等人在对婴儿进行大量追踪和考察的基础上,根据其确定的气质九方面表现,将婴儿气质划分为三种类型。

(1)容易型。

大多数婴儿属于这一类,约占全体研究对象的40%,这类婴儿吃、喝、睡、大小便等生理机能活动有规律,节奏明显,容易适应新环境,也容易接受新事物和不熟悉的人。他们一般情绪积极、愉快,对成人的交流行为反应适度,容易受到成人最大关怀和喜爱。

(2)困难型。

这一类婴儿的人数较少,约占全体研究对象的10%,他们时常大声哭闹,烦躁易怒,爱发脾气,不易安抚。在饮食、睡眠等生理机能活动方面缺乏规律性,对新事物、新环境接受很慢,需要很长的时间去适应新的安排和活动,对环境的改变难以适应。他们总是情绪不好,在游戏中也不愉快。成人需要费很大力气才能使他们接受抚爱,很难得到他们的正面反馈,在哺育过程中需要成人极大的耐心和宽容。

(3)迟缓型。

约有15%的研究对象属于这一类型。他们的活动水平很低,行为反应强度很弱。情绪总是消极,但不是大声哭闹,而是常常安静地退缩,情绪低落,逃避新刺激、新事物,对外界环境、新事物、生活变化适应缓慢。这一类幼儿随着年龄的增长、成人抚爱和教育情况不同而发生分化。

托马斯、切斯认为,以上三种类型只涵盖了65%的研究被试,另有35%的婴儿不能简单地划归到上述任何一种气质类型中去。他们往往具有上述两种或三种气质类型混合的特点,属于中间型或过渡(交叉)型。

💡 知识拓展

托马斯的婴儿气质维度

美国心理学家托马斯和切斯在一项著名的纽约追踪研究中,采用家长问卷法从1956年开始对141名婴儿做纵向研究,一直追踪到成人。研究者定期收集家长对儿童的行为描述,通过统计分析,总结出气质的九个不同维度,并据此对婴儿的气质类型进行了严格、系统的划分和界定。根据他们提出的观点,婴儿的气质应该包含以下九个方面的内容或行为模式。

(1)活动水平。指在睡眠、进食、穿衣、游戏等过程中的身体活动的数量,主要以活跃时期与不活跃时期的比率为指标。

(2)生理活动的节律性。指身体各种机能活动的节律性,即吃、喝、睡、醒、大小便等生理机能活动是否有一定规律。

(3)注意分散程度。主要指外界无关刺激对正在进行中的行为的干扰程度。

(4)接近或回避。指对新情景、新刺激、陌生人等是主动接近还是退缩。

(5)适应性。指对新环境、新刺激、新情景或环境常规改变的适应能力,能否适应和适应的快慢。

（6）注意的广度和坚持性。主要指集中从事某项活动的时间、范围和分心对活动的影响程度。

（7）反应的强度。指婴儿对外界做出反应的能量水平。

（8）反应阈限。指引起可辨明反应所需的刺激的最低强度。

（9）心境质量。指积极、愉快情绪与消极、不愉快情绪相比较的量。

二、幼儿气质的发展与教育

（一）幼儿气质发展的特点

1. 具有相对稳定性

研究者对 198 名儿童从出生到小学的气质发展进行了长达 10 年的追踪研究，结果发现，大多数儿童早期的气质特征一直保持稳定不变。例如，一个活动水平高的儿童，在两个月大时睡眠中爱动，换尿布后常蠕动；到了五岁，在进食时常离开桌子，总爱跑。

2. 具有一定的可变性

气质虽然是比较稳定的心理特征，但并不是不能变化的。幼儿的气质在教育和生活条件的影响下会逐渐发生改变。如果成人的教育及时引导得当，幼儿的一些消极的气质特征会逐渐得到改正，甚至完全消除；积极的气质特征会逐渐巩固和发展。例如，通过教师有目的、有计划地引导幼儿参与游戏等集体活动，抑郁质幼儿的孤独、畏怯特征会明显改善。

（二）幼儿气质的教育

1. 充分了解幼儿的气质特征

教师或父母可以根据幼儿在游戏、学习、劳动等活动中的情感表现、行为态度等观察来了解幼儿的气质特点。例如，幼儿是否与他人热情亲近，情绪是否容易激动，脾气是否急躁，对新环境或陌生人能否很快适应，不良的生活习惯是否容易改变，在集体活动中是否容易羞涩、退缩等。成人记录幼儿表现并将其与气质类型的典型特征相对照，可以初步判断幼儿的气质特征。

2. 不要轻易对幼儿的气质类型下结论

幼儿虽然表现出各种气质特征，但教师或父母不应轻率地对幼儿的气质类型做出判定。首先，幼儿的气质还在发展中，尚不稳定；其次，幼儿出现的某种行为特点可能为几种气质类型所共有；最后，在实际生活中纯粹属于某种气质类型的人是极少的。因此，成人必须经过长期反复的观察分析，才能大致了解幼儿的气质是某种类型，以便因材施教。

3. 巧妙利用幼儿的气质特点，采取适宜的教育措施

成人要针对幼儿的气质特点，采取相应的教育措施。对于容易兴奋、不可遏制的幼儿，要帮助他们自制，比如午睡先醒时要安静躺着，不喊叫、不吵闹别人，养成安静、遵守纪律的习惯；对于容易抑制、行动畏怯的幼儿，要多肯定、鼓励、表扬，培养他们的自信心，激发他们活动的积极性；对于热情活泼、难以安定的幼儿，要着重培养专心工作、耐心做事的习惯；对于反应迟缓、沉默寡言的幼儿，要鼓励他

们多参加集体活动，引导他们多与同伴交往。

气质本身并无好坏之分，每种气质既有优点又有缺点。教育的目的不是改变幼儿原有的气质，而是要克服气质的不足，发展它的优点，使幼儿在原有气质的基础上形成优良的个性特征。

三、性格概述

（一）性格的概念

性格是指一个人对待现实的稳定态度和与之相适应的习惯化了的行为方式。它是具有核心意义的个性心理特征。例如，有的人热情真诚，有的人刻薄虚伪，有的人谦虚谨慎，有的人怯懦退缩。

性格是个体稳定的个性心理特征。在某种情境下出现的、一时的、偶然的表现，不能构成人的性格特征，只有那些经常的、一贯的表现才是个体的性格特征。例如，一个人在一次偶然的场合表现出怯懦的行为，不能据此认为这个人具有胆小怕事的性格特征，而要看他经常的、一贯的表现。

性格是个性中具有核心意义的心理特征。人的性格是后天获得一定思想意识及行为习惯的表现，是客观的社会关系在人脑中的反映。性格有好坏之分，符合大多数人的利益、有益于社会的性格被认为是好的，如善良、慷慨；损害他人利益、危害社会的性格则被认为是坏的，如懒惰、吝啬。在个性特征中，性格直接影响着能力、气质的表现特点与发展方向，也最能表征个性的差异。

💡 知识拓展

性格的表现

1．性格在活动中的表现

人的性格常常在各种活动中表现出来。比如在游戏中，有的儿童喜欢扮演"领袖"角色，有的儿童则喜欢听从指挥；有的儿童喜欢竞争性游戏，有的儿童却较喜欢安静的游戏。这些不同的表现，反映出各自的性格特征。

2．性格在言语中的表现

一个人说话的多少、说话的方式和言语的风格等，都反映出不同的性格特征。比如，喜欢说话的人可能表现出开朗、善交际的性格特征；也可能表现出夸张、自负、爱表现的性格特征。不爱说话的人，可能表现出自制力强、处事谨慎、认真的性格特征；也可能表现出反应缓慢、孤僻、怯懦的性格特征。

3．性格在表情、姿态、服饰上的表现

人的面部表情是多种多样的，有的人经常满面笑容，有的人经常愁眉苦脸；有的人面部表情丰富，而有的人则喜怒哀乐不形于色，这些都表现出不同的性格特征。人的某些身体姿态也反映着不同的性格特征。例如，彬彬有礼、平视对方的人往往具有谦和的性格特征；而摇头晃脑、居高临下的人则具有傲慢的性格特征。不同的衣着服饰有时也是性格化的。有的人偏爱热烈鲜艳的色彩，有的人却喜欢沉静素雅的色彩；有的人整洁美观，有的人则衣冠不整，这些都在一定程度上反映了一个人性格的特征。

（二）性格与气质的关系

1. 性格与气质的区别

性格主要是在后天的生活环境中形成的，具有社会性，容易发生变化；气质主要是由神经活动类型特点所决定的，具有先天性，变化比较难。另外，性格反映一个人的社会实质，有好坏之分；气质则反映一个人的自然实质，无好坏之分。

2. 性格与气质的联系

气质使性格带有某种独特的色彩。例如，一个胆汁质的人和一个黏液质的人均具有勤劳的性格特点，前者在活动中表现为动作迅速、精力充沛，后者则表现为细致沉稳、踏实肯干。

气质可以影响性格形成和发展的速度。例如，黏液质和抑郁质的人比胆汁质和多血质的人更易形成耐心持久、沉稳细心的性格特点；而胆汁质和多血质的人则比黏液质和抑郁质的人更易形成果敢、坚强的性格特点。

性格对气质也产生一定影响，能在一定程度上掩盖和改造气质的某些特征，使之服从于社会生活的要求。

四、幼儿性格的发展与培养

（一）幼儿性格的萌芽

幼儿的性格是在幼儿与周围环境相互作用的过程中形成的。2 岁左右，随着各心理过程、心理状态和自我意识的发展，幼儿出现了最初性格的萌芽。3～6 岁时，只要外部的大环境不改变，这些性格萌芽就会逐渐成为其稳定的个性特点。因此，成人应为幼儿创设良好的成长环境，加强教育引导，帮助幼儿形成良好的性格。

（二）幼儿性格发展的年龄特征

每个幼儿都有其个人独特的性格，但同一年龄阶段的幼儿在性格表现中又具有典型性。

1. 活泼好动

活泼好动是幼儿的天性，也是幼儿性格最明显的特征之一，不论是何种性格的幼儿都有此共性。一般情况下，幼儿不会因为自己不断地活动而感到疲劳，却会因单调、枯燥的活动而感到厌倦。

2. 喜欢交往

3～6 岁的幼儿在行为方面明显的特征之一就是喜欢和同龄或年龄相近的小伙伴交往。

3. 好奇好问

幼儿有着强烈的好奇心和求知欲。好问，是幼儿好奇心的一种突出表现。较小的幼儿喜欢问"这是什么"，稍大些开始问"为什么"。这都是幼儿强烈求知欲的表现。

4. 模仿性强

模仿是幼儿学习的重要方式，模仿性强是幼儿期的典型特点。在幼儿园里，幼儿最主要的模仿对象是自己的教师。幼儿往往模仿教师说话的口音、声调、语气、表情、动作以及待人接物的态度和思想感情，甚至模仿成人注意不到的许多细节。

5. 好冲动

幼儿性格在情绪方面的表现就是情绪不稳定、自制力差、好冲动。例如，幼儿对一个新鲜的事物很好奇，虽然成人禁止他触摸，但一会儿他就忘了，还是情不自禁地要摸一摸。

（三）幼儿良好性格的培养

3~6岁的幼儿正处在性格初步形成和发展时期，一方面他们还没有形成稳固的社会观念与态度，易受环境的影响；另一方面，他们又极易把各种习得的态度或行为方式变为习惯巩固下来。因此，我们必须重视对幼儿性格的培养。

1. 养成良好的行为习惯

日常生活是帮助幼儿养成良好行为习惯最基本的途径，通过常规训练和严格执行生活制度，可以培养幼儿关心他人、勤劳、勇敢、诚实、自信等良好的性格品质和行为习惯。另外，游戏是培养幼儿良好性格的重要途径，教师在游戏中向幼儿提出规则、要求，很容易被幼儿接受。例如，有些幼儿在日常生活中表现得固执任性，但在游戏中，为了使自己不被游戏伙伴所排斥，便会主动抑制自己的性格缺点，慢慢地学会随和与合作。又如，教师有意识地让过于好动、缺乏自制力的儿童在生活中承担一些需要安静的任务，逐步培养他们沉着冷静、善于自制的良好性格特征。

2. 树立良好的榜样

榜样的力量是无穷的，幼儿最容易受到榜样的影响。研究者认为，当前幼儿大多数以家长和教师作为榜样，根据这一特点，教师及家长应该努力做好典范，树立良好形象，使幼儿获得合理的心理寄托。

3. 个别指导，因材施教

教育过程中应注意具体情况具体对待，如常常让教师头疼的喜欢打人的幼儿，其打人的原因多种多样，有的是习惯反应，有的是被欺负后的报复，有的是出于自卫，有的是模仿电视中的人物行为等，因此教师需要深入了解幼儿行为背后的原因，采取针对性的措施，做到因材施教。

4. 重视家庭因素，形成教育合力

父母的文化程度、教养方式、生活习惯对幼儿性格的影响是不可忽视的。心理学研究表明，母亲对幼儿性格的影响极大，包括果断性、思维水平、求知欲、灵活性等多个方面；父亲对幼儿的自制力、灵活性等方面可产生显著影响。因此，幼儿园教育一定要与家庭教育相结合，才能在更大的社会背景中培养幼儿良好的性格。

同步训练 10.3

1. 根据气质的体液说，气质可分为（　　　）（多选题）

A. 胆汁质　　　　B. 多血质　　　　C. 黏液质　　　　D. 抑郁质

2. 幼儿气质发展的特点（　　）（多选题）

A. 具有相对稳定性　　　　　　B. 具有个体差异

C. 存在气质掩蔽现象　　　　　D. 具有一定的可变性

3. 幼儿性格发展的年龄特征不包括（　　）。

A. 活泼好动　　　B. 喜欢交往　　　C. 想象力强　　　D. 好奇好问

4. 幼儿性格的培养途径有（　　）。（多选题）

A. 养成良好的行为习惯　　　　B. 树立良好的榜样

C. 个别指导，因材施教　　　　D. 重视家庭因素，形成教育合力

（答案或提示见本主题首页二维码）

主题 10.4　幼儿自我意识的发展与培养

问题情景

2岁的朵朵是个活泼好动的幼儿。一次亲子活动中，朵朵妈妈看到她一边追着自己的影子踩，一边喊："我要追上你！"朵朵妈妈笑着说："这是朵朵自己啊！"但朵朵丝毫不理会。李老师笑着制止了准备继续教育朵朵的妈妈："她还小，没有自我意识呢。"

幼儿对自己的意识不是一生下来就有的，而是在成长过程中逐步形成和发展起来的。幼儿什么时候能有清晰的自我意识？成人该如何引导和培养呢？

基础知识

一、自我意识概述

（一）自我意识的概念

自我意识是人对自己身心状态及对自己同客观世界的关系的认识和态度。自我意识是主体对自己的认识，是在与他人交往过程中，根据他人对自己的看法和评价而发展起来的。它是个性形成和发展的前提，是个性发展和成熟的主要标志，是整合、统一个性各个部分的核心力量，也是推动个性发展的内部动因。

自我意识包括三个层次，即生理自我、心理自我和社会自我。对自己的身体外貌、言行举止、衣着装束等的认识是生理自我；对自己的思维、情感、个性、能力及所持有的价值取向和宗教信仰等的认识是心理自我；在人际交往中对自己所承担的角色和权利、义务、责任，以及自己在群体中的地位、声望

与价值的认识和评价是社会自我。

（二）自我意识的结构

自我意识的结构是从自我意识的三层次，即知、情、意三方面分析的，包括自我认识、自我体验和自我调节。

1. 自我认识

自我认识是自我意识的认知成分，是自我意识的首要成分，也是自我调节控制的心理基础，包括自我感觉、自我概念、自我观察、自我分析和自我评价。自我分析是在自我观察的基础上对自身状况的反思。自我评价是对自己能力、品德、行为等方面社会价值的评估，它最能代表一个人自我认识的水平。

2. 自我体验

自我体验是自我意识在情感方面的表现，自尊心、自信心是自我体验的具体内容。自尊心是指个体在社会交往中通过比较所获得的有关自我价值的积极的评价与体验。自尊心强的幼儿往往对自己的评价比较积极；相反，缺乏自尊心的幼儿往往自暴自弃。自信心是对自己的能力是否适合所承担的任务的自我体验。自信心与自尊心都是和自我评价紧密联系在一起的。

3. 自我调节

自我调节是自我意识的意志成分，主要表现为个人对自己的态度、行为和活动的调控，包括自我检查、自我监督、自我控制等。

自我检查是个体在头脑中将自己的活动结果与活动目的加以比较、对照的过程。自我监督是人以自身内在的行为准则对自己的言行实行监督的过程。自我控制是个体对自身心理与行为的主动的掌握。自我调节的实现是自我意识的能动性的表现。

二、幼儿自我意识的发生与发展

（一）婴儿期自我意识的发生

婴儿最初不能意识到自己，不能把自己作为主体同周围的客体区分开来。几个月的婴儿甚至不能意识到自己身体的存在。例如，七八个月的婴儿咬自己的手指、脚趾，有时会把自己咬疼而哭起来。婴儿意识到手脚是自己身体的一部分后，开始用手拿任何他看到的东西，这样就把自己的动作和动作的对象区分开来，这是自我意识的最初表现。

2岁左右的幼儿，开始知道自己的名字，这时幼儿只是把名字理解为自己的代号，遇到叫周围同名的别的孩子时，他会感到困惑。3岁左右，幼儿开始会使用"我"来表示自己，用别的词表示其他事物。幼儿从知道自己的名字过渡到掌握代名词"我""你"，是幼儿自我意识形成过程中发生的质的变化，意味着幼儿的自我意识开始形成。

知识拓展

点红实验

点红实验（如图 10-3 所示）是阿姆斯特丹为验证婴儿自我意识的发展设计的。实验被试是 88 名 3~24 个月大的婴儿。在实验中，研究人员在婴幼儿毫无察觉的情况下，在他的鼻子上涂一个无刺激红点，然后暂时分散他的注意力，之后给他一面镜子，观察婴幼儿照镜子时的反应。研究假设：如果婴幼儿在镜子里能立即发现自己鼻子上的红点，并用手去摸它或试图抹掉，表明婴幼儿已能区分自己的形象和加在自己形象上的东西，这种行为可作为自我认识出现的标志。

结果表明，婴幼儿在 15 月龄之前通常没有任何迹象说明他认出镜子中的脸是自己的，但从这个时候开始，他将逐渐表现出自我意识的迹象：他会看着镜子中的影像摸摸自己的鼻子、说出自己的名字，或者指向镜中的自己。到 2 岁的时候，几乎所有的婴幼儿都能在镜子中认出自己。有趣的是，婴幼儿自我识别能力的发展和他更客观地看待自己（开始使用代词"我"和"我的"）的能力密切相关。

图 10-3　点红实验

资料来源：有趣的"点红实验"

（二）幼儿期自我意识的发展

1. 幼儿自我评价的发展

幼儿自我评价从 2~3 岁开始出现。幼儿自我评价的发展和幼儿认知及情感的发展密切联系着，其特点如下。

（1）从主要依赖成人的评价，逐渐向自己独立评价发展。幼儿的自我评价依赖于成人对自己的评价，特别是幼儿初期，他们往往不加考虑地轻信成人对自己的评价，自我评价也只是简单重复成人的评价。例如，他们评价自己是好孩子，其原因是"老师说我是好孩子"。4 岁幼儿可以进行自我评价，但非常具体，主要是个别方面或局部的自我评价。幼儿晚期，开始出现独立的评价，幼儿对成人的评价逐渐持批判的态度。如果成人对他的评价不符合自己的评价，幼儿会提出疑问，甚至表示反感。

（2）从带有主观情绪性评价，发展到初步客观的评价。苏波特斯基的研究发现，幼儿对美工作品的评价带有相当大的偏向性。实验者让幼儿评价、比较自己和他人的绘画和泥工作品，当幼儿知道比较的是老师作品时，不管作品质量好坏，幼儿总是评价自己的作品不如对方；而当幼儿把自己的作品和小朋友的作品相比较时，则总是评价自己的作品比别人的好。这一实验结果充分说明了幼儿自我评价的主观性。在一般情况下，幼儿总是过高评价自己，但随着年龄的增长，幼儿对自己的过高评价渐趋隐蔽。例如，幼儿想说自己好，又不好意思，于是说"我不知道"。在良好教育下，幼儿逐渐能够对自己做出正确的评价，有的幼儿会出现谦虚的评价。

（3）从对自己外部行为的评价到对内心品质的评价。年龄较小的幼儿多是对自己的外部行为进行评价。到幼儿后期，幼儿的自我评价才逐步向内心品质的方向发展。例如，关于好孩子问题的回答，6岁幼儿则能说出"我是好孩子，我会帮老师收拾玩具，遇到长辈会问好，上课认真听讲"。

幼儿自我评价能力还很弱，成人对幼儿的评价在幼儿个性发展中起着重要作用。因此，成人的恰当评价，对幼儿正确认识自己很有必要。

2. 幼儿自我体验的发展

（1）幼儿自我体验由低级向高级发展，由生理性体验向社会性体验发展。幼儿的愉快和愤怒是生理需要的表现，委屈、自尊和羞愧是社会性体验的表现，前者发展较早，后者发展较晚，约4岁以后明显发展。

（2）幼儿自我体验发展水平不断深化。3~6岁幼儿对愤怒感的情绪体验有不同的体验程度，从"会哭""不高兴""会生气"到"很生气""很恨他"这个变化过程可以看出，幼儿体验的深刻性在逐渐发展。

（3）幼儿自我体验的受暗示性逐渐减弱。3~4岁幼儿愉快的自我体验多于羞愧感的体验，且这种体验容易受到成人的暗示，年龄越小表现越明显。教师和家长应该充分注意幼儿受暗示性强的特点，多采用积极的暗示促进幼儿自我意识的发展。

3. 幼儿自我控制的发展

幼儿自我控制能力的发展随着年龄的增长呈上升趋势。2岁婴儿已经具备一定的自我控制能力，但水平较低，且具有明显冲动性。3~4岁幼儿的坚持性和自制力都比较差，4~5岁幼儿的大脑皮层抑制机能逐渐完善，其自我控制能力迅速发展，到了5~6岁才有一定的坚持性和自制力，但总的来说，幼儿自我控制能力还是较弱的。

三、幼儿自我意识的培养

成人要注重培养幼儿良好的自我意识。具有积极的自我意识的儿童表现得自尊、自信、有责任感、有进取心；反之，则有畏缩、依赖、自卑、害怕挫折、害怕竞争的倾向，甚至会出现一些逆反行为。

（一）在日常生活中培养幼儿的自我意识

幼儿园的日常生活包括盥洗、进餐、喝水、午睡等环节，教师应抓住日常生活中的每一个契机，培养幼儿正确的自我意识。

培养幼儿自我服务能力和简单的劳动技能，增强其自信心。为避免幼儿养成自理能力差、依赖性强的习惯，成人应锻炼和培养幼儿的自我服务能力和简单的劳动技能，如开展看谁衣服穿得快、叠被子叠得好等比赛性游戏。成人应教会幼儿一些简单的劳动技能，如扫地、拖地、擦桌椅、整理床铺等，逐渐培养幼儿的自信心和自主意识。

创设良好的精神环境，帮助幼儿认识自己。幼儿需要在平等、尊重、信任的环境中生活，成人要给幼儿营造一个轻松、和谐的氛围。如早晨来园，微笑着向幼儿问好；离园时帮他们整理衣装；交谈时摸摸他们的头，都可以让幼儿感受到老师的喜欢。

（二）在各种活动中正确引导幼儿的自我意识

人的能力是在活动中展现的，每个儿童都有自己的潜能和特长，儿童只有通过活动，才能客观地认识、评价自己的能力。在活动中应鼓励幼儿大胆尝试，积极参与活动的组织和设计。例如，让幼儿讨论游戏的玩法、材料的选择、角色的分工等，在尝试中取得成功，这样幼儿既获取了一定的经验，又从亲身体验中逐步认识自我、肯定自我。

（三）教师评价幼儿要把握分寸

幼儿的自我评价是以成人对他的评价为标准的，所以教师对幼儿的评价要有分寸，必须客观、公正，不可褒扬过高，也不可随意贬损，以免幼儿产生自满或自卑心理。

（四）教师应为幼儿提供自我评价的机会

在日常活动中为幼儿提供自我评价的机会，有助于幼儿正确地认识自己。例如，在游戏、绘画或做操之后，可以问幼儿："你画的画好吗？""你玩得怎么样？"随着幼儿年龄的增长，可以进一步提问："你的画哪儿画得好，哪儿不好，怎样改？""你在活动区的游戏中玩得好吗？为什么？"经过多次反复练习，幼儿自我评价的能力就会逐渐提高，自我意识不断加强。

（五）家园配合，指导家长实施正确的教育

家庭教育是幼儿教育的重要组成部分，家长的言谈举止，对幼儿有着潜移默化的作用。幼儿园教师要经常和家长交流情况，帮助家长全面了解自己的孩子，通过家园配合使幼儿在家中也能接受比较正确的教育，得到恰当的评价。

四、幼儿的性别化

幼儿一生下来就被纳入性别的范畴，并且在成长的过程中逐渐地获得了他所生活的社会公认的适合于男性或女性的态度、动机、价值、性格特征、情绪反应和行为举止等。这个将生物学的性别与社会对性别的要求融进个体的自我知觉和行为之中的过程，就是幼儿性别化的过程。

（一）性别与性别角色

性别是幼儿最早掌握并用于对他人进行分类的社会范畴之一，"男孩"或"女孩"，既是一个生物学的事实，又是一个社会事实。

性别角色是社会规范和他人期望所要求于男女两性的行为模式。性别角色形成于原始人类时期，随社会文化和男女两性社会分工的变化而演变。

（二）幼儿性别角色的发展

幼儿性别角色的发展一般要经历三个发展阶段：性别认同、性别稳定性和性别恒常性。性别认同出现得最早，然后是性别稳定性，最后是性别恒常性。

1. 性别认同

性别认同是指幼儿对自身性别的自我界定。首先，婴幼儿从成人对他们的态度中接触到自身的性别。研究发现，在婴儿时期父母就以不同的态度对待男孩和女孩，例如，给女性婴儿提供代表女孩的粉色玩具，穿色彩丰富的衣服，给男性婴儿提供机械类玩具，衣服多以黑白灰蓝色为主。另外，家长对不同性别的孩子的期望也不同，通过这种方式，幼儿逐渐形成了成人给予的性别角色刻板印象。其次，幼儿会以某些外部标记区别周围的男性和女性，例如，幼儿往往从头发长度、服饰特点来判断他人的性别。

婴儿 6 个月左右就能区分男性和女性的声音；1 岁婴儿能够区分男人和女人的图像，并初步把男人和女人的声音与图像匹配起来。大多数研究认为，儿童的性别认同出现在 2 岁到 3 岁之间。在性别认同阶段，幼儿虽然知道自己是男孩还是女孩，但并不清楚自己的性别是不是会随年龄的增长而变化。

2. 性别稳定性

性别稳定性是指幼儿对自己的性别不随年龄、情境等的变化而改变这一特征的认识。幼儿在 3～4 岁开始认识到一个人的性别在一生中是稳定不变的。

3. 性别恒常性

性别恒常性是指幼儿对一个人不管外表发生什么变化，而其性别保持不变的认识。性别恒常性是幼儿性别认知发展中的一个重要的里程碑。幼儿一般要到 6～7 岁才能获得性别恒常性的认识。这一阶段的幼儿能够认识到，女孩即使穿男孩的衣服也依然是女孩，而男孩留长发或喜欢绣花等也依然是男孩。研究表明，5～6 岁是幼儿性别恒常性发展的快速期。

（三）幼儿性别角色意识的培养

1. 真心接纳孩子的性别

父母只有真诚地接纳孩子的性别，孩子才能获得积极的性别认同。如果父母不喜欢孩子的性别，并且在孩子面前有意无意地流露出失望情绪，会直接影响孩子性别角色的形成。无论是男孩还是女孩，都是父母的宝贝，父母应该欣赏和接纳孩子的性别。

2. 帮助孩子了解、接纳性别

父母要帮助孩子认识和接纳自己的性别。面对孩子提出与性别相关的问题时，家长应科学地回应他们，根据孩子的年龄特点告知相应的生理知识，帮助孩子在接纳自身性别的同时了解自己与异性之间的不同。

3. 帮助孩子建立性别图式

成人应该正确引导幼儿，帮助幼儿建立自己的性别图式。2 岁的孩子还未形成稳定的性别认同，不能根据自己的性别正确选择适宜的服装等用品。比如，男孩会喜欢漂亮的发饰、裙子等，成人应该用正确的方式加以引导或纠正。

4. 不要跨性别教养

3 岁的幼儿已经能够确认自己和他人的性别，如果 3 岁之前对儿童进行长期的跨性别教养，如将女孩当作男孩养，剪短发、穿男装，这些行为将干扰儿童对自身性别特征的认识，使儿童很难建立统一协调的性别角色，甚至形成性别认同障碍。

同步训练 10.4

1. 幼儿自我意识的结构包括（　　）。（多选题）

   A. 自我认识　　　B. 自我体验　　　C. 自我调节　　　D. 自我评价

2. 幼儿自我体验的特点有（　　）。（多选题）

   A. 由低级向高级发展，由生理性体验向社会性体验发展

   B. 幼儿自我体验发展水平不断深化

   C. 幼儿自我体验的受暗示性逐渐减弱

   D. 具有一定的可变性

3. 幼儿如果能够认识到他们的性别不会随着年龄的增长而发生改变，说明他已经具有（　　）。

   A. 性别认同　　　B. 性别差异性　　　C. 性别稳定性　　　D. 性别恒常性

（答案或提示见本主题首页二维码）

活动训练

认识自己（小班）

设计意图

小班幼儿自我意识开始发展，为了让幼儿更好地认识自己，同时知道自己的性别特征，教师应顺应幼儿自我意识发展规律，帮助幼儿发展自我意识。

活动目标

1. 引导幼儿从发现自己到认识自己，从而初步了解自己的性别。
2. 鼓励幼儿在集体面前大胆讲述。
3. 激发幼儿乐意参加集体游戏的积极情感。

活动准备

1. 选择在有一面大镜子的教室内进行，并在教室内构建一个"化妆间"。
2. 幼儿人手一面小镜子和一个玩具娃娃。
3. 设计好一段关于认识自己的动画短片。
4. 知识准备：幼儿已认识五官。

活动过程

1. 导入——看动画短片，引导幼儿发现自己。
2. 集体活动——玩照镜子游戏，引导幼儿认识自己。

（1）幼儿在室内寻找镜子，找到后照照镜子，并向大家介绍自己。

（2）玩"自己的五官在哪里"的游戏，说一说五官的名称，并指出五官的位置。

（3）请幼儿讲讲自己与他人有什么不一样，如头发的长短、衣服的颜色等。

3. 操作练习，使幼儿知道自己的性别，并学会区分男孩与女孩。

（1）"交朋友"游戏：幼儿在集体面前说出自己的性别后，找一个玩具娃娃做朋友，并把他带回"家"。

（2）送"朋友"参加化装舞会：请幼儿将自己的"朋友"按性别的不同送到不同的"化妆间"里。

检测与评价十

一、选择题

1. 幼儿开始有较稳定的态度、情感、兴趣等，个性初具雏形的时间是（　　）。
   A．3～4 岁　　　　B．4～5 岁　　　　C．5～6 岁　　　　D．6 岁以后
2. 一个人在不同的时间、地点、场合的行为都会有相似的表现。这是个性的（　　）。
   A．稳定性　　　　B．整体性　　　　C．独特性　　　　D．社会性
3. 下列不属于气质的特性的是（　　）。
   A．遗传性　　　　B．先天性　　　　C．易变性　　　　D．稳定性
4. 问一个幼儿"你是不是班上最乖的小朋友？"幼儿回答："不是，因为老师经常批评我，说我不是乖宝宝。"这体现了幼儿的自我评价具有（　　）的特点。
   A．主观情绪性　　　　　　　　B．主要依赖成人的评价
   C．夸张性的评价　　　　　　　D．受认识水平影响很大
5. 2 岁半的豆豆还不会自己吃饭，可偏要自己吃饭；不会穿衣，偏要自己穿衣。这反映了幼儿（　　）。
   A．情绪的发展　　　　　　　　B．动作的发展
   C．自我意识的发展　　　　　　D．认知的发展
6. 幼儿典型的性格特征不包括（　　）。
   A．好模仿　　　　　　　　　　B．好奇好问
   C．好冲动　　　　　　　　　　D．破坏行为

二、简答题

1. 幼儿自我评价的特点有哪些？
2. 简述如何培养幼儿良好性格？
3. 简述气质与性格的关系。
4. 简述幼儿自我意识的培养策略。
5. 简述幼儿性别角色发展的特点。

三、材料分析题

小虎精力旺盛，爱打抱不平。但做事急躁、马虎，喜欢指挥别人，稍不如意，便大发脾气，甚至动手打人，事后虽也后悔，但遇事总是难以克制……根据小虎的上述行为表现，回答下列问题。

1. 你认为小虎属于什么气质类型？
2. 作为保教工作者，你准备如何根据他的气质类型的特征实施教育？

实践探究十

1. 请根据所学内容分析自己的气质与性格，并与同学分享自己性格形成的原因和影响因素。
2. 到幼儿园观察教师与不同气质类型幼儿的互动过程，做好记录，整理分析幼儿的气质特点与教师的教育影响，进行分享交流。

实训任务十　社会活动：独特的我

实训目的

1. 巩固对幼儿个性发展特点的理解。
2. 能够对幼儿个性发展进行科学指导。
3. 积累指导幼儿个性发展的经验，提高专业素养。

实训步骤

1. 整体阅读，熟悉教学活动"独特的我"的活动流程。
2. 选择"介绍自我"或"介绍同学"其中一个话题，通过介绍自己或同学的不同之处，加深对个性特征的理解。
3. 结合所学心理学知识，说明在这个活动中保教人员如何帮助幼儿促进个性的发展。
4. 小组讨论：还有哪些活动可以促进幼儿个性的发展？

实训资源

社会活动：独特的我

活动目标

1. 善于观察并发现每个人都是与众不同的，能找出自己和同伴的优点并大胆描述自己和同伴的相貌特征及长处。
2. 愿意展示自己的长处，进一步认识自我，积极评价自我，增强自信心。

活动准备

教师和幼儿小时候的照片。

活动过程

1. 游戏"猜猜他是谁"，引导幼儿观察每个人的特点。

（1）出示照片，引导幼儿猜一猜照片上都是谁。

师：老师这儿收集了大家小时候的照片，看着照片你能猜出他是谁吗？你是怎么猜出来的？他有什么特点？

（2）教师小结：每个人的相貌各不相同，没有哪两个人会长得一模一样，而且每个人的性格脾气也不一样。

2. 介绍自己的长处，初步形成积极的自我评价。

（1）教师自我介绍并展示特长。

（2）鼓励幼儿大胆讲述并展示自己的特长。

幼儿依次在集体面前展示自己的特长，如唱歌、舞蹈、武术、自我服务等。

小结：每个人不光相貌不同，而且身上都有独特的长处值得大家学习，每个人是独一无二的。

3．说说自己喜欢的人，学会欣赏对方。

师：每个人都有自己的长处、优点和值得学习的地方，你能谈谈你喜欢谁吗？并说说为什么喜欢他。

小结：每个人都很独特，都是最美的、最棒的，是爸爸妈妈和老师最爱的宝贝，是小朋友喜欢的好伙伴。

模块十一

幼儿社会性的发展与培养

学习目标

1. 了解社会性发展的趋势与作用。
2. 理解社会性与社会性发展的概念，理解幼儿的社会交往。
3. 掌握幼儿社会性交往的培养方法、幼儿亲社会行为与攻击性行为的有关知识。
4. 了解幼儿道德发展的理论，掌握幼儿道德发展的特点及影响因素。
5. 学会运用所学知识提出解决幼儿社会性发展方面问题的策略。
6. 养成关爱幼儿的专业素养和乐学善思的学习品质。

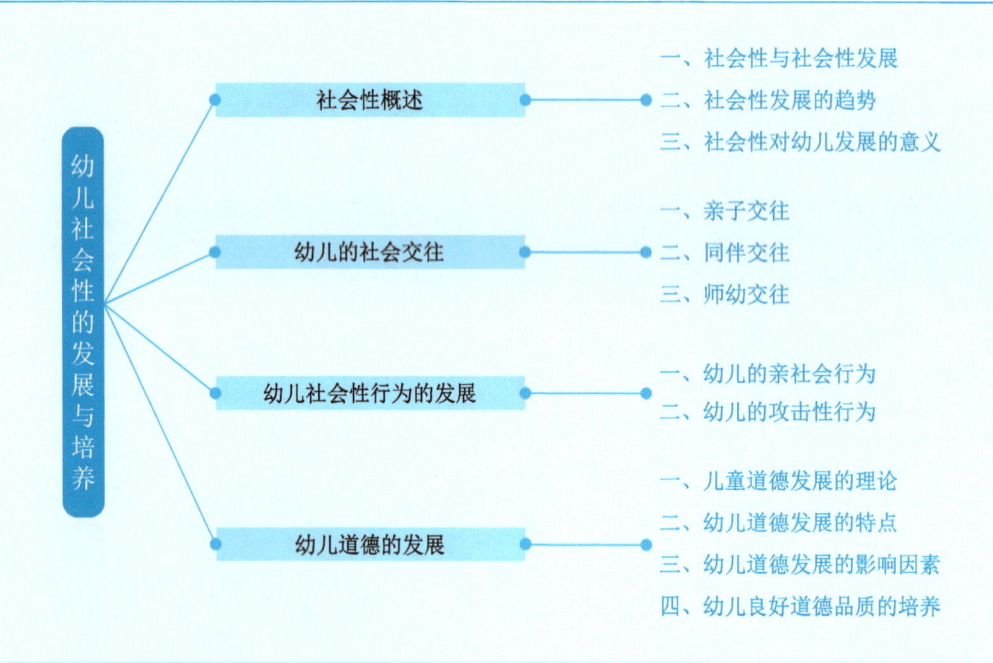

幼儿社会性的发展与培养
- 社会性概述
  - 一、社会性与社会性发展
  - 二、社会性发展的趋势
  - 三、社会性对幼儿发展的意义
- 幼儿的社会交往
  - 一、亲子交往
  - 二、同伴交往
  - 三、师幼交往
- 幼儿社会性行为的发展
  - 一、幼儿的亲社会行为
  - 二、幼儿的攻击性行为
- 幼儿道德的发展
  - 一、儿童道德发展的理论
  - 二、幼儿道德发展的特点
  - 三、幼儿道德发展的影响因素
  - 四、幼儿良好道德品质的培养

养成儿童自觉的纪律性，是儿童道德教育最重要的部分。

——陈鹤琴

幼儿社会性的发展与培养 | 模块十一

主题 11.1　社会性概述

问题情景

张老师发现中班的小朋友有不同的表现：有的小朋友吵吵嚷嚷；有的小朋友喜欢在一起推推撞撞；有的小朋友经常跑到老师面前告状；也有很多小朋友乐意跟人合作，愿意与人分享，还经常帮助别人、安慰别人。

幼儿在交往过程中会有不同的行为表现，我们应该科学地看待幼儿在社会交往中的行为表现，掌握相关知识，促进幼儿社会性的健康发展。

基础知识

一、社会性与社会性发展

（一）社会性

社会性是个体为适应社会生活所表现出的心理和行为特征。社会性是社会生活的产物，是在与人交往的过程中形成的，是个体适应社会生活的表现。如对传统价值观的接受、对社会伦理道德的遵从、对文化习俗的尊重以及对各种社会关系的处理等。社会性具有以下两个特点。

（1）社会性不是先天的，而是个体在社会交往中逐渐形成的。孩子出生时，他只是一个自然人，还不具有任何人类社会的烙印。幼儿心理的社会化过程，从本质上说，就是幼儿在与周围人交往过程中，形成符合社会要求的行为方式的过程。如果没有社会交往过程，幼儿就不会形成社会性。比如，远离社会生活的"狼孩"因为缺少与人交往的环境，虽然具有人的遗传素质，但也不能形成符合社会规范的人类的社会性。

（2）社会性是人的社会化内容和结果，几乎涉及人自身智能以外的所有内容，如情感、性格、交往、社会适应等。

（二）社会性发展

社会性发展（也称幼儿的社会化），是指幼儿在一定的社会条件下逐步独立地掌握社会规范、正确处理人际关系、妥善自治，从而客观地适应社会生活的心理发展过程。其中，独立地掌握社会规范、自觉遵守社会规范，是幼儿实现社会化的主要标志。

认知发展是幼儿社会化的前提。幼儿在与他人的交往中，一方面要有认知和组织社会特征的经验；另一方面，还要判断他人对自己的态度，他人内心的愿望、信念和动机。然后从这两个方面形成个人的

175

社会认知。但是，我们强调认知是社会化的前提，并不是将社会化简单地归结为认知。一般意义上的认知发展，离开了社会实践和社会交往，就不会有真正的社会化。例如，许多智力超群但社会化水平很低的人，不仅没有发挥出应有的作用，甚至还会做出伤害社会的行为。

最后，情感在认知和社会化过程中具有动力作用，能调节人的行为。认知、情感、社会化三者密不可分，认知是社会化的前提，社会化丰富了人的情感和认知，情感推动着认知和社会化。

二、社会性发展的趋势

（一）社会性的早期发展

社会性的发展，是从婴儿期开始的一个漫长的过程。婴儿的微笑、啼哭、认生、模仿等行为的发展，表明他们有和其他人交往的需要和能力，这种交往需要的满足，最初取决于父母，尤其是母亲。母亲除了给婴儿喂乳、换尿布、安抚睡觉，还常常做出呼唤、拥抱、抚摸、微笑等交往性动作。婴儿对这些动作则报以相应的微笑、发声等反应。这样，婴儿逐渐认识到母亲能满足自己的各种需要，于是产生了对母亲的信赖，建立了婴儿与母亲之间在情感上的依恋关系。这种依恋关系是婴儿与母亲、父亲和其他养育者之间最初的人际关系，父母成了婴儿心目中的权威。

幼儿与父母及整个家庭的关系，是幼儿与社会发生联系的一种基本形式。良好的家庭关系、家庭成员之间的和谐相处，对幼儿社会性的发展有着重大的影响，而家庭中父母对幼儿的有意识的教育和指导，家长的思想观念、生活习惯、道德行为等都对幼儿社会性的发展有直接作用。此外，家庭对幼儿社会性发展的影响是在共同生活中实现的，特别是在共同活动中实现的。

（二）幼儿社会性的发展趋势

随着幼儿的日益长大，其运动能力、言语能力和自我控制能力也都有了发展，他们的社会性也日益复杂和明确。例如，幼儿开始喜欢有组织的集体游戏，喜欢在游戏中扮演一定的社会角色，如"妈妈""老师"等；有时候同伴之间也会出现对抗行为，对别人的意见表示不愿听从、不能接受。此外，幼儿对父母的依赖性也逐渐减弱，通过训练，他们开始学会一些简单的生活自理的技能，独立性逐渐发展。幼儿社会性发展的总趋势有以下表现。

1. 自我意识进一步形成

幼儿在游戏中，尤其是在集体性的游戏中能够通过别人对自己的反应来认识自己。例如，幼儿在分配游戏角色时，往往具有一定的标准，如选女孩当"妈妈"，体现出性别标准；选高个子当"警察"。根据这些标准分配角色有助于幼儿自我意识的进一步发展。幼儿自我意识的发展还表现在他们开始产生初步的自我理想。幼儿在社会生活中受父母、教师、文艺形象以及周围人物的影响，开始模仿某些人物的言行，并在游戏中以某些人物自居。这种自我理想是幼稚的、朦胧的，通常又是易变的和缺乏现实性的。但是，幼儿的自我理想是他们在社会交往中形成的一个重要成果。

2. 社会交往活动日益复杂

幼儿的社会交往出现了新的特点。第一，幼儿活动的独立性开始增强。这不仅表现在他们能生活自理，更重要的是表现在他们开始能独立地探究周围的人、事、物，并能提出自己的看法。在游戏中，幼儿开始能独立地排除困难；在劳动中，幼儿倾向于独立地完成任务；在活动取得成功后，幼儿的自信心会增强。第二，在社会交往中，幼儿开始注意妥善处理自己与他人的关系，因而活动的合作程度不断提高。他们能在一个共同的活动中为一个共同的目的而互相合作，互相帮助。这种合作关系不仅表现在游戏、劳动中，还表现在真正的社会生活中。第三，社会交往的目的性日益明确，遵守行为规则的能力也有所提高。当幼儿进入幼儿园后，他们开始生活在新的集体之中，在教师的教育和监护下，社会交往开始发生新的变化，幼儿的社会性继续向前发展。

三、社会性对幼儿发展的意义

（一）社会性发展是幼儿心理全面发展的重要组成部分

社会性发展是幼儿身心健全发展的重要组成部分，它与体格发展、认知发展共同构成幼儿发展的三大方面。20世纪90年代初出现情感智力的理论，强调"情商是决定人生成功与否的关键"，把社会性发展的作用提到了一个新的高度，从而使"智商决定论"成为历史。情商是除智力因素以外的一切内容，主要包括处理人际关系的能力、受人喜欢和关心他人、表达和理解感情、独立性、适应性、坚持性、友爱、善良等。可以看出，情商指的就是人的社会性，情商是可以培养的，教育者有责任培养高情商的幼儿，发展幼儿的社会性。

（二）社会性发展是幼儿发展的重要基础

幼儿社会性发展是人格发展的重要基础，在个体一生的社会性发展中占有极其重要的地位。幼儿期是幼儿社会性发展的关键期，幼儿的社会认知、社会情感及社会行为技能在此阶段都得到了迅速发展，并逐渐显示出较为明显的个人特点，可以说某些行为方式已经成为比较稳定的个性特征。大班的幼儿就已经表现出明显的个体差异。如有的幼儿对人友好，受人喜欢，能够独立处理和同伴的关系；有的孩子任性、自私，不会和他人交往，也不受小伙伴的欢迎。

📝 同步训练 11.1

1. 社会成员为适应社会生活所表现出的心理和行为特征，称为（　　）。
   A. 社会认知　　　　　　　　B. 社会性
   C. 社会交往　　　　　　　　D. 社会性发展
2. 幼儿实现社会化的主要标志是（　　）。
   A. 形成社会意识　　　　　　B. 了解社会规则
   C. 掌握社会规范　　　　　　D. 理解社会习俗

（答案或提示见本主题首页二维码）

主题 11.2 幼儿的社会交往

问题情景

小磊和小辉在一起玩耍，小磊搬着小椅子不小心碰到了小辉，但他并没有在意。这时，小辉冲上来对小磊破口大骂，小辉的妈妈徐女士看到后，马上过来制止，小辉气呼呼地说："谁让他碰我了，他碰我我就骂他！"对儿子这样的骂人行为，徐女士不知如何纠正，感到很苦恼。

幼儿的社会交往是社会性发展的重要内容，引导幼儿掌握社会性交往的方法，能有效解决幼儿社会性交往中的问题。

基础知识

幼儿从出生那一刻起，就开始与周围的社会环境发生一定的关系和联系，即开始了社会交往。幼儿的社会交往主要包括亲子交往、同伴交往、师幼交往。

一、亲子交往

亲子交往，指幼儿与父母或其他主要抚养者之间的交往。幼儿最初几年是在家庭中度过的，与其交往的主要对象是父母，亲子交往影响幼儿的身心健康发展、认知发展、安全感的形成、社会品质和健全人格形成。亲子交往始于依恋。

（一）亲子依恋

1. 依恋的概念

依恋是婴儿对熟悉的人（父母或其他抚养者）所建立的亲密情感联结。依恋是人类最初始的也是影响最深远的一种情感，是健康成长不可缺少的环节，几乎是一切社会情感发展的基础。

2. 依恋的发展

依恋产生的标志是婴儿表现出认生现象，以及对主要抚养者的努力接近或接触的行为。不同的研究者对依恋的发展阶段的研究结论略有差异。鲍尔比研究认为，依恋的发展大致经历了如下四个阶段。

（1）前依恋期（零～一两个月）。

这是对人无差别的社会反应阶段。此期婴儿对所有人的反应几乎都是一样的，没有差别。他们喜欢所有的人，喜欢听到所有人的声音，注视所有人的脸，以哭声引起他人的注意，满足自己的生理需要。清醒的时候，婴儿用抓握、微笑、哭泣和凝视成人的眼睛开始与他人的亲密接触。这一年龄的婴儿可以识别自己母亲的气味和声音。但是，他们还没有形成对她的依恋，因此他们可以接受来自陌生人的关注与爱护。

(2) 依恋建立期（两三个月~六七个月）。

这是有差别的社会反应阶段。这时婴儿对人的反应有了区别，对母亲更为偏爱。他们在亲近的人面前表现出更多的微笑、依偎、接近、咿呀学语，而在其他熟悉的人，如家庭成员面前这些反应相对就要少一些，对陌生人则反应更少。这一时期的儿童出现了对熟人的识别再认，熟人较陌生人更易引起强烈的依恋反应，但仍然接受来自任何人的关注。

(3) 依恋明确期（六七个月~两岁）。

这是特殊的情感联结阶段。从6~7个月起，婴儿出现了明显的对母亲的依恋，形成了专门的对母亲的情感联结。婴儿开始对母亲的存在特别关切，特别愿意与母亲在一起。与此同时，婴儿对陌生人的态度变化很大，见到陌生人，大多不会再微笑、咿呀作语，而是开始怯生。

7~8个月时，婴儿形成对父亲的依恋。以后，与主要抚养者的依恋关系进一步加强，依恋范围进一步扩大，除父母亲外，儿童还依恋家庭的其他成员。随后进入集体教养机构，儿童还会对老师形成依恋情感。从此，儿童对特定个体的依恋真正确立。这一时期儿童还表现出分离焦虑，当依赖的成人离开时他会变得难过。

(4) 目标调整的伙伴关系期（两三岁以后）。

这时的婴儿已能理解父母的需要，并与之建立起双边的人际关系。他们学会为达到特定目的而有意地行动，并注意考虑他人的情感与目标。这时，婴儿把母亲作为一个交往伙伴，并认识到她有自己的愿望，交往双方都应考虑对方的需要，儿童与依恋对象在空间上的接近逐渐变得不那么紧要。比如，此时期依恋母亲的儿童，当其母亲去干别的事情或者离开一段时间时，他们也能理解。他们可以自己玩，相信母亲一会儿就会回来。入园以后，幼儿还可以把对父母的依恋行为逐渐转移到教师和同伴身上。此时，幼儿依恋行为的发展进入高级阶段——寻求教师和同龄人的注意和赞许的反应阶段。

3. 依恋的类型

尽管所有的婴儿都存在依恋行为，但由于婴儿和依恋对象的交往程度、质量不同，婴儿的依恋存在不同的类型。1973年，美国心理学家安斯沃斯采用陌生情境实验，通过观察和分析婴儿在陌生情境中的行为表现，将婴儿的依恋分为三种类型：安全型依恋、回避型依恋和矛盾型依恋。之后的研究者在其基础上又提出了第四种依恋类型，即混乱型依恋。

(1) 安全型依恋。

安全型依恋的婴儿表现为明显地依赖母亲，母亲在场时，他们有绝对的安全感，能在陌生的环境中进行探索和操作，对陌生环境中的玩具和其他事物产生好奇心，对陌生人的反应比较积极，并不总是偎依在母亲身旁。当母亲离开时，探索性行为会受影响，明显地表现出苦恼、不安，想寻找母亲回来。当母亲重又回来时，他们会立即寻求与母亲的接触，但很容易被抚慰、平静下来，继续做游戏。

(2) 回避型依恋。

回避型依恋的婴儿对母亲在不在场都无所谓。母亲离开时，他们并无特别紧张或忧虑的表现。母亲回来了，他们往往也不予理会，有时也会欢迎母亲的到来，但只是暂时的，接近一下又走开了。有时也会避免与母亲的接触。这类婴儿接受陌生人的安慰和接受母亲的安慰一样。这类婴儿对母亲并没有形成特别密切的情感联结，并且这类婴儿的母亲对她们孩子的变化也是不敏感的，她们很少与孩子有身体接触。因此，有人也把这类婴儿称作"无依恋婴儿"。

（3）矛盾型依恋。

矛盾型依恋的婴儿不论母亲是否在他们身边，都经常表现出强烈的不安情绪。他们对与母亲的联系感到矛盾，时而想亲近母亲，时而又抗拒母亲的靠近。当母亲将要离开时，他们总显得很警惕。如果母亲离开他，他就会表现出极度的反抗。当母亲回来时，他又表现出矛盾的态度，既寻求与母亲的接触，又反抗与母亲接触，当母亲亲近他时，他甚至还有点发怒的样子。例如，孩子见到母亲立刻要求母亲抱他，可刚被抱起来又挣扎着要下来。要他重新回去做游戏似乎不太容易，他不时地朝母亲那里看，也就是说，母亲留下来时也不能完全消除他们的不安全感，所以，这种类型又称为反抗型依恋。

（4）混乱型依恋。

混乱型依恋的婴儿没有固定的模式，他们会对父母产生各种情绪反应，并经常对这种情绪反应感到困惑。混乱型依恋的婴儿经常会在陌生的环境中表现出杂乱无章和缺乏组织的行为，表现出极大的不安全感。这种类型的婴儿和父母的抑郁情绪或受虐待有关。

据安斯沃斯的研究表明，美国有70%的婴儿属于安全型依恋，20%的婴儿属于矛盾型依恋，10%的婴儿属于回避型依恋。矛盾型依恋和回避型依恋统称为不安全依恋。依恋的质量反映了亲子交往的质量。安全型依恋是一种优质的依恋类型，它源自良好、积极的亲子交往。

4. 建立安全型依恋的策略

（1）保持与婴儿的母子接触。

采用母乳喂养，并尽可能地多与婴儿进行皮肤、目光的接触，让婴儿感受到母亲的关心，满足其对温暖、安全及爱的需求。

（2）避免与婴幼儿的长期分离。

研究表明，婴幼儿与父母长期分离会产生严重的"分离焦虑"，从而影响其正常的心理发展。

（3）及时恰当地对婴幼儿发出的各种"信号"做出反应。

这是保持婴幼儿良好情绪状态的重要条件。当婴幼儿发出各种"信号"时，他们都期待着养育者能正确地理解并给予积极的回应，成人应该了解其愿望和要求并满足他们。

（4）保持家庭成员之间的和谐关系。

家庭成员之间关系越和谐，父母婚姻质量越高，相互支持度越高，越能以积极的心态善待孩子，其子女依恋安全感就越高。破裂的家庭或被父母抛弃会对婴幼儿产生极为严重的影响。

（5）给婴幼儿足够的父爱。

父亲有较为丰富的知识面、较强的动手操作能力、深刻的理解与判断能力以及敢于探索的精神，对开拓幼儿的视野，发展其认知能力、创造能力无疑能起到独特的作用。研究表明，父亲对婴幼儿越是关心、照顾，婴幼儿越聪明、愉快，智商往往也比较高。相反地，儿童在越小的时候失去父亲或得不到父爱，对其负面影响越严重。

知识拓展

陌生情境实验

1973年，心理学家安斯沃斯在乌干达设计了一个著名的心理学实验：陌生情境实验。在这个实验中，安斯沃斯创造了一个有适度压力的情境——在一个不熟悉的环境中，让婴儿和照顾者短暂分离。这个实验由8个步骤组成。

①婴儿和母亲被带进一个陌生但舒适的环境，房间里满是玩具；②婴儿有机会在母亲的帮助下玩玩具；③一个陌生人走进房间和婴儿玩耍；④母亲离开，留下婴儿与陌生人在一起玩玩具；⑤母亲回来，停下来让婴儿有机会对她的回归进行回应，陌生人离开房间；⑥母亲把婴儿独自留在房间；⑦陌生人回到房间，根据需要与婴儿互动；⑧母亲回来，陌生人离开房间。

实验场景和顺序不变，但不同婴儿的表现却截然不同。通过大量观察，安斯沃斯创建了心理学依恋理论中具有里程碑意义的结论。她将一个人的依恋类型分为三类：安全型依恋、矛盾（对抗）型依恋和回避型依恋。可以看到，实验中的"陌生情境"包含两个分离和团聚的情节：在第一个情节中，婴儿与陌生人被留在了满是玩具的游戏室，在第二个情节中，婴儿被单独留下。

对于这个场景实验，安全型的婴儿有如下反应：母亲在场时，婴儿专心地探索玩具、进行玩耍，在母亲的帮助下，他甚至有可能会和陌生人互动，出于对母亲的信任，可能不会反对母亲的第一次离开，在某种程度上，甚至会依赖陌生人来获得安慰；但如果有选择，他会更喜欢母亲。在母亲第二次离开时，婴儿独自留在房间，这时他的依恋系统被激活，会抗议、跟随或哭闹，但无论反应如何，在母亲重新回归时，他会表现出明显地向母亲寻求亲近，尤其渴望身体接触。母亲的安慰和鼓励也能使婴儿迅速地获得抚慰，当被安抚下来后，他们重新回到游戏和玩耍中去。

那么，矛盾（对抗）型依恋类型的婴儿呢？他们比安全型依恋的婴儿对分离表现出更明显的焦虑和痛苦，他们明显更容易哭闹，且即使母亲在场时，他们也难以投入对玩具和新环境的探索中去，他们很"粘人"，死死地拽住母亲，当母亲离开又返回时，他们表现出一种矛盾的抗拒：如果母亲远离，他们会死死地纠缠母亲，但如果母亲靠近，他们又会愤怒地抗拒。

安斯沃斯早在1963年，就曾在乌干达的研究中描述过一个婴儿和母亲的行为。"他一个劲地往母亲怀里钻，一旦被放下，就会号啕大哭，直到再次被抱起，母亲会抱着他直至熟睡，但轻轻一放，他就会立刻醒来并哭泣"。这些婴儿对母亲怀有矛盾的情绪，拒绝安慰：他们寻求与母亲的接触，然后愤怒地抗拒，例如，一会要求被抱起来，一会又推开，这些婴儿虽然表现出强烈的痛苦，但很难被安抚。

与以上两种表现又不相同的是回避型依恋的婴儿。他们对母亲的离开和返回都表现得很冷漠，似乎无动于衷。在陌生环境下，他们并未把母亲当作自己的避风港，相反，他们避免和母亲接触，表现出对母亲的疏远和冷漠。

安斯沃斯的这项研究是心理学依恋关系研究的奠基之作，事实上，不仅是婴儿如此，成人的依恋类型也是如此，依恋几乎是一个人毕生的心理话题，它就像潜意识一样影响着人的一生。

（二）亲子交往的影响因素

亲子间的相互作用受到来自亲子双方及周围环境的诸多因素的制约。亲子交往的影响因素不仅包括父母的教养方式、家庭结构、家长的教育意识和教育能力等，也包括幼儿的个性、性格等自身因素。

1. 父母的教养方式

父母的教养方式在促进幼儿社会化的进程中发挥着极为重要的作用。不同父母对幼儿的教养方式是千差万别的，不同的教养方式对幼儿心理发展的影响不同，对亲子关系的影响也不同。美国心理学家麦考比和马丁提出了父母教养方式的四种主要类型。

（1）权威型。

权威型的教养方式在要求上属于高控制，在情感上偏于接纳，对幼儿的心理发展带来积极影响。父母对幼儿提出明确、合理的要求，为其设定适当的目标，并鼓励其坚定地实施，对幼儿的良好行为表示支持和肯定，对其不良行为表示不快。在这种教养方式下成长的幼儿往往独立性较强，具有较好的自我控制能力，自尊感和自信心较强，积极乐观。该教养方式的亲子关系比较和谐。

（2）专制型。

专制型的教养方式在要求上属于高控制，在情感上偏于拒绝，给幼儿的心理发展带来不利影响。父母经常采取强制手段让幼儿听命于自己，漠视幼儿的兴趣和意见，压制其独立性、创造性，要求其随时都要遵守父母的规定，稍有违背就训斥，甚至进行粗暴的惩罚。父母采用专制型的教养方式往往出于"为孩子好"的目的，对幼儿进行过多干预、过分保护，从而在一定程度上限制了幼儿自我意识和自我教育能力的发展。在这种教养方式下成长的幼儿大多数缺少主动性和探究精神，表现出胆小、怯懦、畏缩、抑郁、自卑等负面情绪，自信心水平较低，容易情绪化，不善与人交往。该教养方式的亲子关系较为紧张。

（3）放任型。

放任型的教养方式在要求上属于低控制，在情感上偏于接纳。采用这种教养方式的父母和权威型父母一样对幼儿充满了积极肯定的情感，但是缺乏对幼儿的有效控制。他们很少对幼儿的言行施加合理调控，很少发怒或训斥幼儿，而是让其自己随意控制、协调自己的言行。在这种教养方式下成长的幼儿往往依赖感较强，自我控制能力差，缺乏责任感，自私自利，缺乏恒心和毅力。该教养方式的亲子关系看似和谐，却存在很大问题。

（4）忽视型。

忽视型的教养方式在要求上属于低控制，在情感上偏于拒绝。采用这种教养方式的父母对幼儿缺少必需的行为要求和控制，也缺乏爱与期望的情感和积极反应，亲子之间的交往、互动很少，父母对幼儿缺乏基本的爱与关注，对幼儿的行为反应缺乏回应与反馈，对其成长经常流露出漠不关心的态度。在这种教养方式下成长的幼儿往往具有较强的冲动性和攻击性，很少懂得换位思考，对人缺乏热情，对事缺乏兴趣。亲子间关系较为冷漠。这类幼儿更容易出现不良的行为。

2. 家庭结构

家庭结构是指家庭成员相互间的亲属关系及家庭成员人数的多少，即家庭成员的亲属构成和人数，家庭结构包括核心家庭、主干家庭、联合家庭和其他家庭。我国学者吴凤岗的研究结果表明，两代人家庭的幼儿在独立性、自制力、敢为性、合群性、聪慧性、情绪特征、自尊心、文明礼貌及行为习惯等九个方面均好于三代人家庭的幼儿。此项研究结果还表明，在各个年龄阶段中，不同家庭结构对幼儿社会化发展的影响也是不稳定、不均衡的。

3. 家长的教育意识和教育能力

家长的教育意识会影响幼儿成长的价值取向及家长对幼儿的期望。家长的性格、爱好、受教育的水平、教育观念及对幼儿发展的期望等对亲子交往有着直接的影响。

家长的教育能力主要包括发现和选择教育时机的能力，选择运用教育方式方法的能力，妥善处理教育过程中实际问题的能力，转化幼儿思想的能力和培养幼儿良好习惯的能力等。这些能力相互联系、相互渗透、相辅相成，教育的成功与否往往受到这些能力的综合影响。

4. 幼儿自身特征

幼儿早期的气质特性、行为特性、活动水平、挫折耐受力与生活的节律性有明显的个体差异，而幼儿自身的发展水平和发展特点会影响父母的反应性和敏感性，从而影响亲子交往。

此外，亲子交往还受到除家庭以外的其他因素的影响，如社区文化、民族传统、风俗习惯，以及幼儿园的要求等。了解上述因素，有助于我们理解父母对幼儿的教养行为，理解父母和幼儿之间的相互交往，协调幼儿发展与父母教养之间的关系，尽可能地为幼儿营造一个良好的、积极的亲子交往环境。

（三）亲子交往的引导策略

1. 建立平等的亲子关系

家长在教育的过程中，要学会尊重幼儿，与其交朋友，维护他们应有的权利，让其意识到成人对他们的信任。不能认为"孩子小不懂事"而万事包办，或用命令的方式对待他们。

2. 营造和谐的家庭氛围

家庭是亲子交往的最佳场所。父母为了孩子的健康成长，必须努力营造一个温馨的家庭氛围，这也是幼儿良好性格形成的基本保证。和谐的、幸福的家庭氛围，为人处世通情达理的家长，会使幼儿感觉温暖，有助于其形成乐观积极的生活态度，能正确面对生活中的各种人际交往问题，从而形成良好的个性品质。

3. 采用科学的教养方式

在亲子交往中，家长既是幼儿交往的对象，又是幼儿的导师。科学有效的教养方式，有助于幼儿成为合乎社会需要的社会化个体。权威型教养方式是最费时费力的方式，但也是最有效的方式。

4. 学会沟通与理解

学会沟通和理解是父母的必修课。幼儿有自己眼中的世界，在与幼儿相处时，家长要通过观察、询问、交谈、爱抚等手段，了解孩子的各种需要，给予科学合理的满足与引导，更需要换位思考，多存有一些同理心，这样才能够跨越亲子交流的障碍。

二、同伴交往

（一）同伴交往概述

幼儿的同伴关系与亲子关系是相互平行、不可替代的，而同伴关系的发展对幼儿社会化的意义更加重大。

1. 同伴关系的概念

同伴关系是指年龄相同或相近的幼儿之间的一种共同活动并相互协作的关系，主要指同龄人之间或心理发展水平相当的个体之间在交往过程中建立和发展起来的一种人际关系。

2. 同伴交往的作用

（1）发展社会认知。

同伴关系是平等的，同伴之间传授的经验和知识通常容易被接受。同伴之间或是协商合作，或是争

执摩擦，幼儿必须学会坚持或放弃，由此他们获得了更广阔的认知视野和交往技能。随着与同伴的相处，在建立平等互惠的同伴关系的过程中，幼儿必须体验冲突、学习谈判或感受委屈、学会合作，从而慢慢地懂得为什么要这样做而不能那样做的道理，逐渐获得积极的、富有成效的社会交往技能，进一步发展其社会认知的能力。

（2）满足情感需要。

在同伴交往中，幼儿不仅能得到信息和知识方面的支持和共享，更重要的是能得到情感方面的支持。幼儿从同伴中得到了情感的宣泄、宽慰、同情和理解，以克服情绪上和心理上可能出现的问题，从而保证良好情感的发展。

（3）培养积极性格。

幼儿在心理上是平等的，因此，他们在同伴关系中可以自由地发表见解。平等的交往能够让幼儿体验到内在尊重感，有利于幼儿自信心、责任感等良好个性特征的发展，为个性的最终形成奠定了良好的基础。

3. 同伴交往的类型

幼儿的同伴交往类型可分为受欢迎型、被拒绝型、被忽视型和一般型四种基本类型。

（1）受欢迎型。

这一类型的幼儿喜欢与人交往，在交往中积极主动，并经常表现出友好、积极的交往行为，因而受到大多数同伴的接纳、喜爱，在同伴中享有较高的地位，具有较强的影响力。

（2）被拒绝型。

这一类型的幼儿也喜欢交往，在交往中活跃、主动，但常常表现出不友好的交往方式，如强行加入其他小朋友的活动、抢夺玩具、大声叫喊、喜欢推打等。由于他们攻击性行为较多，友好行为较少，因而常被多数幼儿排斥、拒绝，在同伴关系中地位低，与同伴的关系紧张。

（3）被忽视型。

这类型幼儿不喜欢交往，常安静地独处或一人活动，在交往中表现得退缩或畏惧（如图11-1所示）。他们对同伴既很少有友好、合作行为，也很少有不友好、侵犯性行为，因此没有多少同伴喜欢他们，但也没有多少同伴讨厌他们，被大多数同伴所忽视和冷落。

（4）一般型。

这类幼儿在同伴交往中行为表现一般，既不是特别主动、友好，也不是特别不主动或不友好；同伴有的喜欢他们，有的不喜欢。他们既不被同伴特别地喜爱、接纳，也不被同伴忽视、拒绝，因而在同伴心目中他们的地位一般。

根据研究，在四种同伴交往的类型中，受欢迎型幼儿约占13.33%，被拒绝型幼儿约占14.31%，被忽视型幼儿占19.41%，一般型幼儿占52.94%。从发展的角度看，在4~6岁范围内，随着幼儿年龄的增长受欢迎的幼儿人数呈增多的趋势，而被拒绝幼儿、被忽视幼儿的人数呈减少趋势。研究还发现，在性别维度上，以上四种类型的分布也不相同，在受欢迎的幼儿中，女孩明显多于男孩；在被

图11-1 被忽视型幼儿的交往表现

拒绝的幼儿中，男孩明显多于女孩；而在被忽视的幼儿中，女孩又多于男孩。

> **知识拓展**
>
> **同伴提名法**
>
> 　　同伴提名法是社会测量法中最基本、最主要的一种方法。其基本实施过程：让被试者根据某种心理品质或行为特征的描述，从同伴团体中找出最符合这些描述的人。例如，研究者以"喜欢"或"不喜欢"为标准，让幼儿说出班级中他最喜欢或最不喜欢的三名幼儿，然后对研究结果进行一定的技术处理和解释。同伴提名法测量的基本原理是，幼儿同伴之间的相互选择，反映着他们之间心理上的联系：肯定的选择意味着接纳，否定的选择意味着排斥。一个人在积极标准上被同伴提名的次数越多，就说明他被同伴接纳的程度越高；一个人在消极标准上被同伴提名的次数越多，就说明他被同伴排斥的程度越高。也就是说，同伴之间在一定标准上进行的肯定性或否定性的选择，实际上反映着同伴之间的人际关系状况。这样，通过分析同伴的选择结果，就可以定量地测量幼儿同伴间的关系。

（二）同伴关系的发展

1. 同伴关系的发生

2个月时，婴儿能注视同伴；3～6个月时，婴儿能够相互触摸和观望。但是，这些反应并不具有真正的社会性质。在此时期，幼儿的行为往往是单向的。直到6个月以后，真正具有社会性的相互作用才开始出现。1岁左右，婴儿的交往最突出的特征是出现了应答性的社交技巧，从此，婴儿之间的直接接触和互动开始发生。2岁时，随着运动和语言交流能力的出现，婴儿的社会性交流变得更加复杂，同伴间互动的时间也会更长。

2. 同伴关系发展的特点

幼儿之间绝大多数的社会性交往是在游戏情境中发生的。3岁左右的幼儿以独自游戏或平行游戏为主，彼此之间没有联系；4岁左右的幼儿在游戏中的交流逐渐增多，游戏中互借玩具、彼此进行语言交流及共同合作的现象逐渐增多，表明他们在游戏中开始形成真正的社会交往，但这种联系是偶然的、没有组织的，彼此间的交往也不密切，是幼儿游戏中社会性交往发展的初级阶段；5岁以后的幼儿的合作性游戏开始发展，同伴交往的主动性和协调性也逐渐得到发展。

（三）同伴交往的影响因素

影响同伴交往的因素归纳起来主要来自三个方面：幼儿自身、家庭、托幼园所。

1. 幼儿自身因素

（1）自身特征。

幼儿的外表、性别、气质、情感、能力、性格等因素都会影响幼儿的同伴交往。幼儿园小朋友在一起活动时，已表现出"以貌取人"的倾向。对于那些有着漂亮面孔的人，他们有更多积极的反应；而对于相貌平平的人，则恰好相反。另外，幼儿开始倾向于选择与自己同年龄、同性别的幼儿做朋友。

(2)社会交往技能。

幼儿社会交往技能是影响同伴交往的重要因素，与幼儿是否被同伴接受有密切联系。研究发现，最受欢迎的幼儿都具有良好的社会交往技能，他们擅长双向交往和群体交往，在活动中没有明显的攻击行为。被忽视的儿童在同伴交往中的行为是笨拙的，他们往往逃避双向交往，而将更多时间花在更大的群体中。但是，由于他们害羞，他们中大多数都自己玩，很少见到他们表现自己或对他人显示攻击性行为。

2. 家庭因素

早期的亲子交往经验和家庭的居住环境都有可能成为影响同伴关系的家庭因素。

（1）早期的亲子交往经验。

家长的教养方式影响着幼儿的同伴交往。研究显示，幼儿期的同伴交往行为几乎都来自更早些时候与父母的交往。权威型的家长培养的幼儿与成人、同伴都能建立良好的关系。忽视型和溺爱型的家长容易培养出有敌意、有攻击行为的幼儿，而专制型的家长培养出的幼儿容易对同伴表现出焦虑、严厉和喜怒无常。

（2）家庭的居住环境。

现代居住方式使幼儿的活动空间大大缩小，失去了与其他小伙伴在一起玩耍的场地；幼儿所有的行为几乎都受到家长保护，很多幼儿失去了与小伙伴一起玩耍的时间。幼儿在社会性游戏方面所花的时间大大减少，和同伴交往的机会越来越少。这应当引起教育工作者及幼儿父母的重视，应该尽一切努力为幼儿创造与同伴交往的环境和条件，促使他们与同伴之间建立合作、平等的关系。

3. 托幼园所因素

（1）教师对幼儿的态度。

幼儿入园后，教师是父母之外的又一个权威，教师对幼儿同伴交往产生很大影响。教师对幼儿的认可程度、对幼儿行为问题的处理方式、对幼儿的信任程度，会直接影响幼儿在同伴中的地位和受欢迎程度。因此，教师必须注意自己的言行对幼儿可能带来的影响，要给幼儿以信任和鼓励，帮助幼儿建立起良好的同伴关系。

（2）游戏活动。

游戏活动是幼儿同伴交往的重要途径。幼儿在游戏中最初的交往活动往往是从使用材料开始的。幼儿必须就游戏材料的选择和使用进行交流协商。游戏场地为幼儿游戏中的交往活动提供了空间，场地过分狭窄或过于宽敞，都不利于游戏中幼儿的交往活动。自由游戏中不同交往类型的幼儿表现出交往行为上的巨大差异，而在表演游戏或角色游戏中，即使是不受同伴欢迎的幼儿也能与同伴进行一定的配合协作。

（四）同伴交往的指导策略

1. 创设情境

由于认知水平有限，幼儿在与同伴交往时常常会发生矛盾。成人可以通过创设具体、生动、形象的情境，丰富幼儿的交往经验，提高幼儿间交往的兴趣和主动性，从而促进幼儿间的友好相处。例如，教师可以根据幼儿认知发展的特点开展角色游戏，通过角色扮演让幼儿学习处理问题的方法，并且在与同伴交往的过程中加以运用。

2. 有效合作

具有攻击性行为的幼儿常与其他幼儿发生争抢、打闹等负向行为，需要成人引导其使用正向策略，如教导幼儿认真地听其他幼儿讲话，平静地表达自己的看法，努力与他人取得一致的意见等。害羞孤僻的幼儿往往不自信，教师可以引导他们先与更小的幼儿活动，从而增强其交往的信心，提高其社会交往能力。

3. 引导反思

在教育教学过程中，教师应该根据幼儿的心理发展状况，设计教育目标和内容，引导幼儿换位思考，从而提升其交往体验。当发生冲突时，鼓励幼儿与同伴交流，了解彼此的内心想法，分析原因、归纳经验；当幼儿面临无法解决的交往问题时，教师应适时予以指导，帮助幼儿多角度地思考和建构同伴交往策略，从而促使幼儿与同伴交往的顺利进行。

三、师幼交往

师幼交往是幼儿教师与幼儿之间由于教育教学的需要而进行的交往活动（如图11-2所示）。师幼交往贯穿幼儿在园生活的各个环节，是促进幼儿全面发展的关键因素，师幼交往体现了教师内在的教育观念和教育能力。

（一）师幼交往的特征

师幼交往既具有人际互动交往的共性，也有区别于亲子交往和同伴交往的一些特征。

1. 教育性

教育性是师幼交往的首要特征。在师幼交往中，从交往的目的、内容，还有交往发生的情境，以及在交往中教师和幼儿所担当的角色来看，都具有明确的教育性特点。在交往中，教师的言行及其对人、事、物的态度都对幼儿具有潜在的、示范性的影响。师幼间交往的主要目的是促进幼儿认知和社会性的发展。由于教师角色的特殊性和在幼儿心目中的特殊地位，其自觉或不自觉流露出的对幼儿的情感、期望与评价，直接影响着幼儿的自我认知、社会行为等的发展，也会影响到师幼交往的质量及其教育的效果。

图 11-2 师幼交往

2. 交互性和连续性

一方面，教师的行为对幼儿有很大影响，幼儿往往依据教师的要求调整自己的行为；另一方面，幼儿的行为同样会对教师产生很大影响，构成师幼影响的双向交互性。同时，师幼间的这种双向交互影响是连续的、循环的，除了在交往当时对师幼双方产生较大影响，还会对其以后的交往产生影响。

3. 组织化和非正式化相结合

师幼交往具有明显的组织化特征，教师与幼儿的交往通常有明确的目的、内容与预期目标，是为完成特定教育任务而有目的、有意识地开展的。师幼间还存在着大量非正式化的互动，如师幼在日常生活中的个别接触、对话交流等。这些非正式的师幼交往对幼儿的情感、行为与人格都有十分重要的影响。

4．非一一对应性

教师在教育过程中既要保证与多个幼儿的交往，也要注意与个别幼儿的有效互动。在师幼交往中，非一一对应性可使师幼充分利用同伴学习资源，使师幼间的影响具有辐射性和弥散性，从而提高教育的效果。

（二）师幼交往的影响因素

影响师幼关系发展的因素是多方面的，既有来自幼儿方面的因素，也有来自幼儿家庭及教师的因素，多种因素共同作用影响着师幼关系的发展。

1. 与幼儿有关的因素

一是幼儿的性格气质。研究表明，影响师幼互动的第一位因素是幼儿自身所具有的特征。一般来说，开朗、外向且行为积极的幼儿受到教师的关注与反馈的机会最多，而内向、不爱表现的孩子得到的关注及反馈最少，这就影响了教师与之互动的频率与效果。二是幼儿的长相。通常教师会对那些长相符合自己喜好的幼儿有更多的良性互动，而对那些不符合自己喜好的幼儿则较为忽视。三是幼儿的能力。独立生活能力、社会交往能力、认知发展能力较强的幼儿更能得到教师的青睐，从而与教师会有更多的良性互动。

2. 与教师有关的因素

一是教师的教育观念及受教育水平。教师受教育程度是教师专业素质水平的一个重要体现。理论素养较高的教师会秉持科学的儿童观、教师观和管理观念，以儿童为本，平等对待每一位幼儿，并根据幼儿的发展特点来组织相应的活动与幼儿互动。在与幼儿互动的过程中更多扮演的是支持者、合作者、引导者的角色，而不是一味地管教与束缚幼儿。二是教师的期望。在师幼互动过程中，教师对集体中的每个幼儿都会形成一个总体印象，并对幼儿产生一定的期望。不同期望则会影响教师对不同幼儿采用不同的方式进行互动，也影响了幼儿对教师的反馈方式。例如，一个对幼儿期望较高的教师，会对幼儿提出严格的要求，当幼儿不能完成时，教师可能采取严厉的方式进行回应。

3. 与家长有关的因素

师幼的互动与家长也有紧密的关系。家长的受教育水平、素质和教育观念等都会影响幼儿的发展，影响教师对待幼儿的教育态度和教师的积极性。家长如果积极参与配合幼儿教师的工作，教师与该家庭幼儿的互动效果会更好。

4. 与环境有关的因素

幼儿园的班级规模、师幼比例和环境创设也会对师幼关系产生影响。如果班级规模太大，会导致教师心有余而力不足，教师通常以快速简洁的方式处理幼儿的问题，如对幼儿的好奇、疑问简单回答，或更多关注对幼儿的常规管理，忽视幼儿的情感需求。

（三）良好师幼关系的建立

1. 树立科学的幼儿教育观

幼儿教师要树立科学的幼儿教育观。苏联教育家苏霍姆林斯基说："学习——这不是把知识从教师的头脑里移注到学生的头脑里，而首先是教师跟儿童之间活生生的人的相互关系。"教师要爱幼儿，对幼儿态度温和、宽容，尊重幼儿的人格，保护幼儿的合法权益，发挥幼儿的主观能动性，引导幼儿学会学习、学会生存、学会做人。

2. 科学定位教师角色

在日常教学、游戏和与幼儿的交往互动中，教师要注意发挥幼儿的主体性、独立性和创造性，既不能操纵、控制、导演幼儿的活动，也不能放纵幼儿的活动。教师应是幼儿活动的观察者、支持者、引导者、合作者。

3. 创设良好的师幼交往氛围

幼儿有着不同于成人的特点和需要，是独立的个体。教师要了解幼儿生理和心理特点，懂得幼儿教育的规律，努力为幼儿营造爱的氛围。

4. 注重师幼互动技巧

教师要加强与幼儿的交流。教师可采用眼神交流、悄悄话、摸摸头等方式与幼儿对话。在沟通中，教师要注意给幼儿表达、倾诉的机会，在幼儿诉说的时候，要认真倾听并做出适当的积极的反应，适时地表示内心的接纳并给予适当的建议、帮助。另外，在游戏中教师要敏感地捕捉幼儿的闪光点，及时肯定与鼓励，促进师幼间的情感交流。最后，教师应该以发展的眼光对幼儿进行正确的评价，通过表扬增强幼儿的自信心，为幼儿正确认识和评价自己奠定基础。

同步训练 11.2

1. 父母对幼儿和蔼可亲，善于与幼儿交流，支持幼儿的正当要求，尊重幼儿的需要；但同时对幼儿有一定的控制，常常对幼儿提出明确而又合理的要求，并给予其适当引导。这种教养方式属于（　　）。
   A. 权威型　　　　B. 专制型　　　　C. 放任型　　　　D. 忽视型

2. "清高孤傲，自命不凡"，最容易在（　　）教养方式的家庭中出现。
   A. 权威型　　　　B. 专制型　　　　C. 放任型　　　　D. 忽视型

3. 每当母亲离开时，清清都大喊大叫，极度反抗，但当母亲回来时，他对母亲的态度又是矛盾的，既想寻求母亲的安抚，又拒绝母亲的接触，并不时地朝母亲那里看。这类幼儿的依恋类型是（　　）。
   A. 安全型　　　　B. 回避型　　　　C. 矛盾型　　　　D. 混乱型

（答案或提示见本主题首页二维码）

幼儿发展心理基础

主题 11.3 幼儿社会性行为的发展

问题情景

一天早餐后，大一班的贝贝想到建构区玩，因他用餐速度较慢，建构区的人数已满，但贝贝硬要往里进。平平对他说："已经有四个人了，你明天再玩吧。"贝贝却霸道地说："你出来，我要进去玩！"平平也不示弱，说："我先来的！"贝贝不容分说上去就要拽平平，眼看一场"战争"就要发生。

幼儿的社会性行为产生的原因多种多样，保教人员只有了解幼儿的社会性行为，以及行为产生的原因，才能更好地进行教育和纠正。

基础知识

社会性行为是人们在交往活动中对他人或某一事件表现出的态度、言语和行为反应。它在交往中产生，并指向交往中的另一方。社会性行为，根据动机和目的，可以分为亲社会行为和攻击性行为。

一、幼儿的亲社会行为

（一）亲社会行为的含义

亲社会行为又称积极的社会行为，是指一个人帮助或打算帮助他人，做有益于他人的事的行为和倾向，包括分享、合作、助人、安慰、公德等。亲社会行为的发展是幼儿道德发展的核心，是道德行为的组成部分，它既是个体社会化的重要指标，又是社会化的结果。

（二）亲社会行为的发展阶段和特点

1. 亲社会行为的发生（2岁左右）

一般认为，2岁左右，幼儿已经出现了亲社会行为的萌芽。研究发现，12~18个月的幼儿开始主动分享玩具，一些幼儿会试着帮助有困难的人，甚至尝试帮助做家务，如扫地、擦桌子等；21个月时，幼儿开始出现同情，会关心、安慰同伴；2岁时，幼儿已经能感受到他人的悲伤，并试图安慰、帮助他人，看到其他人受伤，会通过拥抱或轻拍来安抚对方。

2. 亲社会行为的发展（3~6岁）

3岁以后，幼儿的亲社会行为迅速发展，并出现明显的个别差异，发展特点主要体现在以下几个方面。第一，随着年龄的增长，亲社会行为不断增加，形式逐渐丰富化、多样化。第二，亲社会行为的自发性有所增加。3岁前，幼儿的亲社会行为大多是在他人要求下产生的，3岁后逐渐出现一些自发性行为，如主动分享、帮助他人等。第三，意识到他人需要帮助的能力逐渐增加，学会换位思考、体验别人的情绪情感。第四，大班幼儿的亲社会行为更多指向同一性别的幼儿，即大班幼儿更愿意帮助、关心同一性别的幼儿。

在幼儿的亲社会行为中，合作行为最为常见，其次为分享行为和助人行为，而安慰行为和公德行为较少发生。而且大班幼儿的合作行为所占比例明显高于中班和小班。此外研究者发现，幼儿安慰行为和公德行为等亲社会行为发生较少的原因是这些行为没有得到及时的强化。因此，幼儿进入幼儿园后，教师、同伴对其社会化发展起着重要作用，幼儿不可能离开教育而自发成长为符合社会要求的、品德高尚的社会成员。

（三）幼儿亲社会行为的影响因素

1. 生物因素

在漫长的生物进化历程中，人类为了维持自身的生存和发展，逐渐形成了一些亲社会的反应模式和行为倾向，如微笑、乐群性等，这些逐渐成为亲社会行为的遗传基础。良好的个性特征亦能够有效促进亲社会行为。爱社交、容易对周围事物表现出关心的幼儿，其助人行为多于害羞的幼儿。具有爱心、自制力强、能够根据活动的进展调整和控制自己行为的幼儿，能更好地与他人合作。

2. 环境因素

环境因素主要包括父母教养方式及大众传媒等。在幼儿亲社会行为的发展过程中，父母的直接教育和对亲社会行为的强化起了重要作用。霍夫曼的研究表明，父母温和的养育方式趋向于抚养利他幼儿。大众传播媒介是一个社会传递文化和道德价值观的主要途径，电影、电视是幼儿学习亲社会行为的重要途径。

3. 认知因素

影响幼儿亲社会行为的认知因素主要包括以下几个方面。第一，对亲社会行为的认识。当幼儿认识到"小朋友之间应该互相帮助""帮助他人是好孩子"时，他们就有可能表现出帮助他人的行为。第二，对情境信号的识别。在助人行为中，首先要意识到别人的困境。如果幼儿不能察觉他人的不开心、哭泣、受伤，就不可能表现出帮助、安慰他人的行为。第三，观点采择能力。这是指能够站在他人的角度看待事物、理解别人的观点的能力，也就是所谓的换位思考能力。幼儿观点采择能力越高，就越愿意分享、帮助他人。比如，较小的幼儿看到提重物的人不会主动提供帮助，因为他们还不知道提那么多东西很累。年龄稍大的幼儿就会替他人考虑，他们能够意识到那种负担，也愿意提供帮助。第四，受社会责任规范的引导。社会责任规范是指我们应该帮助那些需要帮助的人，这种规范通常是在社会化过程中由父母、教师或其他人传授给幼儿的。幼儿在社会互动中就开始遵从这种规范，随着年龄的增长，幼儿对这一规范的意义的理解日益深刻。

4. 移情作用

移情是体验他人情绪、情感的能力。不论是社会生活环境的影响，还是幼儿生活环境的影响，最终都要通过幼儿的移情起作用。移情是产生亲社会行为的根本的、内在的因素。对幼儿来说，由于其认识的局限，特别是容易以自我为中心，因此，帮助幼儿从他人角度去考虑问题，是发展幼儿亲社会行为的

主要途径。

5. 社会学习

模仿是社会学习的重要途径，幼儿经常会通过模仿他人的行为而进行学习。这种学习具有潜移默化的性质，是在成人不知不觉、幼儿无意识的过程中发生的。因此，成人可以为幼儿树立各种积极行为的榜样，促进幼儿亲社会行为的发展。

（五）幼儿亲社会行为的培养方法

1. 移情训练法

移情训练法是为了提高幼儿善于体察他人情绪、理解他人情感，从而与之产生共鸣的训练方法。移情训练对增强幼儿的分享、安慰、仗义、保护等助人行为有明显效果。移情训练的具体方法有听故事、引导理解、续编故事、扮演角色等。

2. 榜样学习法

让幼儿接触榜样可增加其亲社会行为。榜样形象可以是幼儿故事中的形象、幼儿生活中的同伴，也可以是成人，幼儿把榜样在具体情境中体现的助人原则、规范与自己的行为相对照，增加自己行为和榜样的相似性，促进了自身亲社会行为的发展。

3. 表扬奖励法

表扬奖励也是幼儿习得亲社会行为的一个重要途径。幼儿一旦做出了亲社会行为，家长和教师要及时强化，如表扬、奖励等，使幼儿获得积极反馈，达到逐渐巩固的目的。

4. 游戏活动法

游戏是培养幼儿亲社会行为最好的方法之一。在游戏过程中幼儿学习了交往语言、友善待人，发展了亲社会行为。通过游戏情境，使幼儿身临其境，在真实的生活环境中体验助人和被助、爱人和被爱、合作与分享的快乐。成人要利用游戏这一有效的手段让幼儿反复练习、反复实践，逐步形成自觉、稳固的亲社会行为。

二、幼儿的攻击性行为

（一）攻击性行为的概念

攻击性行为是一种以有意伤害他人或他物为目的的行为。这种有意伤害行为包括语言攻击、身体攻击和心理攻击，语言攻击包括起绰号、侮辱、威胁等，身体攻击则包括击打、踢、咬等，心理攻击包括背后说坏话、造谣等。有伤害他人的意图但未造成后果的攻击性行为仍然属于攻击性行为，但幼儿在一起玩耍时无敌意的推拉动作则不是攻击性行为。

（二）攻击性行为的类型

根据攻击的目的可以将攻击性行为分为敌意性攻击和工具性攻击。如果攻击行为的主要目的是专门打击和伤害他人,那么他的行为就属于敌意性攻击;如果攻击行为的主要目的是获得某个物件而做出抢夺、推搡等动作,那么这种攻击称为工具性攻击。例如,一个小男孩打他妹妹,我们可以说这是敌意性攻击;如果这个小男孩为了抢夺妹妹的玩具而采取同样的行为,这种行为则是工具性攻击。

(三)幼儿攻击性行为的发展

1. 幼儿攻击性行为的发生与发展

1岁左右的婴儿开始出现工具性的攻击性行为,到2岁左右他们之间表现出一些明显的冲突,如打、推、咬等。3岁以后,幼儿的攻击性行为会发生很大的变化。从频率上看,4岁之前,攻击性行为的数量逐渐增多,到4岁最多,之后就逐渐减少。从具体表现上看,多数幼儿采用身体动作的方式,如推、拉、踢等,尤其是年龄小的幼儿。随着语言的发展,从中班开始逐渐增加了言语的攻击,而身体动作的攻击反应逐渐减少。从攻击性质上看,以工具性的攻击性行为为主,但慢慢出现敌意性的攻击性行为。

2. 幼儿攻击性行为的发展特点

3岁之后,幼儿的攻击性行为在频率、表现形式和性质上发生了很大的变化,具有以下特点:

(1)幼儿攻击性行为频繁。幼儿为了玩具和其他物品而争吵、打架。攻击性行为更多的是直接争夺、破坏玩具或物品。

(2)幼儿更多依靠身体上的攻击,而不是言语的攻击。

(3)从工具性攻击向敌意性攻击转化。年龄小的幼儿工具性攻击多于敌意性攻击;随着年龄的增长,敌意性攻击所占的比例逐渐超过工具性攻击。

(4)幼儿的攻击性行为有着明显的性别差异。在幼儿园中,男孩比女孩更多地卷入攻击性事件。

(四)幼儿攻击性行为的影响因素

1. 家庭教养环境

家庭的情感气氛和教育方式与幼儿攻击性行为有极大的关系。愤怒和惩罚笼罩着的家庭,容易"创造"出一个"失去控制"的儿童。如果父母对孩子热衷于强制性地训导,再碰上幼儿有性格缺陷,就会导致幼儿攻击性行为的发生。如果家长本人富于攻击性,经常有家庭暴力的行为,为孩子提供攻击性行为的原型,那么更容易教会儿童的相应行为。

2. 个体认知因素

认知是制约行为产生的内在依据,幼儿行为的产生取决于对他人意图的认知和信息加工,认知偏差会增加幼儿的攻击性。具有攻击性行为的孩子,往往对攻击性行为的后果有一种错误的认知。他们倾向于利用攻击性行为作为保护自己的常用手段。在他们看来,攻击性行为能有效地减少他人的挑逗、取笑和其他令人不愉快的行为。自尊过强也会导致幼儿富有攻击性。有些幼儿认为自己很优秀、很有能力,当他们遭受挫折或不被他人理解时,就会因气愤而攻击别人。

3. 社会文化及传媒的影响

社会文化氛围也是影响攻击性行为的重要因素。在一个把攻击性行为当作维护个人利益最有效手段的社会里,或在一个以武力决定个人威望的区域中,幼儿比较容易形成攻击性行为。

在网络普及的时代，不良信息的泛滥、暴力视频对幼儿的攻击性行为具有强化作用。以班杜拉为代表的社会学习理论者认为，电视节目对幼儿的攻击性行为有一定的影响，主要表现为：（1）它教给幼儿一些攻击性的行为方式；（2）它使幼儿放松了对攻击性行为的抑制，使暴力合法化；（3）它降低了幼儿对暴力的敏感性，并习以为常；（4）它使幼儿对现实的想象建立在自己的行动上，过分地认为自己是受害者，由报复发展到攻击。

此外，电子游戏机对幼儿的攻击性行为具有更大的强化作用。有研究表明，玩视频游戏的时间与真实世界里的攻击性行为之间有中等程度的正相关。过多玩暴力视频游戏的被试比那些玩非暴力视频游戏的被试有更多的攻击性行为。

4. 生物因素

基因、神经递质和内分泌等方面都可能成为引起攻击性行为的生物学因素。例如，胆汁质的幼儿在与他人的相处过程中极易与他人发生冲突，表现出攻击性行为。此外，某些药物和脑部损伤也可能导致攻击性行为的出现。

（五）减少幼儿攻击性行为的策略

1. 创设良好环境

幼儿园各活动区域的布局要合理，以避免幼儿因空间拥挤引起的碰撞；玩具数量要充足，从而减少幼儿因彼此争抢玩具而产生的矛盾冲突。对待具有攻击性行为的幼儿，教师要有爱心和耐心，寻找契机与其交流，真诚地表达自己的关怀；在生活中为幼儿提供适合模仿的榜样，在幼儿面前回避矛盾、不说脏话、杜绝暴力行为，给幼儿营造一个和谐温馨的环境。

2. 提供宣泄途径

面对幼儿的攻击性行为，宜"疏"不宜"堵"。成人不能采用简单的堵截的方式压制幼儿的攻击性行为，过分的压制往往会导致更为猛烈的攻击性行为。成人应努力创造各种机会，让幼儿宣泄内心的紧张情绪，以减少攻击性行为发生的可能性。例如，教会幼儿用语言来倾诉内心情感；经常组织幼儿参加竞赛性的体育游戏及丰富多彩的艺术活动，以减少其消极情绪的能量，进而减少其攻击性行为。

3. 教授解决方法

幼儿缺乏生活经验，社交能力较弱，因此，对幼儿进行社会交往技能的训练十分必要。教师可通过谈话活动、故事讲述、角色扮演等，引导幼儿在参与、讨论、思考中学会用合适的方式处理与他人的矛盾或冲突。此外，利用移情，教育幼儿深刻体验他人的情绪情感，从而控制自己的攻击性冲动，减少攻击性行为的产生。

4. 正确面对

当幼儿出现攻击性行为时，教师要有一个正确的观点和全面的认识，不要用粗暴方式过度压抑幼儿的攻击性，应寻找原因，及时疏导，化解幼儿的心理压力。

同步训练 11.3

1. 在幼儿的亲社会行为中，最常见行为是（   ）。
   A. 公德行为　　　　B. 合作行为　　　　C. 助人行为　　　　D. 安慰行为
2. 如果攻击行为的主要目的是专门打击和伤害他人，那么他的行为就属于（   ）。
   A. 敌意性攻击　　　B. 身体攻击　　　　C. 语言攻击　　　　D. 工具性攻击

（答案或提示见本主题首页二维码）

主题 11.4　幼儿道德的发展

问题情景

朵朵是一个既聪明又听话的孩子。在学校，她会按照老师的要求去做一切事，比如，大声唱儿歌、小手放在桌子上等。在家里，她是一个乖孩子，爸妈让她做什么她就做什么，因为听爸妈的话，除了会得到一点点好处，最重要的原因是她觉得大人的话都是正确的，只需领旨行事就行了。

幼儿的道德发展有普遍规律，保教人员只有了解幼儿的道德发展特点，掌握幼儿道德的影响因素，才能更有针对性地对幼儿进行教育。

基础知识

道德，是人在社会中必须遵守的一系列行为准则。幼儿道德的发展，是社会性发展的一个重要方面。在不同的历史时期、不同制度的社会和不同的种族中，道德的具体内容会有一定的发展变化，但幼儿道德的发展进程却遵循着普遍规律。

一、儿童道德发展的理论

（一）皮亚杰的理论

瑞士心理学家皮亚杰对儿童道德的研究，主要在道德认识——道德判断方面，具体表现为儿童对于规则的态度。皮亚杰研究儿童道德采用的是临床法，比较典型的是对偶故事法。皮亚杰发现，儿童道德发展受到认知水平的制约。他认为，无论社会文化环境和道德内容有什么不同，儿童对道德判断的发展规律是一致的。儿童道德判断的发展经历下面两个阶段。

第一阶段（10岁之前）：他律阶段。所谓他律，就是按外在的、主要是成人的标准进行道德判断。

他们以父母的意志作为自己判断好坏的标准。皮亚杰称之为他律阶段。这一阶段的儿童认为游戏规则是不可更改的。对于一些错误行为,他们倾向于根据实际后果的大小来判断好坏,而不太关注行为的动机。

第二阶段(10岁之后):自律阶段。所谓自律,就是根据自身内在的主观价值标准进行道德判断。随着儿童认知能力的提高和人际关系协调能力的增强,儿童开始以自己形成的主观价值标准来判断事情的好坏。皮亚杰认为,只有达到这种水平,儿童才算有了真正的道德。

知识拓展

对偶故事举例

皮亚杰运用对偶故事,造成意图与效果之间的差异,看幼儿如何判断好坏。下面是皮亚杰采用的一组故事。

A:一个叫约翰的小男孩在他的房间里,家里人叫他去吃饭。他走进餐厅,但门背后有一把椅子,椅子上有一个放着十五个杯子的托盘。约翰并不知道门背后有这些东西,他推门进去,门撞倒了托盘,结果十五个杯子都撞碎了。

B:从前有一个叫亨利的小男孩。一天,他母亲外出了,他想从碗橱里拿出一些果酱。他爬到一把椅子上,并伸手去拿。由于放果酱的地方太高,他的手够不着。在试图取果酱时,他碰倒了一个杯子,结果杯子倒下来打碎了。

当被试听懂故事后,皮亚杰问被试两个问题:①这两个孩子的过错是否相同?②这两个孩子中,哪一个过错更坏一些?为什么?

(二)科尔伯格的理论

科尔伯格在皮亚杰理论的基础上,运用两难故事对儿童道德判断进行研究,提出了自己的道德发展理论,将儿童的道德发展划分为三个水平、六个阶段。

一级水平:前习俗道德。第一阶段:服从于惩罚定向。这一阶段儿童是根据外部标准来判断好坏的。第二阶段:快乐的相对主义。这一阶段的儿童对规则的看法不再那么绝对,开始领悟到什么事都有不同的看法。

二级水平:习俗道德。第三阶段:好孩子定向。十来岁的孩子按照"善良的人应该怎样做"来行事。他们认为善行是由每一个善良而聪明的人所称赞的善意行为组成的。第四阶段:社会秩序与权威的支持。这一阶段的青少年开始强调服从法律,注重维护社会秩序。

三级水平:后习俗道德。第五阶段:民主地承认法律。进入这一阶段的人看待法律比较灵活,认为法律是社会一致同意的手段,保障人民和睦共处。第六阶段:普遍的原则。达到这一阶段的人,认识到社会秩序的重要性,但也认识到,并不是所有有秩序的社会都能实现更完美的原则。更重要的是要拥有对全人类的正义和个人尊严的概念。正义,作为一个普遍原则,就意味着人人平等。科尔伯格自己也承认,很少有人的道德发展可以达到这一水平。

> **知识拓展**
>
> 两难故事举例
>
> 　　海因茨偷药，这是科尔伯格向参加道德研究的儿童被试讲述的一个两难故事。研究者的兴趣主要不在于让儿童判断"是"或"不是"，而在于收集儿童对回答的推理。被试必须说明海因茨为什么应该偷或不应该偷，从而分析不同年龄的儿童的道德发展水平。故事是这样的。海因茨的妻子患了特殊的癌症，生命垂危。医生认为只有一种药能救她，就是本城一个药剂师最近发明的镭。制造这种药要花很多钱，药剂师索价还要高出成本十倍。他花了 200 元制镭，而索价 2 000 元。海因茨到处向熟人借钱，一共才借了 1 000 元。海因茨告诉药剂师自己的妻子快要死了，请药剂师便宜一点卖给他药，或允许他赊欠。但药剂师为了赚钱不肯卖给他药。海因茨走投无路，晚上竟撬开药店的门，为妻子偷了药。
>
> 　　问题：这个丈夫应该这样做吗？

二、幼儿道德发展的特点

（一）具体性

　　幼儿思维具体形象性的特点，制约了他们的道德发展。他们对行为的认识是具体的、特殊的、情境性的，只能根据人们行为的表面现象和某些外部特点，以及行为的直接后果来判断行为的好坏。

（二）他律——自律

　　幼儿期的道德判断是按成人的标准和态度进行的，他律占主导地位。幼儿认为道德原则和道德规范是绝对的，来自外在的权威，不能不服从；同时，他们只注意行为的外部结果，而不考虑行为的内在动机。到了幼儿晚期，自律道德开始萌芽，但主要还是按外在标准进行道德判断，内在自觉的调节才刚刚开始。

（三）情绪性

　　幼儿的道德行为常受其情绪的影响，他们对道德行为的判断在很大程度上取决于当时个体情绪的满足程度。当情绪满足时就会产生愉快的情感体验，这时对行为的判断也受到积极情绪的影响，认为是好的，就容易产生共鸣；否则就认为是坏的，甚至产生消极抵触的情绪。

（四）模仿性

　　爱模仿是幼儿心理的年龄特点，周围的人、事、物、境都会成为他们模仿的对象，通过对榜样行为的模仿，幼儿学习到良好的或不良的道德行为方式。可以说，社会环境中的道德原型对幼儿的道德发展起着重要的示范作用。

三、幼儿道德发展的影响因素

（一）家庭及其父母

家庭是幼儿接触的第一个社会环境，社会的价值观念、道德规范及各种社会化的目标都是第一时间通过父母传递给幼儿的，家庭中的各种因素和父母本身的特点都会全面和直接地影响幼儿道德的形成和发展。

父亲和母亲对幼儿道德的发展具有同等重要的作用。父亲作为外界社会的代表，他把很多信息带给孩子，使孩子的注意力从家庭转向社会，既培养了幼儿的主动性，也丰富了幼儿的社会认知。同时，父亲在孩子眼里是社会秩序和纪律的象征，其社会价值观和行为习惯都会影响孩子行为习惯的养成。

（二）游戏及其活动

游戏是幼儿的主导活动，尤其是角色游戏在幼儿社会性认知和社会能力发展中起着重要的作用。因为，角色游戏的过程是幼儿学习、模仿、练习所扮演角色的言行举止、情感体验的过程，通过玩游戏，幼儿逐渐学会商量、懂得谦让、示意友爱、快乐分享，而这些正是幼儿道德发展的主要方面。

（三）同伴及其交往

幼儿对社会知识和道德行为的获得，很大程度上是从模仿开始的，他们模仿的最好对象就是同龄的伙伴，这是任何成年人无法代替的。同伴交往对幼儿道德发展的影响作用主要体现在以下几个方面。

（1）同伴之间的相互影响能使儿童形成良好的社会行为习惯。

（2）同伴作为一种社会榜样影响着儿童行为的发展。

（3）同伴之间的交往有助于儿童道德情感的形成。

（四）社会榜样

榜样的力量是无穷的。为幼儿提供正面的榜样，是幼儿形成道德行为的关键途径。重视榜样的作用，本质上就是让幼儿通过观察学习，习得和表现良好的行为。社会的进步理所当然地体现在对于幼儿影响的多渠道、多样化方面。幼儿思维及情感发展的特点告诉我们，电视和传媒的有趣性、生动性，较之日常教育中的说教、灌输，它事半功倍的成效是显而易见的。但成人在为幼儿选择电视和传媒的时候，要考虑其适宜性、教育性。

（五）教师及其环境

幼儿道德的他律性特点，表明了周围的人对于幼儿的重要性，而在这些人当中，教师又有着特殊地位。在孩子进入幼儿园后，教师逐渐取代了父母在其心目中的神圣地位，慢慢成了幼儿心目中的新权威，幼儿从认识教师、喜欢教师到崇拜教师、模仿教师，这时，教师是"一切美好的化身"。如果我们将教师对于幼儿的影响看作是一种环境的话，那么，幼儿园的所有教育活动，全部的物质及心理环境的创设，则是更大范畴的环境影响，它本身就是幼儿道德教育的有效影响源。

四、幼儿良好道德品质的培养

3~6岁是人生中道德品质培养的重要时期，而家长和教师是幼儿良好道德品质培养的最好帮手，让幼儿逐步养成好习惯，坚决抵制坏习惯。良好的习惯是成功的最好秘籍，家长和教师必须从幼儿的个性本身出发，从点滴小事抓起，把自我行为当作榜样，重视对幼儿良好行为的培养，良好的道德品质就会在孩子们身上一点一点地体现，从而提高幼儿的道德认知，巩固幼儿的道德行为。

（一）依据幼儿道德发展的目标和内容，进行有针对性的道德教育

幼儿的道德发展具有阶段性，对小、中、大班幼儿进行道德品质教育要提高针对性，教师和父母可以参考以下内容。

1. 整体目标

（1）能努力做好力所能及的事，不怕困难，有初步的责任感。
（2）乐意与人交往，学习互助、合作和分享，有同情心。
（3）做事有信心，能有始有终地做完一件事。

2. 具体内容

对幼儿进行道德品质教育可以在不同阶段各有侧重，但前一阶段进行的内容在后续阶段中仍应该继续强化，力求让良好的道德行为成为习惯。

（1）小班。
①得到别人的帮助，要学会说感谢。
②引导幼儿学会把用过的玩具、物品放回原处，培养幼儿初步的责任感。
（2）中班。
①帮助幼儿学会从行为的各个方面评价自己及伙伴，充分培养幼儿的自信心。
②鼓励幼儿大胆承认错误，培养幼儿诚实、勇敢的品质及面对挫折的心理耐受力。
③引导幼儿学习与同伴友好游戏，学会谦让、分享与合作。
（3）大班。
①培养幼儿克服困难、抗挫折、勇敢、诚实的品质。
②培养幼儿的自尊心、自信心和同情心。
③培养幼儿不断学习的愿望和能力。
④引导幼儿主动帮助父母做事，关心父母，培养幼儿的家庭责任感。
⑤引导幼儿主动帮助教师，帮助同伴，为集体做好事，培养集体意识。
⑥进一步巩固幼儿的公德意识，遵守社会公德，并阻止他人的不良行为，培养幼儿的社会责任感。

（二）通过游戏开展道德教育

幼儿的认知水平较低，但道德观念是抽象的、综合的。因此，仅通过说教、讲解的方式很难让幼儿形成良好的道德品质。对幼儿而言，游戏是其主要的、喜欢的活动。游戏不仅能激发幼儿主动成长的潜能，还能带给他们欢乐及健康的心态。在游戏活动中让幼儿体验应该怎样做，以具体的活动、真实的情感感受，帮助幼儿学习各种社会行为准则，获得良好的道德品质。

（三）将道德教育贯穿于日常生活中

道德教育内容广泛，涉及社会生活的方方面面，因此可以将道德教育融入日常生活中，随机进行，让幼儿在潜移默化中养成良好的道德品质。例如，如厕时，引导幼儿排队，不拥挤；用餐时，提醒幼儿珍惜粮食，不要浪费；自由活动时，鼓励儿童团结合作等。父母也可以随时随地培养幼儿的道德品质。例如，坐公交时，教会幼儿文明乘车，不要大声喧哗；过马路时，教育幼儿遵守交通规则；在公共场合，引导幼儿爱护公物，不乱扔垃圾等。在具体的情境中，幼儿慢慢习得道德行为，长此以往便可以形成良好的道德品质。

（四）通过榜样的力量教育幼儿

幼儿的各种机能水平还不成熟，也缺乏明辨是非的能力，需要家长与教师带头做出明确的表态，帮助幼儿树立良好的行为习惯和价值观。幼儿总是通过观察教师来发现成人是如何行动的。因此，教师应尽量给幼儿提供多种体验的机会，鼓励他们积极参加室内外活动，如在班上帮助教师洗碗或者分碗筷等。设置一定的奖励机制，对表现好的幼儿进行奖励。

同步训练 11.4

1. 简述皮亚杰儿童道德发展的理论。
2. 简述科尔伯格道德发展的理论。
3. 简述幼儿道德发展的特点。
4. 简述幼儿道德发展的影响因素。
5. 简述幼儿良好道德品质的培养。

（答案或提示见本主题首页二维码）

检测与评价十一

一、选择题

1. 幼儿之间绝大多数的社会性交往是在（　　）中发生的。
    A．游戏情境　　　　B．语言情境　　　　C．社会情境　　　　D．家庭情境
2. 在幼儿的交往关系类型中，（　　）不属于被忽视型幼儿表现出的特点。
    A．在交往中缺乏积极主动性
    B．积极行为与消极行为均较少
    C．对没有同伴与自己玩而感到难过与不安
    D．精力充沛，社会交往积极性很高
3. 幼儿看多了电视上打打杀杀的镜头，很容易增加其以后的攻击性行为。这说明影响幼儿攻击性行为的因素主要是（　　）。
    A．挫折　　　　　　B．榜样　　　　　　C．强化　　　　　　D．惩罚

二、简答题

1. 幼儿社会性发展的特点有哪些？
2. 亲子交往的影响因素有什么？
3. 同伴交往的指导策略是什么？
4. 如何建立良好的师幼关系？
5. 如何培养幼儿的亲社会行为？
6. 如何帮助幼儿克服攻击性行为？

三、材料分析题

可可今年6岁了，是家中的独生子。父母对他格外宠爱，他事事依赖别人的照料；他想要的东西，如果不给就大哭大闹；有好吃好玩的，就只想自己独占，从不考虑别人；与其他幼儿相处时，一定要自己说了算，经常与同伴发生冲突。

可可产生不良行为的原因是什么？应该如何进行教育引导？

实践探究十一

1. 结合幼儿园实践，观察幼儿的同伴交往行为，做好记录并分享交流。
2. 到幼儿园观察专门的或随机的幼儿教育活动，做好记录，整理成案例并分享交流。

实训任务十一　社会活动：我们一起玩，好吗

实训目的

1. 巩固理解社会性发展的相关知识。
2. 能够发现幼儿同伴交往中存在的问题，并提出合理的解决措施。
3. 能够有效指导幼儿同伴交往。
4. 积累在不同游戏情境中对幼儿进行社会性发展科学引导的经验，提升职业素养。

实训步骤

1. 整体阅读，熟悉社会活动"我们一起玩，好吗"的活动流程。
2. 说明这个社会活动能从哪些方面促进幼儿同伴交往能力的发展。
3. 从幼儿身心发展水平和年龄特点解释这个社会活动的价值，小组讨论并分享交流。
4. 作为保教工作者，如果遇到主题11.2问题情景中的情形时，你将如何进行引导？
5. 有哪些类似的社会活动或游戏活动也可以促进幼儿社会性发展？请举例。

实训资源

社会活动：我们一起玩，好吗

活动目标

1. 想加入同伴的游戏时，需要友好有礼貌地提出请求，当同伴同意时，要学会感谢。
2. 积累与同伴交往的正确方法，懂得与同伴要友好相处的道理。

活动准备

视频1：两位小朋友正在玩小火车，另一个小男孩也想加入，并礼貌地提出请求，两位小朋友同意了。

视频2：小女孩在骑小车，小男孩也想玩这辆小车，并发出请求。

视频3：视频2中的小女孩没有同意，小男孩选择等待。

活动过程

1. 幼儿观看视频1，让幼儿知道想加入同伴的游戏时，需要友好有礼貌地提出请求，当同伴同意时，要学会感谢。

关键提问：

（1）一心想玩小火车的小男孩，当他看到已经有两位小朋友在一起玩小火车了，他说了什么呢？

（2）小男孩友好礼貌的请求，得到好朋友的同意了吗？

（3）他们一起玩开不开心啊？

小结：希望加入同伴的游戏时，可以友好地提出请求，当同伴同意你加入游戏时，我们还要学会感谢。

2. 观看视频2，让幼儿明白当好朋友拒绝和自己分享物品时，要学会等待。

关键提问：

（1）视频中的小男孩也想骑小女孩手中的小车，他和小女孩说了什么？

（2）女孩同意了吗？（没有）

（3）如果你被自己的好朋友拒绝了，你会怎么办？

（4）视频中的小男孩是怎么做的呢？我们一起来看一看（播放视频3）。

小结：当好朋友不愿意和自己分享玩具时，我们要学会等待，不争抢。

3. 讨论当被同伴拒绝，但自己还很需要时，应该怎样争取。

关键提问：如果小女孩一直没有给小男孩玩小车，小男孩又很想玩，那该怎么办呢？

小结：当自己很想加入同伴游戏的时候，我们要学会争取，比如可以和同伴设计规则轮流玩，或者用自己的玩具和同伴交换玩，或者可以提出好玩的想法赢得同伴的认可，从而加入游戏中来……总之，我们要用对方可以接纳的方法争取机会。

4. 联系生活，交流日常交往经历，讨论友好交往的方法。

关键提问：

（1）在生活中，你被谁拒绝过，你是怎么做的？成功了吗？

（2）当别人向你发出请求时，你是怎么做的？是拒绝别人了还是接受了请求，为什么？（有怎样的感受呢？）

小结：当同伴愿意和你分享他的玩具时，我们要学会感谢。当同伴不愿意和你分享时，我们要学着去争取。当别人向我们发出请求时，在可接受的情况下，尽可能地接受别人的请求，因为分享也是一件非常快乐的事情。

附：活动视频（见二维码资源）

视频1 开开心心一起玩　　　　　视频2 不和我玩怎么办　　　　　视频3 我有办法

模块十二

幼儿的心理健康与维护

学习目标

1. 了解幼儿心理健康的概念和标准。
2. 理解幼儿心理健康的影响因素。
3. 能科学地促进和维护幼儿的心理健康。
4. 能用所学的知识解决幼儿心理发展过程中出现的问题。
5. 形成科学的儿童观,在日常生活中逐步培养幼儿自信自强、积极向上的心理品质。

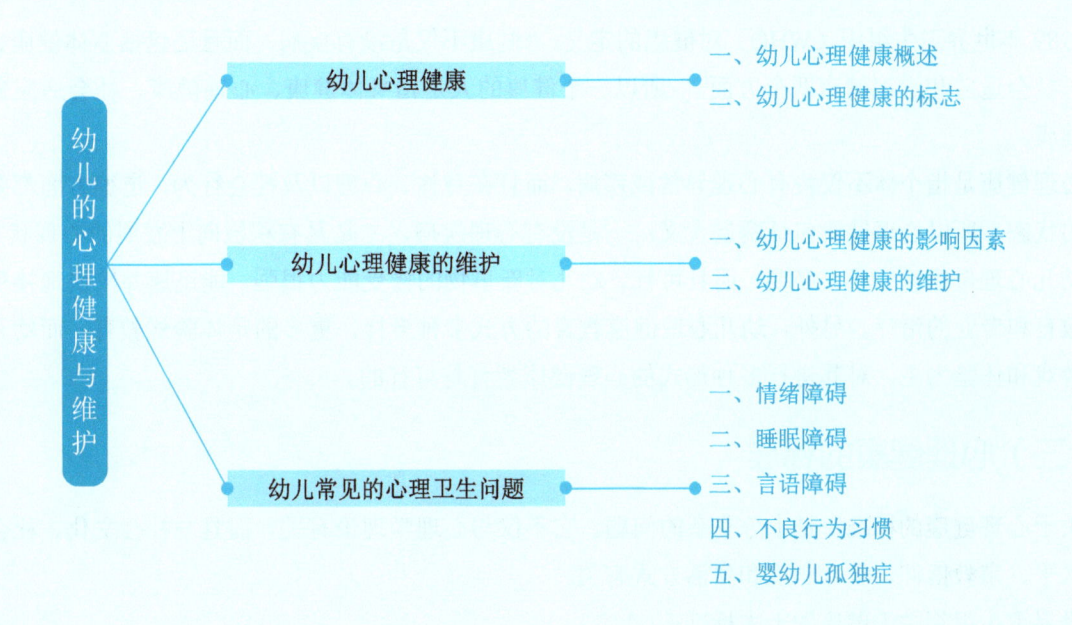

幼儿的心理健康与维护
- 幼儿心理健康
  - 一、幼儿心理健康概述
  - 二、幼儿心理健康的标志
- 幼儿心理健康的维护
  - 一、幼儿心理健康的影响因素
  - 二、幼儿心理健康的维护
- 幼儿常见的心理卫生问题
  - 一、情绪障碍
  - 二、睡眠障碍
  - 三、言语障碍
  - 四、不良行为习惯
  - 五、婴幼儿孤独症

一个不能获得心理正常发展的儿童,可能终其身只是一个悲剧。

——陶行知

主题 12.1 幼儿心理健康

问题情景

丽丽同学在实习过程中，遇到一个4岁女孩依依，发现她性格内向，很少主动跟小朋友一起玩耍，也不主动与老师说话，经常会无缘无故闹情绪。丽丽担心依依的心理健康状况，向园长请教，应该如何照顾像依依这样的小朋友。

心理健康是幼儿心理发展的重要指标，通过学习幼儿心理健康的相关知识，促进其身心健康发展。

基础知识

一、幼儿心理健康概述

（一）心理健康

1989年世界卫生组织（WHO）对健康的定义："健康不仅是没有疾病，而且还包括躯体健康、心理健康、社会适应和道德健康四个方面。"所以一个健康的人是指身体健康、心理健康、社会适应良好及道德健康。

心理健康是指个体不仅没有心理异常或疾病，而且在身体、心理以及社会行为、道德方面都要保持良好的状态，所以心理健康包括两层含义：一是没有心理疾病，二是具有积极向上发展的心理状态。

幼儿心理健康教育不仅必要，而且可行。幼儿对新事物的接受能力很强，能迅速并愉快地接受心理健康教育和专业的治疗。另外，幼儿心理健康教育的方式多种多样，更多的是体验式教育，而幼儿的学习以游戏和体验为主，对其进行多种形式的心理健康教育是可行的。

（二）心理健康的标准

关于心理健康的标准，是十分复杂的问题。它不仅与心理学理论有关，而且与社会文化、社会经济发展水平、宗教信仰、教育制度和生活方式有关。

世界卫生组织关于健康的十大标准：

第一，有充沛的精力，能从容不迫地负担日常生活和繁重的劳动，而且不感到过分的疲倦和紧张；

第二，处事乐观，态度积极，乐于承担责任，事情无论大小不挑剔；

第三，善于休息，睡眠好；

第四，应变能力强，适应外界环境的各种变化；

第五，能够抵抗一般性感冒和传染病；

第六，体重适当，身体匀称，站立时头、肩、臀位置协调；

第七，眼睛明亮，反应敏捷，眼睑不发炎；

第八，牙齿清洁，无龋齿，不疼痛，牙龈颜色正常，无出血现象；

第九，头发有光泽，无头屑；

第十，肌肉丰满，皮肤有弹性。

马斯洛根据其需要层次理论提出判断一个人心理健康的十条标准：

1．充分的安全感；

2．充分了解自己，并对自己的能力做适当的评估；

3．生活的目标切合实际；

4．与现实环境保持接触；

5．能保持人格的完整与和谐；

6．具有从经验中学习的能力；

7．能保持良好的人际关系；

8．适度的情绪表达与控制；

9．在不违背社会规范的条件下，恰当地满足个人的基本需求；

10．在集体要求的前提下，较好地发挥自己的个性。

我国心理学家林崇德认为，凡对一切有益于心理健康的事件或活动做出积极反应的人，其心理便是健康的。

二、幼儿心理健康的标志

幼儿心理健康是指幼儿没有心理疾病或异常，在身体、心理、社会行为等方面符合年龄阶段特征，并保持良好的状态。

根据幼儿身心发展特点，幼儿心理健康的标志是具有年龄特征的，主要有以下六个方面的指标。

（一）动作发展总体符合常模

婴幼儿动作的发展受基因控制。对于绝大多数正常幼儿来说，他们的动作发展趋势是一致的，如婴幼儿动作发展顺序，都是从平躺、翻身、坐、爬、站到直立行走，再到跑、跳、投掷、钻爬等更复杂的动作。婴幼儿行为模式的发生时间也大致相同，如我们常说的"七坐八爬，九月长牙"。发展心理学将大多数儿童的某一种行为模式发生的时间，称为动作常模。一个健康的婴幼儿，其动作发生的时间基本上与常模是一致的，或者是接近的。婴幼儿的动作发展与心理发展的关系极为密切。尤其对婴儿来说，动作发展是婴儿心理发展的外在指标。动作是思维的起点，婴幼儿动作的发展对思维的发展尤为重要。人的思维就其本质而言，就是一种内化的、可逆的动作。因此，动作发展总体符合常模，是幼儿心理健康的第一个标志。

（二）语言的运用符合语境

语言是人类心理的工具，幼儿获得语言是有阶段性、有规律的，她们运用的语言，必须与语言环境相符。幼儿早期运用语言时，还会遵守轮流规则，即与对话者轮流应答，后来幼儿掌握了叙述的技能，会暂时终止轮流的规则，如果幼儿的语言运用与语言环境不相吻合，就要引起必要的关注。最极端的语境不合的情况表现在孤独症的患儿身上，他们不会根据语境交流，常常表现为延时的单调重复。所以，语言运用符合语境是幼儿心理健康的一个重要指标。

（三）情绪明朗，善于表达情感

一个心理健康的幼儿，善于用语言来表达自己的内心感受，他的情绪是明朗的。例如，"我很开心""我很难过"。在正确的教养方式下，幼儿能感受自己的情绪并表达出自己的感受。

（四）年龄特征明显

幼儿具有活泼好动、好奇好问、易冲动、自制力差、易受暗示、模仿性强的年龄特征，受个性差异和后天环境的影响，每个幼儿的年龄特征表现有所不同。一个心理健康的幼儿，其言语、行为方式等应与其年龄特征相适应，表现出天真活泼、直率幼稚；但是如果表现出老气横秋、圆滑成熟，那么就不符合他的年龄特征。

（五）喜欢游戏，善于游戏

游戏是幼儿的主要活动方式，也是他们的主要学习方式。游戏能促进幼儿体智德美的发展，有助于同伴交往能力的提升。一个心理健康的幼儿，会积极地全身心投入到游戏中，并在游戏中感受到快乐。幼儿快乐游戏不仅是心理健康的指标，也是对自身心理健康的维护过程。

> **知识链接**
>
> #### 游戏的价值
>
> 幼儿在游戏中学习，在游戏中探索，幼儿与游戏是紧密联系、密不可分的。游戏对幼儿具有重要的发展价值。
>
> 1．游戏促进幼儿身体的发展
>
> 游戏促进幼儿身体的生长和发育，促进动作技能的发展。比如，在表演游戏中，幼儿扮演角色进行动作、表情、语言的表演，这些动作让幼儿的身体机能得到锻炼；在体育游戏中练习走、跑、跳、平衡、钻、爬等身体动作，运用各种运动器材锻炼幼儿身体，增强幼儿体质，促进幼儿身体素质的全面发展。
>
> 2．游戏促进幼儿语言的发展
>
> 语言游戏在幼儿活动室里随处可见，它常常发生在最平常的环境里。小班幼儿喜欢自言自语，他们满足于自己对自己说话的快感。3岁幼儿在游戏中进行言语交往，且交往的时间随着年龄的增长而增长，这充分证明游戏可以促进幼儿语言的发展。
>
> 3．游戏促进幼儿创造力的发展
>
> 游戏中，幼儿自由想象、自由创造，正是这种特有的魅力对幼儿具有极大的吸引力，对幼儿创造力的发展起着重要作用。幼儿在游戏中积极开动脑筋，遇到问题积极想办法解决。例如，在建构游戏中，幼儿用积木搭出各种各样的造型，这都需要孩子们源源不断地想象与创造。

4．游戏促进幼儿的社会化

游戏能够促进幼儿建立积极、良好的社会交往关系：一种是在游戏中形成的角色关系；另一种则表现为游戏之外的现实的同伴关系。游戏为幼儿这两种关系的发展提供了广阔的空间。例如，在角色游戏"娃娃家""超市"等场景中，幼儿担任各种不同的角色，掌握必要的社会技能，开展社会交往，增加社会交往空间，进而促进幼儿的社会化。

5．游戏促进幼儿人格的发展

游戏是幼儿自我意识产生和发展的重要途径和方法，游戏可以促进幼儿人格和谐。幼儿在游戏中自觉遵守游戏规则，从而养成良好的守纪律、守规则的好习惯。

（六）环境适应能力强

一个人的生活不能离开特定的环境。一个心理健康的幼儿，能很快适应内外环境的变化，及时调整自己的行为方式和内心感受，在新环境中表现比较平静；也有些幼儿面对环境的变化长时间不能调整和接受，在新环境里会大哭大闹，表现为退缩、焦虑、恐惧等消极行为，这是适应性较差的表现。因此，有的心理学家将适应环境的能力作为衡量心理健康的标准。

总体来说，心理健康或不健康是相对而言的，因此，我们要以发展的眼光来看待幼儿的心理健康状况。

同步训练12.1

关于心理健康的标志，下列表述正确的是（　　）。

A．难以适应环境变化
B．动作发展符合常模
C．绅士风度，左右逢源
D．隐蔽情感，藏而不露

（答案或提示见本主题首页二维码）

主题12.2 幼儿心理健康的维护

问题情景

中班的淘淘脾气暴躁，想要的东西拿不到手不罢休；有时候不让他去做的事情，他偏去做……淘淘妈妈担心，孩子如此任性，将会影响他的健康成长，但是又不知道该如何引导他。

了解幼儿心理健康的影响因素，科学维护幼儿的心理健康，将有助于促进幼儿健康快乐地成长。

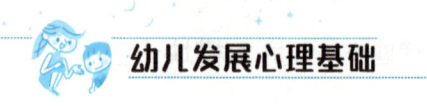

基础知识

一、幼儿心理健康的影响因素

影响幼儿心理健康发展的因素比较多，总体来说主要有生物因素、社会因素、个体因素等。

（一）生物因素

影响幼儿心理健康的生物因素主要包括遗传因素、机体损伤与疾病等。

1. 遗传因素

遗传表现在个体身上即为遗传素质，是指那些先天继承的、与生俱来的机体构造、形态、器官和神经系统的特征。

遗传是幼儿心理发展的物质前提和自然条件，对幼儿的心理健康具有重大的影响。比如，家族史中有精神分裂症患者的幼儿，心理不健康的比例要高于正常家庭的幼儿。

2. 机体损伤与疾病

人体的各系统、各器官是相互联系、相互制约的。由疾病和意外伤害造成的中枢神经系统、内分泌系统、运动系统等损伤，可能会引起幼儿心理健康的失衡，甚至诱发严重的心理疾病。

（二）社会因素

影响幼儿心理健康的社会因素主要包括家庭、幼儿园、社会等。

1. 家庭

家庭是以血缘为纽带的社会生活基本单位。家庭因素通常包括家庭结构、家庭教养方式、家庭气氛、家庭生活条件等。

家庭对孩子的影响是潜移默化的，民主式的家庭教养方式使幼儿具有良好的心理品质和较强的社会适应能力，具有独立性和自信心；和谐愉快的家庭气氛，使幼儿感到安全、舒适；父母经常吵架的幼儿容易形成孤僻、冷漠、焦虑等不良情绪。总之，父母的性格品质、心理素质良好，家庭和睦、情感融洽、行为规范、教养方式得当，对幼儿心理健康会起到有效的促进作用；反之，父母性情暴躁，文化和心理素质差等，则会对幼儿心理健康起到破坏和阻碍作用。

知识链接

重视幼儿心理健康是家庭教育的责任

2022年1月1日，《中华人民共和国家庭教育促进法》正式实施。以下内容节选自《中华人民共和国家庭教育促进法》。

第十五条　未成年人的父母或者其他监护人及其他家庭成员应当注重家庭建设，培育积极健康的家庭文化，树立和传承优良家风，弘扬中华民族家庭美德，共同构建文明、和睦的家庭关系，为未成年人健康成长营造良好的家庭环境。

第十六条　未成年人的父母或者其他监护人应当针对不同年龄段未成年人的身心发展特点，以下列内容为指引，开展家庭教育：

……

（五）关注未成年人心理健康，教导其珍爱生命，对其进行交通出行、健康上网和防欺凌、防溺水、防诈骗、防拐卖、防性侵等方面的安全知识教育，帮助其掌握安全知识和技能，增强其自我保护的意识和能力；

第十七条　未成年人的父母或者其他监护人实施家庭教育，应当关注未成年人的生理、心理、智力发展状况，尊重其参与相关家庭事务和发表意见的权利，合理运用以下方式方法：

（一）亲自养育，加强亲子陪伴；

（二）共同参与，发挥父母双方的作用；

（三）相机而教，寓教于日常生活之中；

（四）潜移默化，言传与身教相结合；

（五）严慈相济，关心爱护与严格要求并重；

（六）尊重差异，根据年龄和个性特点进行科学引导；

（七）平等交流，予以尊重、理解和鼓励；

（八）相互促进，父母与子女共同成长；

（九）其他有益于未成年人全面发展、健康成长的方式方法。

第十八条　未成年人的父母或者其他监护人应当树立正确的家庭教育理念，自觉学习家庭教育知识，在孕期和未成年人进入婴幼儿照护服务机构、幼儿园、中小学校等重要时段进行有针对性的学习，掌握科学的家庭教育方法，提高家庭教育的能力。

2. 幼儿园

幼儿园是幼儿接受教育的主要场所，对提高幼儿心理健康和社会适应有重要的影响。主要包括幼儿园的园风、物质环境、人际关系、保教的方法等。融洽的同伴关系、亲密的师幼关系有助于促进幼儿的心理健康；相反地，如果师幼关系、同伴关系不融洽，或者幼儿园保教方法单一枯燥，都可能使幼儿产生情绪低落、恐惧、说谎、不愿意上幼儿园等心理问题。这些因素中，保教人员的人格特征起着关键作用，有爱心、责任心、耐心的教师会受到幼儿的喜欢、亲近和信任，对幼儿心理健康起着明显的促进作用。

3. 社会

社会因素主要是指家庭和幼儿园以外的社会文化和心理环境，主要包括社会经济、风俗民情、伦理道德、宗教信仰、传媒舆论、社会价值观等各种因素对于幼儿内在的心理品质和行为方式的影响。比如，暴力片、恐怖片、不健康的电视广告等，可能会使幼儿产生恐惧、焦虑、攻击性行为等心理障碍和行为问题。

（三）个体因素

决定心理健康的关键因素是个体因素，比如个体的情绪、性格特征、自我意识等。

情绪一般表现在喜、怒、哀、乐、惊、恐、恨等。情绪常受心情、性格、气质等的影响。幼儿在受到别人的爱抚、关爱、照顾时会感到心情愉快，反之，则可能会宣泄自己不良的情绪，如哭闹、撒泼等。

一个性格结构健全的儿童，应该是健康活泼、开朗乐群、好奇探究、自信自立、适应环境变化、个人风格鲜明的人。具有这类性格结构的幼儿，将来最终形成的人格结构也是健全的、完整的和灵活的。培养幼儿健全的性格结构，是一个人适应生活的变化、抵抗重大变故、保持心理平衡的关键。

自我意识对幼儿的心理活动和行为起着调节作用。幼儿一般通过成人的评价和态度、同伴之间的交往和游戏来认识自我、评价自我、调节自我的情绪和行为。自我意识不强的幼儿，对挫折和冲突缺乏预测能力和处理技巧，往往造成任性执拗、攻击性行为和退缩性行为等。

二、幼儿心理健康的维护

（一）创设良好的环境

1. 构建温馨有爱的家庭环境

家庭环境对幼儿心理健康具有重要的影响。父母是幼儿的第一任老师，父母的思想认识、行为习惯、情感态度等对幼儿心理发展的影响作用十分明显。如果幼儿生活在有批评的环境中，他就学会指责；如果幼儿生活在有敌意的环境中，他就学会打架；如果幼儿生活在有鼓励的环境中，他就学会自信。所以，父母应让孩子在温馨、和谐、充满爱的家庭环境中健康成长。

2. 构建平等包容的幼儿园环境

幼儿园是幼儿迈向世界的第一站，幼儿园环境对幼儿心理健康的影响不容小觑。首先，幼儿园要为幼儿构建干净整洁、整齐有序的物质环境，为幼儿的一日生活做好物质准备；其次，保教工作者自身应具备健康的心理素质，性格良好，情绪稳定，喜爱幼儿，同时应该具有解决问题的能力，从而科学指导幼儿的学习和同伴交往等。

3. 减少社会环境中不良因素的影响

成人应该关注幼儿身边的人、事、物，摒弃不利于幼儿心理健康的因素，如让幼儿远离带有暴力倾向的动画片。同时，要利用社区中爱亲尊老、助人为乐的榜样对幼儿进行潜移默化的影响，为幼儿提供良好的生活环境。

（二）爱护与尊重幼儿

幼儿是独立的、有尊严的个体，成人应该成为他们心理依赖的对象，照顾婴幼儿的生活，用博大宽容的心来爱护、尊重每名幼儿，这是促进幼儿身心健康发展的基本条件。

首先，关心所有幼儿。教师应该同等地关注每一个幼儿，尊重幼儿的心理发展水平，承认幼儿之间身心发展的个体差异，帮助他们形成良好的自尊。

其次，维护幼儿自尊。幼儿的自我认识、自我评价主要来自周围人的评价，家长、幼儿教师应该协同合作，共同维护幼儿自尊，接纳幼儿的缺点，肯定幼儿的优点，让他们充满自信地快乐成长。

最后，尊重幼儿。每个幼儿都是独一无二的，我们要时刻谨记尊重幼儿的保教理念，不仅要在语言上尊重婴幼儿，在说话的语气和姿势上也要注意。例如，主动蹲下身子与孩子交流，时常给孩子一个温暖的拥抱、会心的微笑。

> **知识链接**

小方法　助健康

1．鼓励法。幼儿需要被承认、鼓励，别人的夸奖与喜欢，是积极行为的推动力。成人要经常鼓励幼儿，幼儿在不断的鼓励和肯定中，积极的行为得到认可，阳光心态逐渐形成。

2．讲故事法。成人应尽可能地利用时间给幼儿讲系列健康教育故事，让幼儿在故事中学会调适心情、解决问题等。

3．出难题法。"跳一跳摘桃子"，生活中幼儿遇到困难，成人应该注意激发其解决问题的思考能力，在解决困难中不断提升心理抗压能力等。

4．兴趣引导法。兴趣是最好的老师，成人要采取幼儿喜爱的、感兴趣的内容，促进幼儿各方面的发展，包括幼儿性格、心理品质的积极发展。

5．反问法。语言是心灵的窗口，通过语言的提问、交流、试问等，提高幼儿的语言逻辑能力、分析、判断等思维能力，还可以教会幼儿表达情绪情感等。

（三）关注幼儿情绪健康

情绪健康是心理健康的主要表现，成人应该敏锐觉察幼儿情绪状态，通过家园合作，共同促进幼儿情绪健康。

成人应该通过多种方式，帮助幼儿保持积极乐观的情绪状态。比如，对幼儿在初入园时的分离焦虑、家庭特殊变故、亲人故去等特殊状况，保教人员应该及时获取相关情况，根据不同幼儿的特点，帮助他们建立起新的依恋关系，减轻情绪焦虑强度。总之，要为幼儿提供安全、温馨、舒适的生活环境，教给孩子应对不良情绪的方式方法，维持乐观、积极情绪，让幼儿快乐成长。

（四）促进幼儿社会性发展

人际交往对于幼儿心理健康发展具有不可低估的价值，成人应该运用多种方式方法，帮助幼儿提升社交技巧，形成良好的人际关系。

首先，在游戏中激发幼儿与人交往的意识。游戏能够促使幼儿保持愉快心情，同伴交往在游戏中更能取得良好的进展。其次，利用文学、艺术活动帮助幼儿形成亲社会行为。例如，通过学习《三只蝴蝶》的故事，孩子们懂得了小朋友之间应该团结友爱、相亲相爱。最后，成人应该教给幼儿同伴交往的技巧，并通过肯定、表扬等方式及时强化孩子表现出来的亲社会行为。

（五）关心特殊幼儿

特殊幼儿，是指一个或者多个方面具有与一般孩子显著不同特征或特质的幼儿。日常生活中常见的特殊幼儿主要有注意力障碍幼儿、情绪障碍幼儿、语言障碍幼儿、智力障碍幼儿、身体机能缺陷幼儿等。

首先，成人应该以一颗平常心对待特殊幼儿，而不应该把注意力集中在幼儿的特殊之处。在保教工作中，幼儿教师要做到不能过分保护，也不能疏于照看。其次，应该根据每个幼儿的特殊之处，给予不同的教育引导。比如，对于注意力障碍的幼儿，应该培养其注意稳定性；对于攻击性行为的孩子，可以组织多种形式的集体活动引领他们在同伴交往中提升合群性。

知识链接

关爱幼儿心理健康

1．不要过分关注幼儿。过分关注幼儿容易让孩子以自我为中心，事事以自己为出发点，极可能发展成自私自利之人。

2．不要经常以物质奖励为主要手段。以物质条件为砝码，会让孩子追求享受，忽视吃苦耐劳。

3．不让幼儿做不能胜任的事情。幼儿自信心的培养往往来自于事情的成功，因此，我们应该关注婴幼儿的需求，让孩子多多体验成功的快乐，树立起自信心。

4．不要打骂幼儿或提出过于苛刻的要求。如果经常用严厉的态度、严苛的手段对待幼儿，会让幼儿逐渐形成胆小、自卑或者暴力、说谎等不健康的心理特性。

5．不要欺骗幼儿。模仿是孩子学习的主要方式。成人欺骗幼儿，就是给幼儿提供了教幼儿撒谎的榜样，长此下去，幼儿便容易养成说谎、欺骗的心理品质。

6．在众人面前给幼儿留有面子。注意尊重幼儿，尽量不在人前批评、讽刺幼儿，这会给幼儿造成极大的心理伤害，挫伤孩子的自尊心。

7．不可无节制地夸奖幼儿。给予幼儿的鼓励与夸奖，应该真诚、具体。要做到具体事情具体夸奖，但不可事事都夸奖，否则幼儿只能听表扬不能接受批评，生活中遇到些许挫折孩子也不能正确接受，因而也就难以形成正确的自我认识。

8．不要贿赂幼儿。要让幼儿从小就知道权利和义务的关系，不尽义务就不能享受权利。

9．注意克制自己的情绪，不迁怒于幼儿。成人难以控制自己的情绪，随意发泄情绪，便会造成幼儿极度不安全，这样环境中的幼儿会敏感多疑、情绪不稳定等。

10．帮助幼儿适应环境。生活中，幼儿会遇到难题、超出其能力的事情，成人应教给幼儿处理问题、解决问题的方法，从而更好地适应环境。

保教人员应该对幼儿充满爱心、责任感，用爱心呵护他们，促进他们形成健康的心理，帮助他们健康成长。

同步训练12.2

关于维护幼儿心理健康，下列表述错误的是（　　）。

　　A．教师在与幼儿互动时，采用鼓励的方式是提升幼儿自尊的有效方法

　　B．在与特殊幼儿的交往过程中，教师要把注意力集中在幼儿的特殊之处

　　C．提供安全、温馨、舒适的生活环境有助于幼儿的情绪健康

　　D．剥夺幼儿游戏体验的权利，就是剥夺幼儿学习的权利

（答案或提示见本主题首页二维码）

主题 12.3 幼儿常见的心理卫生问题

问题情景

5岁的茗茗，长着乌黑明亮的大眼睛，招人喜爱，但张老师却发现她有啃指甲的坏习惯，尤其是在午睡的时候，茗茗经常用被子蒙着头偷偷啃指甲，老师将她的手从嘴里轻轻地拿出来，没一会儿，她的手指又不自主地放到嘴里。

幼儿在成长发展中会出现各种各样的问题，学习幼儿常见的心理卫生问题，有助于成人及时发现与纠正孩子们心理发展中存在的问题与隐患，促进幼儿心理健康发展。

基础知识

幼儿的心理卫生问题是指幼儿的心理活动异常及行为表现偏离常态的现象，幼儿常见的心理卫生问题主要有：情绪障碍、睡眠障碍、言语障碍、不良行为习惯、婴幼儿孤独症。

一、情绪障碍

（一）暴怒发作

1. 表现

暴怒发作是指幼儿在自己的要求或欲望得不到满足或受到挫折时，表现出哭闹、尖叫、在地上打滚、用头撞墙、扯自己的头发等过火行为。

2. 原因

幼儿经常出现暴怒发作，很大原因可能与幼儿的气质类型有关，除此之外，后天的教养方式也对幼儿的过激行为有很大的强化作用。例如，有的幼儿想买玩具而大哭大闹，妈妈为平息幼儿的情绪做出让步与妥协，满足了孩子的要求，这种让步则强化了幼儿的暴怒发作，以后一旦出现类似情况，暴怒发作就会出现，而且愈演愈烈。

3. 预防与矫治

首先，要从小教幼儿学会合理宣泄消极情绪，引导幼儿通过诉说、转移注意力、参与体育活动等方式宣泄消极情绪，这是预防幼儿暴怒发作的重要方法。

其次，当幼儿第一次出现暴怒发作时，家长应不妥协、不溺爱，不迁就不合理的要求，坚持讲道理，让幼儿从小懂得他是家庭中的一名普通成员，没有特殊待遇，从小培养其遵守规则的意识。

最后，对于正在暴怒发作中的幼儿，我们应该采取"冷处理"的方式，等幼儿的情绪安静下来，再讲道理，这样才能有效地帮助幼儿学习控制自己的行为。

（二）屏气发作

1. 诱因及表现

屏气发作又称呼吸暂停症，该症的主要特征是婴幼儿在情绪急剧变化时出现呼吸暂停的现象。多为3岁以下的婴儿，3岁以后很少发生，6岁以后更为罕见。

该症的具体表现是，在遇到不合己意的事情时，突然出现急剧的情绪爆发，发怒、惊惧、哭闹，随即发生呼吸暂停。轻者呼吸暂停半分钟到1分钟左右，面色发白，口唇发绀；重者呼吸暂停2~3分钟，全身强直，意识丧失，出现抽搐，随后肌肉松弛，恢复正常呼吸。

2. 预防与矫治

屏气发作是婴幼儿生活中的常见心理问题，成人应该正确认识婴幼儿屏气发作，对孩子进行细心、正确的照护。

首先，为婴幼儿营造良好的家庭氛围，尽量消除可引起幼儿心理过度紧张的因素，不要溺爱孩子。

其次，对正在屏气发作的孩子，成人要镇静，立即松开孩子的衣领、裤带，使其侧卧，轻轻抚摸婴幼儿。孩子恢复正常后，可以用讲故事、玩游戏等方式转移他的注意力，消除紧张情绪。

知识拓展

稳定幼儿情绪的安静角

幼儿并不总是无忧无虑的，他们也会产生各种各样的情绪。

为了稳定或者安抚幼儿的激烈情绪，有的幼儿园会设立安静角。活动室中有一个相对独立的区域，是半开放的一个安全空间，里面有柔软的垫子、抱枕、布娃娃等，被称为安静角。3~6岁的孩子可以在里面翻跟头，也可以在里面与洋娃娃相拥，满足自己肌肤贴近的需求。在上课期间，如果哪个幼儿想独处，可以自行进入这个区域，老师不予干涉，但会格外关注该名幼儿，该幼儿的行为在一定程度上反映了其心理上的特殊需求。

安静角的设置有助于幼儿积极面对自己的情绪和情感，同时让幼儿教师更容易发现有需求的幼儿或者问题幼儿，进而提供相关帮助。易冲动的幼儿来到安静角，他们的激烈情绪可得到缓解与释放。

二、睡眠障碍

（一）夜惊

1. 诱因及表现

夜惊是一种意识朦胧状态，属于睡眠障碍的一种。主要表现为在没有任何外界环境变化的情况下，婴幼儿入睡后，突然惊醒，哭喊出声，两眼直视，从床上坐起，表情恐惧，并伴有心跳加快、呼吸急促、全身出汗等症状，发作数分钟，醒后完全不记得。曾有调查表明，男孩发生夜惊多于女孩。

导致夜惊的因素有很多，多数婴幼儿夜惊由心理因素所致。首先，受惊和紧张不安是主要的精神因素。如睡前过于紧张，受到惊吓等。其次婴幼儿鼻咽部疾病导致睡眠时呼吸不畅，或者患有肠寄生虫病等也是常见的原因。另外，少数婴幼儿夜惊不属于睡眠障碍，而是癫痫病发作的一种形式。经常发生夜惊的婴幼儿，应去医院检查。

2. 预防与矫治

发现孩子的夜惊现象，保教人员应该及时和家长取得联系，首先应该寻找并消除环境中导致幼儿紧张、焦虑、不安的因素，注意作息规律。其次，协助家长治疗孩子鼻咽部等呼吸道疾病和寄生虫病，消除导致夜惊的生理因素。

另外，成人应该注意培养婴幼儿良好的睡眠习惯。随着年龄的增长，大多数婴幼儿夜惊会自行消失。

（二）梦游

1. 诱因及表现

幼儿在睡眠状态中猛地起床，机械地做一些穿衣、开门、来回走动、搬动杂物等简单或复杂动作，表情呆滞、意识模糊、难以唤醒，可持续几分钟至半小时，行动后再回床睡眠，大多数梦游者睡醒后对自己夜间的行动一无所知。

一般来说，幼儿梦游常与大脑皮层抑制过程不完善有关。身体过度疲劳、精神紧张或异常兴奋也是幼儿梦游发生的主要诱因。比如，幼儿白天游戏过于兴奋，夜晚睡眠中便可出现模拟白天游戏的动作。另外，梦游也可能与机体疾病有关系。

2. 预防与矫治

首先，对于梦游的幼儿，成人不要过于担心，表现出焦虑情绪。

其次，应该查明并分析导致幼儿梦游的原因，排除机体因素和药物诱发等因素，同时家园联系，密切合作，达成教育的一致性。

再次，成人要避免在幼儿面前谈论梦游情况。对于有梦游经历的幼儿，成人应该特别注意在其睡眠过程中的监护，在其梦游发作时应予以严密的保护，认真消除房间内的危险物品，防止幼儿从窗户等高处跌落，发生危险事故。

机能性的幼儿梦游，多数会随着孩子年龄的增长而自愈，不需进行特殊处理。对非机能性的梦游，应消除引起幼儿紧张、恐惧的各种因素，避免孩子白天过度疲劳、精神异常紧张的情况。

三、言语障碍

言语障碍是指婴幼儿在发音准确性和保持适当的言语流畅及节律，或者有效使用嗓音方面表现的缺陷及困难。

（一）口吃

1. 表现

口吃是一种言语节律异常的语言障碍，与心理状态有着密切关系，并非生理上的缺陷或发音器官的疾病。口吃的婴幼儿表现为不自觉地重复某些字节或字句，发音延长或停顿，重复发音而造成语言不流畅。口吃多发生于3岁左右的幼儿，男幼儿多于女幼儿。具体表现为以下几个方面。

（1）发音障碍。常在某个字音、单词上表现停顿、重复、拖音等现象，说话失去流畅性。

（2）肌肉紧张。呼吸和发音器官的肌肉紧张，从而妨碍这些器官的正常运动，说话时唇舌不能随意活动。

（3）伴随动作。为摆脱发音困难，常有摇头、跺脚、挤眼、歪嘴等动作。

（4）常伴有其他心理异常，如易兴奋、易激动、胆小、睡眠障碍等。

2. 诱因

（1）好模仿。大部分口吃者是由于好奇，看到口吃者滑稽可笑，加以模仿，最后反而染上口吃。

（2）精神因素。个别婴幼儿的口吃是由于受到惊吓，或者家庭氛围不和睦，家长态度粗暴，打骂孩子，孩子经常处于紧张不安的心理状态下而导致的。

（3）生理因素。婴幼儿患有某种疾病，如百日咳、流感、麻疹或脑部受到创伤，大脑皮层的机能减弱等情况下，也有可能形成口吃。

（4）成人不能正确对待婴幼儿语言发展阶段的言语不流畅现象。2～5岁的婴幼儿是语言和心理发展十分迅速的阶段，词汇也日渐丰富，但言语机能尚未熟练，不善于选择词汇，说话时常有迟疑、不流畅的现象，一般上小学前可口齿流利。这种现象称为"发育性口齿不流利"，并不属于"口吃"。

3. 预防与矫治

针对婴幼儿口吃现象的不同诱因，应该采取不同的预防与矫治措施。

首先，成人应该正确对待小儿说话不流畅的现象。对于幼儿说话时发生"口吃"，不加批评，不必提醒。这种因发育迟缓而发生的口吃，基本会随着婴幼儿年龄的增长而自行消失。

其次，对于因模仿或者心理紧张因素导致的口吃，应从解除婴幼儿的心理紧张入手，避免因说话不流畅遭到周围人的嘲笑、模仿及成人的指责或过分矫治。比如，成人不要当着孩子的面在公共场合议论他们的口吃，或强迫他们把话说流畅，这样只会适得其反，加重心理障碍。

再次，成人应该注意与婴幼儿交流的语言状态，用平静、从容、缓慢、轻柔、不慌不忙的语调和他们说话，感染他们，养成从容不迫的讲话习惯，使他们说话时不着急，呼吸平稳，全身放松，特别是不再注意自己是否有结巴。同时，我们还可以对口吃婴幼儿进行口型示范和发音矫正的训练，多练习朗诵、唱歌，运用鼓励和表扬的方法培养其信心和勇气。

最后，我们还应该消除可能导致婴幼儿发生口吃现象的生理疾病。

总之，成人应该理解婴幼儿语言发展的特点，解除导致婴幼儿心理紧张的因素，为婴幼儿营造宽松、愉快的语言环境。

（二）缄默症

缄默症是一种常见的语言障碍，是幼儿在没有言语器官损伤或智力发展障碍的情况下，只是由于精神因素引起的缄默不语。

1. 诱因及表现

缄默症的具体表现是沉默不语、问之不答或毫无反应。通常幼儿的缄默为选择性缄默，幼儿在人多的场合或面对陌生人时，长时间地保持沉默不语，只在亲人面前才开口说话。选择性缄默症多发生在3岁以上较敏感、胆小、羞怯、体弱的幼儿身上，通常女童多于男童。

选择性缄默症的产生，主要是来自心理因素，如精神紧张、恐惧、害怕被人嘲笑而焦虑不安等，是一种保护性的反应。也有专家认为，幼儿选择性缄默的发生与先天遗传及后天教养缺陷均有关，如先天性智能低下，言语发育迟缓；长期缺乏母爱或是家长对幼儿既溺爱又过分严厉；过于苛求幼儿言语正确，给孩子造成的心理压力过大，不敢轻易开口。也有少数幼儿的缄默是儿童精神病的一种症状。

2. 预防与矫治

成人应该关注患有选择性缄默症的幼儿，从多方面预防和照护。

首先，应该消除引起幼儿心理紧张的各种因素。

其次，对待幼儿的言语发展不能操之过急。比如，人多的场合不要勉强幼儿说话，不要过分注意其表现，勿表现出因其缄默不语而惊慌、焦虑，避免不良的暗示动作。

再次，组织幼儿参加集体活动，关注缄默症幼儿在活动中的语言表现，培养他们广泛的兴趣。对于选择性缄默表现严重的幼儿，应该请儿童精神科医生帮助治疗。

总之，在对缄默症幼儿的照护及矫治过程中，保教人员要与家长协调一致，有耐心，循循善诱、持之以恒，日久方见成效。

四、不良行为习惯

（一）习惯性口腔动作

婴幼儿期，很多孩子会吮吸手指、咬指甲、啃咬衣物或舔嘴唇等，这些都属于习惯性口腔动作。

1. 诱因及表现

生活中，90%的正常婴儿有吃手指的习惯，大部分孩子随着年龄增长逐渐消退，但是如果4岁以后幼儿仍保持这种行为，这便是不良的幼儿心理卫生问题。

首先，习惯性口腔动作的产生，常由婴儿期喂养不当所致。婴幼儿期不良的喂养方式，不能满足婴幼儿吮吸的需要和欲望，导致婴幼儿以吮吸手指来抑制饥饿、满足吮吸的需要，并逐渐形成习惯。

其次，婴幼儿缺乏环境刺激和爱抚，尤其是缺乏母爱，就很容易以吮吸手指来自娱自乐或自我安慰。

再次，婴幼儿心理经常处于紧张状态也是很重要的一个原因。比如，经常处于过于严厉的教养环境中的婴幼儿，他们的心理经常处于紧张状态，便会不自觉地出现吮吸手指等行为。

2. 预防与矫治

首先，家长应该在孩子婴儿期采用正确的喂养方式，不要让婴儿长时间处于饥饿状态，从小培养良好的生活习惯。

其次，在托幼园所中应给予婴幼儿更多的关注和关爱，提供丰富的环境刺激，使他们获得生理和心理上的安全感和满足感。

再次，对于已经形成习惯的婴幼儿，我们可以用玩具、图片等婴幼儿喜爱之物吸引其注意，冲淡他想吮吸手指的欲望。

最后，多组织婴幼儿参加集体活动，有益于改掉不良习惯。当婴幼儿不再吮吸手指或者行为明显减少时，可以通过奖励等方式鼓励他们，进行强化。整个矫治过程都需要持之以恒的耐心，不能急于求成。

（二）习惯性阴部摩擦

1. 诱因及表现

习惯性阴部摩擦是婴幼儿时期比较常见的一种不良习惯。主要是指婴幼儿用手玩弄或摩擦外生殖器，引起面色潮红、眼神凝视或不自然的现象。这种情况大多在婴幼儿入睡或刚醒时进行，持续数分钟，甚至为避免大人干涉而暗自进行。

导致这种不良习惯的原因有：生殖器局部不洁或患有疾病引起阴部瘙痒，促使婴幼儿摩擦止痒，以致形成习惯；由于精神紧张，或觉得性器官很好玩，偶然机会摩擦外阴产生快感，于是就经常抚弄而形成习惯。

2. 矫治

首先，冷静对待，及时处理。成人发现婴幼儿习惯性阴部摩擦，不必大惊小怪，应该家园合作，用一颗平常心逐步帮助孩子改正不良习惯。

其次，发挥兴趣的作用。当婴幼儿正在表现出这种习惯时，成人应该及时采用孩子感兴趣的方式，如看图画书、讲故事等，转移婴幼儿的注意力，不可用惩罚、责骂、讥笑等手段。

再次，养成良好的生活习惯。养成婴幼儿正确的生活习惯，勿让婴幼儿过早卧床，或醒后还躺着。睡时盖被不要过暖，宜穿较宽较长的衬衣，使手不能触及外生殖器，内裤不宜太紧。还应该注意外生殖器的清洁，检查局部有无疾病（如湿疹、包皮炎等），有病及时治疗。

另外，成人还可运用行为矫治法帮助婴幼儿改掉不良习惯。当婴幼儿矫治过程出现进展时，及时强化，帮助婴幼儿逐步形成良好的行为习惯。

> **知识链接**
>
> **行为矫正方法**
>
> 1. 代币法。用奖励强化所期望的行为，用惩罚消除不良行为的矫正方法。例如，幼儿园经常用粘贴五角星等方式，在幼儿完成规定行为后给予奖励，幼儿通过获取奖励，行为得到强化。
>
> 2. 消退法。通过削弱或撤除某不良行为的强化因素来减少该不良行为的发生率。常用的消退法包括漠视、不理睬等方式。幼儿园针对幼儿的恶作剧、不良行为等采用不予理睬、不予关注等，进而减少幼儿不良行为发生的频率。消退法常被用于治疗幼儿的行为问题，如攻击行为、暴怒发作、多动症等。
>
> 3. 暂时隔离法。当幼儿出现不良行为，教育者表情严肃地与幼儿保持目光对视，用简单的句子告诉幼儿被暂时隔离的原因，并立即隔离，把幼儿送到安全的隔离地方（卫生间、书房等），按照一岁一分钟的原则把握时间，隔离结束后幼儿说出被隔离的原因，不必要求他认错，给予幼儿尊重。这种方法对易冲动的、难以控制行为的幼儿比较安全、有效。
>
> 4. 刺激控制法。改变环境中的刺激，诱发幼儿的良好行为，并尽可能避免不适宜行为的发生。幼儿园环境中有影响幼儿分心的刺激时，将干扰源控制在幼儿发现不到的地方，让幼儿专心做事。
>
> 5. 行为塑造法。通过不断强化逐渐趋近目标的反应进行鼓励，来形成良好的行为。幼儿坚持长时间做一件事有难度时，可分成几步完成，比如先让幼儿坚持五分钟，根据幼儿的完成情况，给予强

化逐步提高坚持性，最终实现目标。

五、婴幼儿孤独症

孤独症也叫自闭症，目前我国儿童孤独症患者达 60～70 万人，其中不乏婴幼儿。一般在 3 岁前就发病，男孩明显多于女孩。

（一）表现

婴幼儿孤独症的发病率虽然很低，但它在婴幼儿心理疾患中却占据了重要的位置。其主要心理障碍表现为以下几个方面。

1. 社会交往障碍

孤独症患儿似乎生活在一个自我封闭的"壳"里，与外界建立不起情感联系，他们表情淡漠，性情孤僻，由于孤独、退缩，对亲人没有依恋之情，不能领会表情的含义，也不会表达自己的要求和情感。因此，他们不能与他人建立正常的人际关系。

2. 言语障碍

孤独症患儿有严重的言语障碍，他们语言机能正常但往往缄默不语。或使用一种不为交流的语言，如模仿某句话，模仿某广告词。而且不会使用"代词"，常将"你""我"颠倒使用，常自言自语，无视他人。言语交流障碍是孤独症患者适应社会的主要障碍。

3. 行为异常

孤独症患儿行为方式刻板僵硬，感知觉异常，出现智力和认知缺陷。常以奇异、刻板的方式对待某些事物。例如，反复敲打一个物体，或长时间把一个东西转来转去，或长时间做身体摇摆、挥动手、用舌舔墙壁、跺脚等刻板动作。若某些活动被制止或行为模式被改变，他们会表示出明显的不愉快和焦虑情绪，他们的兴趣十分狭窄，要求周围环境和生活方式固定不变。

4. 其他

孤独症患儿还可能伴有感知障碍、癫痫发作等表现。

（二）诱因

对于婴幼儿孤独症，现在达成的基本共识：主要由生物学因素所致，早期生活环境的影响也不容忽视。

生物学因素主要指孕期和围产期对胎儿造成的脑损伤，如遗传、孕母病毒感染、先兆流产、宫内窒息、产伤等。

早期生活环境缺乏情感交流，无语言交往，也是促成发病的诱因。例如，成人忙于工作，使婴幼儿的生活环境中缺乏丰富和适当的刺激，父母没有经常与婴幼儿交流，也未及时教给其社会行为，使长期处于单调环境中的婴幼儿易于用重复动作或其他方式进行自我刺激，而对外界环境不发生兴趣。

（三）预防与矫治

对于孤独症的矫治，目前尚无明确而有效的治疗方法，但是及早发现和及时治疗仍然具有明显的效果。常见的矫治措施除药物外，主要是心理治疗。通过家庭、保教机构和社会的共同努力，对孩子采取教育训练、行为矫治等措施，促进其语言发展，提高社交能力，掌握基本的生活学习技能，帮助他们在不同程度上恢复正常行为能力。

1. 给患儿创造正常的生活环境

孤独症患儿不宜长期住院，最好坚持让孩子上普通保教机构，这样可以使孩子尽早融入社会。需要家长和保教人员的密切配合，共同制订康复计划。

2. 注重科学饮食

婴幼儿正处在生长发育的关键阶段，医学研究证明，酸性食品对婴幼儿孤独症的发生发展起着推波助澜的作用。因此，幼儿膳食应合理，少食酸性食品，多食绿色蔬菜，如菠菜、油菜、芫荽等。

3. 要有信心

国内外孤独症康复训练的结果表明，绝大多数孤独症患儿，随着年龄的增长和训练的加强，症状都会有不同程度的改善。

4. 康复训练的重点应放在能力的提高上

孤独症患儿的主要心理障碍是适应困难和语言障碍，因此，康复训练的重点应以最终进入社会为主要目标，如生活自理训练、语言训练、购物训练等。保教人员应注意加强家园合作，父母参与治疗能够提高患儿的疗效。

目前孤独症还没有治愈的手段，但是通过科学的康复方法，他们可以在一定程度上学会独立生活。

同步训练12.3

1. 幼儿有吮吸手指的不良习惯，教师应（　　）。

    A. 转移幼儿的注意力，冲淡幼儿吮吸手指的欲望

    B. 批评幼儿，告诉幼儿不良习惯要改正

    C. 悄悄地涂些辛辣物在幼儿的手指上

    D. 把幼儿的手指包裹起来

2. 孤独、退缩、对亲人没有依恋之情，不能领会表情的含义，也不会表达自己的要求和情绪，这是婴幼儿孤独症的（　　）。

    A. 行为障碍　　　B. 语言障碍　　　C. 社会交往障碍　　D. 情绪障碍

（答案或提示见本主题首页二维码）

检测与评价十二

一、选择题

1. 下列不属于影响婴幼儿心理健康生物因素的是（　　）。
   A．需要　　　　　B．遗传　　　　　C．机体损伤　　　D．疾病
2. 遇到不合己意的事情时，突然出现情绪爆发、发怒、哭闹，随即发生呼吸暂停，这是幼儿（　　）的主要表现。
   A．夜惊　　　　　B．屏气发作　　　C．暴怒发作　　　D．缄默症

二、简答题

1. 简述影响幼儿心理健康的主要因素。
2. 如何在日常活动中促进幼儿心理健康发展？

三、材料分析题

中班的豆豆由奶奶照顾生活起居，奶奶对豆豆提出的各种要求都会无理由地满足，豆豆在家里稍有不顺就大发脾气，撒泼打滚，十分任性。豆豆奶奶很苦恼。

1. 豆豆存在哪方面的心理问题？
2. 请你为豆豆奶奶提出合理化建议。

实践探究十二

1. 进入幼儿园观察幼儿的情绪表现，针对幼儿的情绪表现分析情绪对幼儿人际关系和游戏活动的影响。
2. 以小组为单位，设计一个幼儿行为矫正方案，减少幼儿攻击性行为，促进幼儿亲社会行为，撰写实施方案，班级内进行交流。

实训任务十二　　绘本故事：我会说谢谢

实训目的

1. 通过分角色表演故事，体会健康的心理对幼儿发展的重要作用。
2. 积累幼儿心理健康指导的策略和方法。
3. 增强呵护幼儿心理健康的意识，提升适应未来工作岗位需要的素养。

实训步骤

1. 整体阅读，熟悉"我会说谢谢"故事内容。

2. 分角色表演故事，分享表演感受，并说出这个故事对幼儿心理健康发展有怎样的促进作用。

3. 讨论：如果你是保教人员，如何引导幼儿在日常生活中学会说"谢谢"？

4. 分组讨论：还有哪些类似的活动也可以促进幼儿心理健康的发展？

实训资源

绘本故事：我会说谢谢

熊奶奶给小熊买了一顶帽子，小熊戴好帽子，高兴地说："谢谢奶奶。"小熊戴着新帽子蹦蹦跳跳地去找小浣熊借笔记，突然刮来一阵风，把小熊的帽子吹跑了。小熊的帽子被吹得好高好高，他怎么也够不到，这时，大象爷爷从这里路过，他用长长的鼻子勾住了帽子，小熊接过大象爷爷递给他的帽子，戴在头上，赶紧说："谢谢爷爷。"

小熊来到小浣熊家，浣熊妈妈递给小熊一杯蜂蜜水，小熊对浣熊妈妈说："谢谢阿姨。"小浣熊把笔记本借给了小熊，小熊立刻说道："谢谢，我用完马上还给你。"

小熊拿着笔记本跑回了家，一进门，熊妈妈就递给他一条毛巾擦汗，小熊微笑着说："谢谢妈妈。"晚饭时，熊爸爸给小熊盛了一碗粥，小熊乐呵呵地说："谢谢爸爸。"小熊吃完饭，跟爸爸妈妈说："我吃饱了，谢谢爸爸妈妈。"

附：绘本PPT（见二维码）

参考文献

[1] 陈帼眉．幼儿心理学[M]．北京：北京师范大学出版社，1999．
[2] 王振宇．学前儿童发展心理学[M]．北京：人民教育出版社，2004．
[3] 钱峰，汪乃铭．学前心理学[M]．2版．上海：复旦大学出版社，2012．
[4] 魏勇刚．学前儿童发展心理学[M]．北京：教育科学出版社，2012．
[5] 杨茜，李怀星．幼儿社会活动指导[M]．北京：北京师范大学出版社，2013．
[6] 周念丽．学前儿童发展心理学[M]．3版．上海：华东师范大学出版社，2013．
[7] 秦金亮．早期儿童发展导论[M]．北京：北京师范大学出版社，2014．
[8] 张永红．学前儿童发展心理学[M]．2版．北京：高等教育出版社，2014．
[9] 刘新学，唐雪梅．学前心理学[M]．北京：北京师范大学出版社，2014．
[10] 王晓丽．学前儿童发展[M]．上海：复旦大学出版社，2014．
[11] 孙杰，张永红．幼儿心理发展概论[M]．2版．北京：北京师范大学出版社，2014．
[12] 成丹丹．学前心理学[M]．北京：清华大学出版社，2016．
[13] 刘军．学前儿童发展心理学[M]．南京：南京师范大学出版社，2017．
[14] 李京蕾，国云玲，张莉娜．学前心理学[M]．北京：清华大学出版社，2018．
[15] 刘颖．幼儿心理学[M]．北京：电子工业出版社，2019．
[16] 焦艳凤．幼儿心理学[M]．北京：中国人民大学出版社，2021．
[17] 张丹枫．学前儿童发展心理学[M]．北京：高等教育出版社，2022．
[18] 王振宇．幼儿心理学[M]．2版．北京：人民教育出版社，2012．
[19] 孙明红，刘梅．婴幼儿身心发展及保育[M]．北京：高等教育出版社，2021．
[20] 万钫．幼儿卫生学[M]．北京：人民教育出版社，2009．

反侵权盗版声明

电子工业出版社依法对本作品享有专有出版权。任何未经权利人书面许可，复制、销售或通过信息网络传播本作品的行为；歪曲、篡改、剽窃本作品的行为，均违反《中华人民共和国著作权法》，其行为人应承担相应的民事责任和行政责任，构成犯罪的，将被依法追究刑事责任。

为了维护市场秩序，保护权利人的合法权益，我社将依法查处和打击侵权盗版的单位和个人。欢迎社会各界人士积极举报侵权盗版行为，本社将奖励举报有功人员，并保证举报人的信息不被泄露。

举报电话：（010）88254396；（010）88258888

传　　真：（010）88254397

E-mail：　　dbqq@phei.com.cn

通信地址：北京市万寿路 173 信箱
　　　　　电子工业出版社总编办公室

邮　　编：100036